U0247872

国家科学技术学术著作出版基金资助出版

信息与计算科学丛书　85

递推算法与多元插值

钱　江　王　凡

郭庆杰　赖义生　著

科 学 出 版 社

北 京

内 容 简 介

本书详细介绍了多元差商与多元逆差商的递推算法及其在多元多项式与连分式插值中的应用. 内容包括常用的张量积型二元多项式与连分式插值方法概述、直角三点组上的二元多项式与连分式插值及其比较研究、直角三点组上二元多项式插值余项等的进一步研究、非矩形网格上的二元多项式插值、基于二元递推多项式的散乱数据插值、基于二元连分式的散乱数据插值递推格式、非张量积型二元连分式插值、金字塔型网格点上的三元分叉连分式插值等.

本书可作为高年级本科生和研究生学习数值分析、数值逼近、计算几何等相关课程的参考书, 还可供从事数值逼近与计算几何、计算机辅助几何设计、图像处理等相关领域的科技工作者参考.

图书在版编目(CIP)数据

递推算法与多元插值/钱江等著. —北京：科学出版社, 2019.12
（信息与计算科学丛书；85）
ISBN 978-7-03-063886-1

I. ①递… Ⅱ. ①钱… Ⅲ. ①计算数学-插值法-研究 Ⅳ. ①O241.3

中国版本图书馆 CIP 数据核字(2019) 第 289627 号

责任编辑: 李静科 / 责任校对: 邹慧卿
责任印制: 吴兆东 / 封面设计: 陈 敬

科学出版社 出版
北京东黄城根北街 16 号
邮政编码: 100717
http://www.sciencep.com

北京虎彩文化传播有限公司 印刷
科学出版社发行　各地新华书店经销

*

2019 年 12 月第 一 版　　开本: 720 × 1000 B5
2019 年 12 月第一次印刷　　印张: 11 3/4
字数: 224 000

定价: 88.00 元
(如有印装质量问题, 我社负责调换)

《信息与计算科学丛书》序

20 世纪 70 年代末, 由已故著名数学家冯康先生任主编、科学出版社出版了一套《计算方法丛书》, 至今已逾 30 册. 这套丛书以介绍计算数学的前沿方向和科研成果为主旨, 学术水平高、社会影响大, 对计算数学的发展、学术交流及人才培养起到了重要的作用.

1998 年教育部进行学科调整, 将计算数学及其应用软件、信息科学、运筹控制等专业合并, 定名为"信息与计算科学专业". 为适应新形势下学科发展的需要, 科学出版社将《计算方法丛书》更名为《信息与计算科学丛书》, 组建了新的编委会, 并于 2004 年 9 月在北京召开了第一次会议, 讨论并确定了丛书的宗旨、定位及方向等问题.

新的《信息与计算科学丛书》的宗旨是面向高等学校信息与计算科学专业的高年级学生、研究生以及从事这一行业的科技工作者, 针对当前的学科前沿、介绍国内外优秀的科研成果. 强调科学性、系统性及学科交叉性, 体现新的研究方向. 内容力求深入浅出, 简明扼要.

原《计算方法丛书》的编委和编辑人员以及多位数学家曾为丛书的出版做了大量工作, 在学术界赢得了很好的声誉, 在此表示衷心的感谢. 我们诚挚地希望大家一如既往地关心和支持新丛书的出版, 以期为信息与计算科学在新世纪的发展起到积极的推动作用.

石钟慈
2005 年 7 月

前　言

关于多元函数插值的研究已经有很多年, 这一富有挑战性的课题之所以能一直引起人们的兴趣和重视, 主要在于其结论往往不是一元情形的直接推广, 换言之, 几乎所有的一元问题拓展到多元问题的途径都不唯一.

目前研究多元函数插值的最常用方法是径向基函数法, 还包括张量积型多元多项式插值法、基于光滑余因子协调法的多元样条、多元有理插值法等. 这些内容包含在如下专著或教材中: *Multivariate Spline Functions and Their Applications* (王仁宏, 等)、《数值逼近》(王仁宏)、《连分式理论及其应用》(檀结庆, 等)、《散乱数据拟合的模型、方法和理论 (第二版)》(吴宗敏)、《有理函数逼近及其应用》(王仁宏, 朱功勤) 等.

本书旨在建立基于递推算法的非张量积型多元多项式与多元连分式插值, 从而架起多元数值逼近与计算机软件编程之间的桥梁, 丰富多元数值逼近理论. 因此作者认为出版这样一部以递推算法与多元函数插值为题材的专著十分必要.

本书的显著特点是以基于递推算法的非张量积型多元多项式与多元连分式插值为题材, 一方面, 从一元 Newton 插值多项式到二元张量积型 Newton 插值多项式, 再到非张量积型二元多项式; 另一方面, 从一元 Thiele 型连分式到矩形网格上的二元插值连分式, 再到非矩形网格上的二元连分式与三元分叉连分式, 较全面地触及基于递推算法的多元函数插值. 而且, 非张量积型二元多项式插值与非矩形网格上的二元连分式插值建立方法相互启发、彼此对称. 全书共 8 章. 第 1 章概述二元张量积型 Newton 多项式插值、一元连分式及其重要性质, 如三项递推关系式、二元 Thiele-Thiele 型连分式插值、二元 Newton-Thiele 型连分式插值、二元 Thiele-Newton 型连分式插值、径向基函数插值及其计算复杂性分析; 第 2 章介绍直角三点组上二元插值多项式的 B 网方法与二元连分式插值, 并从二元数值积分等方面比较这两种插值方法; 第 3 章进一步叙述直角三点组上的二元多项式插值, 包括插值余项、非张量积型二元差商与高阶偏导数之间关系式、计算复杂性等; 第 4 章将直角三点组推导到一般形式的插值节点组, 介绍非矩形网格上的二元差商递推算法与二元多项式插值, 并比较其与径向基函数插值的计算复杂性; 第 5 章将第 4 章中的两个自变量交换位置, 介绍另外一种非张量积型二元多项式插值, 并分析其计算复杂性; 第 6 章将矩形网格上的二元连分式插值加以推广, 介绍基于散乱数据的二元逆差商递推算法与相应的二元连分式插值, 分析计算复杂性, 这一插值格式的建立受第 4 章二元多项式插值方法的启发; 第 7 章介绍非张量积型二元连分式插值, 这一插值方法的建立受第 5,6 章的启发, 而且插值公式与第 5 章二元多项式插值公式具有一定的对称性; 第 8 章介绍一类分叉连分式的诸多性质, 如三项递推关系式、三维空间金字塔型网格上的三元分叉连分式插值及其插值余项, 这一插值格式是第 6,7 章的二元连分式插值的推广.

　　第 1 章内容取自经典的《数值逼近》(王仁宏) 等教材, 第 2—8 章内容取材于作者与合作者近年来研究的科研成果.

　　作者在学习和科研上的每一次点滴进步及本书的写作都离不开其博士生导师大连理工大学王仁宏教授的鼓励与耐心指导, 谨向导师王仁宏教授表达最诚挚的敬意和最衷心的感谢. 在平时的学术交流中, 美国特拉华州立大学施锡泉教授、合肥工业大学檀结庆教授、中国科学技术大学陈发来教授与邓建松教授、上海师范大学储继峰教授、浙江工商大学吴金明教授、南京航空航天大学唐月红教授、大连理工大学刘秀平教授和李崇君教授及朱春钢教授、河海大学理学院安天庆教授和叶国菊教授及杨永富副教授等都给予了宝贵的指导意见, 作者在此向他们致以深深的谢意. 在平日的科学研究与本书的撰写期间, 作者的家人都给予了很大的理解与支持, 作者向他们表示诚挚的谢意. 作者衷心感谢河海大学理学院对自己教学、科研工作的大力支持. 衷心感谢大连理工大学计算几何研究室诸位同门、安徽建筑大学刘华勇副教授对作者科研工作的热心帮助. 衷心感谢 2018 年度国家科学技术学术著作出版基金和科学出版社的大力资助. 衷心感谢国家自然科学基金委员会与江苏省自然科学基金委员会等资助, 这些基金项目包括国家自然科学基金数学天元基金专项基金项目 (No. 11426086)、国家自然科学基金青年基金项目 (No. 11601064)、江苏省自然科学基金青年基金项目 (No. BK20160853)、河海大学中央高校业务费项目 (No. 2016B08714、2019B19414、2019B44914)、大连理工大学基本科研业务费 (No. DUT17LK09) 和国家重点研发计划项目 (2018YFC1508100), 这些资助使得作者能够开展科研工作并顺利完成本书的写作. 最后, 衷心感谢审稿专家对本书的宝贵意见和建议.

　　限于作者的专业学识和学术水平, 本书的内容可能会有不妥之处, 敬请专家、读者不吝赐教, 作者将不胜感激.

钱　江

2018 年 12 月于河海大学

目　　录

第1章　常用的多元插值方法概述

本章首先基于经典的一元 Newton 多项式插值理论, 介绍张量积型二元差商与二元 Newton 多项式插值. 进一步借助 Bezout 定理与插值适定节点组, 探讨二元多项式插值的可解性问题. 然后, 回顾一元连分式及其性质, 分析一元 Thiele 型连分式及若干二元情形下的推广形式, 如二元 Thiele-Thiele 型连分式、二元 Newton-Thiele 型连分式、二元 Thiele-Newton 型连分式. 最后, 简要叙述径向基函数插值的由来, 分析径向基函数插值的计算复杂性, 为第 3 章至第 7 章内容做好预备工作. 本章约定: 所选插值节点与被插函数值可以保证计算的顺利开展, 且限于篇幅, 定理等的证明不再赘述.

1.1　张量积型二元多项式插值

众所周知, 一元多项式插值有如下经典理论[1,2].

定理 1.1.1　设区间 $[a,b]$ 上互异插值节点 $x_i, i = 0, 1, \cdots, n$, 则对 $\forall x \in [a,b]$, $\exists \xi \in (a,b)$, 使得

$$E(f;x) = f(x) - p_n(x) = \frac{f^{(n+1)}(\xi)}{(n+1)!}\omega_{n+1}(x), \tag{1.1}$$

其中 Newton 型插值公式或 Newton 插值多项式为

$$p_n(x) = f(x_0) + f(x_0, x_1)(x - x_0) + \cdots + f(x_0, x_1, \cdots, x_n)\prod_{i=0}^{n-1}(x - x_i), \tag{1.2}$$

且 $\omega_{n+1}(x) = \prod_{i=0}^{n}(x - x_i), \xi$ 与 x 有关, 诸 $f(x_0, x_1, \cdots, x_k)$ 为一元 Newton 差商.

不难验证, Newton 插值多项式与 Lagrange 插值多项式的恒等性, 这里 Lagrange 插值多项式形如

$$L_n(x) = \sum_{i=0}^{n} y_i \frac{\omega_{n+1}(x)}{(x - x_i)\omega_{n+1}'(x_i)}, \tag{1.3}$$

其中 Lagrange 基函数为

$$l_i(x) = \frac{\omega_{n+1}(x)}{(x - x_i)\omega_{n+1}'(x_i)}$$

$$= \frac{(x - x_0) \cdots (x - x_{i-1})(x - x_{i+1}) \cdots (x - x_n)}{(x_i - x_0) \cdots (x_i - x_{i-1})(x_i - x_{i+1}) \cdots (x_i - x_n)}, \quad i = 0, 1, \cdots, n. \quad (1.4)$$

为了将上述结果应用于张量积型二元多项式插值[1,2], 首先给出张量积型二元 Newton 差商概念.

定义 1.1.1   设有界闭区域 $D \subset \mathbf{R}^2, f(x,y) \in C(D)$, 矩形网格上的插值节点组

$$\Omega_{mn} = \{(x_i, y_j) | 0 \leqslant i \leqslant m, 0 \leqslant j \leqslant n\}, \quad (1.5)$$

则称形如 $f(x_0, \cdots, x_i; y_0, \cdots, y_j)$ 的函数为张量积型二元 Newton 差商, 其中对于函数 $f(x,y)$, 可视自变量 y 为固定值, 按一元差商的定义计算得到 $f(x_0, \cdots, x_i; y)$, 再视上述 $x_0, \cdots, x_i$ 为固定, 得到其关于自变量 y 的差商, 且

$$\omega_i(x) = \prod_{k=0}^{i-1} (x - x_k), \quad \varpi_j(y) = \prod_{l=0}^{i-1} (y - y_l), \quad \omega_0(x) \equiv 1 \equiv \varpi_0(y). \quad (1.6)$$

定理 1.1.2   设矩形网格上的插值节点组 Ω_{mn} 按 (1.5) 式给出, 则存在唯一的二元 Newton 插值多项式

$$p_{m,n}(x,y) = \sum_{i=0}^{m} \sum_{j=0}^{n} f(x_0, \cdots, x_i; y_0, \cdots, y_j) \omega_i(x) \varpi_j(y), \quad (1.7)$$

使得

$$p_{m,n}(x_i, y_j) = f(x_i, y_j), \quad i = 0, 1, \cdots, m; \quad j = 0, 1, \cdots, n \quad (1.8)$$

且

$$f(x, y) = p_{m,n}(x, y) + r_1(x, y), \quad (1.9)$$

其中插值余项

$$r_1(x,y) = \frac{f_x^{(m+1)}(\xi, y)}{(m+1)!} \omega_{m+1}(x) + \frac{f_y^{(n+1)}(x, \eta)}{(n+1)!} \varpi_{n+1}(y)$$
$$- \frac{f_{xy}^{(m+1,n+1)}(\alpha, \beta)}{(m+1)!(n+1)!} \omega_{m+1}(x) \varpi_{n+1}(y), \quad (1.10)$$

这里 $\omega_{m+1}(x), \varpi_{n+1}(y)$ 按 (1.6) 式定义, $\xi, \alpha \in I(x, x_0, \cdots, x_m), \eta, \beta \in I(y, y_0, \cdots, y_m), I(x, x_0, \cdots, x_m)$ 表示包含 $x, x_0, \cdots, x_m$ 的最小区间, $I(y, y_0, \cdots, y_m)$ 表示包含 $y, y_0, \cdots, y_m$ 的最小区间, 式 (1.10) 中的偏导数

$$f_x^{(m+1)}(\xi, y) = \frac{\partial^{m+1}}{\partial x^{m+1}} f(\xi, y), \quad f_y^{(n+1)}(x, \eta) = \frac{\partial^{n+1}}{\partial y^{n+1}} f(x, \eta),$$

$$f_{xy}^{(m+1,n+1)}(\alpha, \beta) = \frac{\partial^{m+n+2}}{\partial y^{n+1} \partial x^{m+1}} f(\alpha, \beta).$$

注 1.1.1   为保证二元差商与二元插值计算的顺利开展, 本章约定: 对于插值节点组 Ω_{mn}, 当 $i \neq j$ 时, 诸 $x_i \neq x_j, y_i \neq y_j$.

注 1.1.2 $p_{m,n}(x,y) \in \mathbf{P}_{m,n}$, 张量积型二元多项式空间记为

$$\mathbf{P}_{m,n} = \mathrm{span}\{1, x, \cdots, x^m\} \otimes \{1, y, \cdots, y^n\}.$$

在一元插值问题中, 设函数 $\varphi_1(x), \varphi_2(x), \cdots, \varphi_n(x), x \in [a,b]$, 对于任意给定的 n 个互异点 $x_0, x_1, \cdots, x_n \in [a,b]$ 及 n 个数值 $y_0, y_1, \cdots, y_n$, 关于插值系数的方程组

$$\sum_{i=1}^{n} a_i \varphi_i(x_j) = y_j, \quad j = 1, 2, \cdots, n \tag{1.11}$$

有解, 当且仅当系数行列式

$$\det(\varphi_i(x_j)) \neq 0. \tag{1.12}$$

定义 1.1.2   若对于任意给定的 n 个互异点 $x_0, x_1, \cdots, x_n \in S$, (1.12) 式恒成立, 则称 n 个函数 $\varphi_1(x), \varphi_2(x), \cdots, \varphi_n(x)$ 组成的系统在 S 上唯一可解.

例 1.1.1   在任何区间 $[a,b]$ 上, 多项式系 $1, x, \cdots, x^n$ 唯一可解.

例 1.1.2   三角函数系 $1, \cos x, \sin x, \cos 2x, \sin 2x, \cos nx, \sin nx$ 在 $[-\pi, \pi]$ 上唯一可解.

然而, 在 n 维空间 $\mathbf{R}^n (n \geqslant 2)$ 中, 唯一可解性通常保证不了[1-3].

定理 1.1.3 (Haar)   设 S 是欧氏空间 $\mathbf{R}^n (n \geqslant 2)$ 中至少包含一个内点 P 的点集, $\varphi_1, \varphi_2, \cdots, \varphi_n (n > 1)$ 定义于 S 上, 且其中每个函数均在 P 的一个邻域内连续, 则这个函数组在 S 上不是唯一可解的.

根据 Haar 定理, 在构造多元插值多项式时, 如何选择插值节点组是关键问题之一. 为理清插值节点组的选取问题, 先引入二元多项式插值的相关概念.

定义 1.1.3   设 $p_1(x,y), \cdots, p_n(x,y)$ 是一组线性无关的实系数二元多项式, D 是 $\mathbf{R}^n (n \geqslant 2)$ 上的有界闭区域, $f(x,y) \in C(D), Q_1, Q_2, \cdots, Q_n$ 是 D 中互异的点. 二元多项式插值问题, 是要寻求二元多项式 $p(x,y) \in \mathbf{P}$, 使得满足插值条件

$$p(Q_i) = f(Q_i), \quad i = 1, 2, \cdots, n, \tag{1.13}$$

则称 $p(x,y)$ 为 $\mathbf{P}$ 中的二元插值多项式, 称 $Q_1, Q_2, \cdots, Q_n$ 为插值节点.

若对任意给定的被插函数 $f(x,y)$, 插值问题 (1.13) 式的解均存在且唯一, 则称 $Q_1, Q_2, \cdots, Q_n$ 是空间的适定节点组.

注 1.1.3   多元多项式插值问题中, 如何选择适定节点组, 与给定插值节点组时如何寻找多项式插值空间, 都是关键问题.

设 $p(x,y)$ 是 $\mathbf{P}$ 中的一个非零多项式, $\mathbf{P}$ 中的代数曲线 $p(x,y)=0$ 由下述点集所定义:

$$\{(x,y)|p(x,y)=0, p\in\mathbf{P}\}.$$

由插值适定节点组的定义与线性代数理论, 可以建立下述引理.

引理 1.1.1　点组 $Q_1, Q_2, \cdots, Q_n$ 是空间的插值适定节点组的充分必要条件是该点组不在 $\mathbf{P}$ 中的任何一条非零代数曲线上.

将插值的适定性问题转化为一个几何问题, 从而为代数几何方法的运用奠定基础.

定理 1.1.4 (Bezout)　设 $p_1(x,y)$ 与 $p_2(x,y)$ 分别是 m 次与 n 次的代数多项式. 若它们的公共零点数多于 mn, 则 $p_1(x,y)$ 与 $p_2(x,y)$ 必有公共因子存在.

定义 1.1.4　l 次代数曲线

$$s(x,y)=0, \quad s(x,y)\in\mathbf{P}_l$$

称为不可约代数曲线, 若 $s(x,y)$ 是不可约多项式, 其中 $\mathbf{P}_l$ 表示所有次数不超过 l 的二元多项式构成的集合.

关于 $\mathbf{P}_n$ 的插值适定节点组的选取方法的理论基础为下述定理.

定理 1.1.5　若 $Q_1, Q_2, \cdots, Q_k$ 是 $\mathbf{P}_n$ 的插值适定节点组, 且它的每个点都不落在某条 l 次 ($l=1$ 或 2) 不可约代数曲线 $s(x,y)=0$ 上, 则将在该曲线上任意取定的 $(n+3)l-1$ 个不同点与 $Q_1, Q_2, \cdots, Q_k$ 放在一起, 必构成空间 $\mathbf{P}_{n+l}$ 的一个插值适定节点组.

1.2　连分式插值

有理逼近是多元逼近的重要方法之一. 因为有理函数仍属于简单函数类, 虽然比多项式要复杂, 但当人们用它来逼近给定函数时, 有时比用多项式更有效, 且能反映函数的某些特性, 如奇性等, 这在断裂力学方面值得研究. 作为有理逼近工具之一的数学分支连分式历史悠久, 其思想最早产生于十六世纪. 几个世纪的积淀使得连分式理论体系博大精深[4]. 在连分式理论方面国外最具影响力的三本著作当推 [5-7]. 用较大篇幅介绍连分式的其余著作有 [2, 8-12].

一维连分式的一般形式为

$$b_0 + \sum_{i=1}^{\infty} \frac{a_i|}{|b_i} \equiv b_0 + \mathop{K}_{i=1}^{\infty} \frac{a_i}{b_i}. \tag{1.14}$$

其第 n 阶渐近分式定义为

$$\frac{P_n}{Q_n} \equiv b_0 + \mathop{K}_{i=1}^{\infty} \frac{a_i}{b_i}. \tag{1.15}$$

若

$$\lim_{n \to \infty} \frac{P_n}{Q_n} = a,$$

则称连分式 (1.14) 收敛于 a, 否则称连分式 (1.14) 发散.

一维连分式具有重要结论, 如渐近分式分子分母的三项递推关系式、相邻两项渐近分式的差公式、渐近分式的表达式等.

定理 1.2.1 设 $P_{-1} = 1, P_0 = b_0, Q_{-1} = 0, Q_0 = 1$, 则对 $n = 1, 2, \cdots$, 有

$$P_n = b_n P_{n-1} + a_n P_{n-2}, \tag{1.16}$$

$$Q_n = b_n Q_{n-1} + a_n Q_{n-2}. \tag{1.17}$$

若 $Q_n Q_{n-1} \neq 0$, 则由数学归纳法可以证明相邻渐近分式的差公式, 进而得到第 n 阶渐近分式的表达式.

定理 1.2.2 设 $Q_n \neq 0, n = 1, 2, \cdots$, 则

$$\frac{P_n}{Q_n} - \frac{P_{n-1}}{Q_{n-1}} = (-1)^{n+1} \frac{a_1 a_2 \cdots a_n}{Q_n Q_{n-1}}, \tag{1.18}$$

$$\frac{P_n}{Q_n} = b_0 + \sum_{i=1}^{n} (-1)^{i+1} \frac{a_1 a_2 \cdots a_i}{Q_i Q_{i-1}}. \tag{1.19}$$

众所周知, 构造一般的有理插值函数需要求解线性方程组, 这无疑给有理插值的表示与计算带来很大不便. 但构造一种特殊形式的有理插值格式可以借助带变量的连分式函数来实现, 其表达式相对简单又便于计算.

定义 1.2.1 形如

$$b_0 + \mathop{K}_{i=0}^{\infty} \frac{x - x_i}{b_{i+1}} \tag{1.20}$$

的连分式称为 Thiele 型连分式 (Thiele type continued fraction).

定义 1.2.2 设 $\Omega = \{x_i | i \in \mathbf{N}\}$ 是复平面上的一点集, $f(x)$ 是定义在 $G \supset \Omega$ 上的函数, 令

$$\varphi[x_i] = f(x_i), \quad i = 0, 1, 2, \cdots, \tag{1.21}$$

$$\varphi[x_i, x_j] = \frac{x_j - x_i}{\varphi[x_j] - \varphi[x_i]}, \tag{1.22}$$

$$\varphi[x_i, \cdots, x_j, x_k, x_l] = \frac{x_l - x_k}{\varphi[x_i, \cdots, x_j, x_l] - \varphi[x_i, \cdots, x_j, x_k]}, \tag{1.23}$$

称由上述公式确定的 $\varphi[x_0, x_1, \cdots, x_l]$ 为函数 $f(x)$ 在插值节点 $x_0, x_1, \cdots, x_l$ 处的 l 阶逆差商 (inverse divided difference).

基于上述逆差商递推算法, 可以构造平面上有限个点上的 Thiele 型插值连分式.

定理 1.2.3 设

$$R_n(x) = \varphi[x_0] + \overset{n-1}{\underset{i=0}{K}} \frac{x - x_i}{\varphi[x_0, x_1, \cdots, x_{i+1}]}, \tag{1.24}$$

其中诸 $\varphi[x_0, x_1, \cdots, x_k]$ 为 $f(x)$ 在插值节点 $x_0, x_1, \cdots, x_k$ 处的 k 阶逆差商, 则有

$$R_n(x_i) = f(x_i), \quad i = 0, 1, \cdots, n. \tag{1.25}$$

关于 Thiele 型连分式的插值余项, 有如下结论.

定理 1.2.4 设插值节点组 $\{x_0, x_1, \cdots, x_n\} \subset (a, b), f(x) \in C^{n+1}(a, b)$, 若

$$R_n(x) = b_0 + \overset{n-1}{\underset{i=0}{K}} \frac{x - x_i}{b_{i+1}} \equiv \frac{P_n(x)}{Q_n(x)} \tag{1.26}$$

满足插值条件 (1.25), 则 $\forall x \in (a, b), \exists \xi \in I(x_0, \cdots, x_n, x)$, 使得

$$f(x) - R_n(x) = \frac{\omega_{n+1}(x)}{Q_n(x)} \cdot \left. \frac{(f(x)Q_n(x))^{(n+1)}}{(n+1)!} \right|_{x=\xi}, \tag{1.27}$$

其中 $\omega_{n+1}(x) = \prod_{i=0}^{n} (x - x_i), I(x_0, \cdots, x_n, x)$ 表示包含 $x_0, \cdots, x_n$ 及 x 的最小开区间.

Thiele 型插值连分式为函数的连分式展开提供了强有力的工具, 其地位与重要性可与 Taylor 多项式展开相媲美[3]. 这是研究 Thiele 型插值连分式的意义.

文献 [3] 指出, 一元 Thiele 型连分式插值推广到多元连分式插值的途径不唯一, 并研究了二元 Thiele-Thiele 型连分式插值、二元 Newton-Thiele 型混合连分式插值、二元 Thiele-Newton 型混合连分式插值等及其插值余项. 限于篇幅, 这里只介绍上述二元连分式插值格式.

设矩形网格上的插值节点组为

$$\Omega_{mn} = \{(x_i, y_j) | i = 0, 1, \cdots, m; j = 0, 1, \cdots, n\}. \tag{1.28}$$

若 $f(x, y), (x, y) \in G \supset \Omega_{mn}$, 则首先构造二元 (m, n) 阶 Thiele-Thiele 型连分式

$$R_{m,n}(x, y) = b_0(y) + \overset{m-1}{\underset{i=0}{K}} \frac{x - x_i}{b_{i+1}(y)}, \tag{1.29}$$

其中对 $i = 0, 1, \cdots, m$,

$$b_i(y) = c_{i,0} + \overset{n-1}{\underset{j=0}{K}} \frac{y - y_j}{c_{i,j}}. \tag{1.30}$$

为使得 $R_{m,n}(x, y)$ 满足插值条件

$$R_{m,n}(x_i, y_j) = f(x_i, y_j), \quad (x_i, y_j) \in \Omega_{mn}, \tag{1.31}$$

我们需要确定诸插值系数 $c_{i,j}$, 为此给出偏逆差商 (partial inverted divided differences) 的递推算法.

算法 1.2.1 (Thiele-Thiele 型偏逆差商)

$$\varphi_{\text{TT}}[x_i; y_j] = f(x_i, y_j), \quad (x_i, y_j) \in \Omega_{mn}, \tag{1.32}$$

$$\varphi_{\text{TT}}[x_i, x_j; y_k] = \frac{x_j - x_i}{\varphi_{\text{TT}}[x_j; y_k] - \varphi_{\text{TT}}[x_i; y_k]}, \tag{1.33}$$

$$\varphi_{\text{TT}}[x_p, \cdots, x_q, x_i, x_j; y_k] = \frac{x_j - x_i}{\varphi_{\text{TT}}[x_p, \cdots, x_q, x_j; y_k] - \varphi_{\text{TT}}[x_p, \cdots, x_q, x_i; y_k]}, \tag{1.34}$$

$$\varphi_{\text{TT}}[x_p, \cdots, x_q; y_k, y_l] = \frac{y_l - y_k}{\varphi_{\text{TT}}[x_p, \cdots, x_q; y_l] - \varphi_{\text{TT}}[x_p, \cdots, x_q; y_k]}, \tag{1.35}$$

$$\begin{aligned}&\varphi_{\text{TT}}[x_p, \cdots, x_q; y_r, \cdots, y_s, y_k, y_l]\\&= \frac{y_l - y_k}{\varphi_{\text{TT}}[x_p, \cdots, x_q; y_r, \cdots, y_s, y_l] - \varphi_{\text{TT}}[x_p, \cdots, x_q; y_r, \cdots, y_s, y_k]}.\end{aligned} \tag{1.36}$$

定理 1.2.5 对按 (1.28) 式给出的插值节点组, 令诸插值系数

$$c_{i,j} = \varphi_{\text{TT}}[x_0, \cdots, x_i; y_0, \cdots, y_j], \tag{1.37}$$

则按 (1.29) 式与 (1.30) 式定义的 $R_{m,n}(x, y)$ 满足插值条件 (1.31).

其次, 构造二元 (m, n) 阶 Newton-Thiele 型混合连分式

$$R_{m,n}^{\text{NT}}(x, y) = A_0(y) + \sum_{i=0}^{m-1} A_{i+1}(y)(x - x_0) \cdots (x - x_i), \tag{1.38}$$

其中对 $i = 0, 1, \cdots, m$,

$$A_i(y) = a_{i,0} + \mathop{K}_{j=0}^{n-1} \frac{y - y_j}{a_{i,j+1}}. \tag{1.39}$$

为使得 $R_{m,n}^{\text{NT}}(x, y)$ 满足插值条件

$$R_{m,n}^{\text{NT}}(x_i, y_j) = f(x_i, y_j), \quad (x_i, y_j) \in \Omega_{mn}, \tag{1.40}$$

同样需要确定诸插值系数 $a_{i,j}$, 为此给出 Newton-Thiele 型混合差商的递推算法.

算法 1.2.2 (Newton-Thiele 型混合差商)

$$\varphi_{\text{NT}}[x_i; y_j] = f(x_i, y_j), \quad (x_i, y_j) \in \Omega_{mn}, \tag{1.41}$$

$$\varphi_{\text{NT}}[x_i, x_j; y_k] = \frac{\varphi_{\text{NT}}[x_j; y_k] - \varphi_{\text{NT}}[x_i; y_k]}{x_j - x_i}, \tag{1.42}$$

$$\varphi_{\mathrm{NT}}[x_p,\cdots,x_q,x_i,x_j;y_k] = \frac{\varphi_{\mathrm{NT}}[x_p,\cdots,x_q,x_j;y_k] - \varphi_{\mathrm{NT}}[x_p,\cdots,x_q,x_i;y_k]}{x_j - x_i},$$

$$(1.43)$$

$$\varphi_{\mathrm{NT}}[x_p,\cdots,x_q;y_k,y_l] = \frac{y_l - y_k}{\varphi_{\mathrm{NT}}[x_p,\cdots,x_q;y_l] - \varphi_{\mathrm{NT}}[x_p,\cdots,x_q;y_k]}, \qquad (1.44)$$

$$\varphi_{\mathrm{NT}}[x_p,\cdots,x_q;y_r,\cdots,y_s,y_k,y_l]$$
$$= \frac{y_l - y_k}{\varphi_{\mathrm{NT}}[x_p,\cdots,x_q;y_r,\cdots,y_s,y_l] - \varphi_{\mathrm{NT}}[x_p,\cdots,x_q;y_r,\cdots,y_s,y_k]}. \qquad (1.45)$$

定理 1.2.6　对按 (1.28) 式给出的插值节点组, 令诸插值系数

$$a_{i,j} = \varphi_{\mathrm{NT}}[x_0,\cdots,x_i;y_0,\cdots,y_j], \qquad (1.46)$$

则按 (1.38) 式与 (1.39) 式定义的 $R_{m,n}^{\mathrm{NT}}(x,y)$ 满足插值条件 (1.40).

最后, 构造二元 (m,n) 阶 Thiele-Newton 型混合连分式

$$R_{m,n}^{\mathrm{TN}}(x,y) = B_0(y) + \overset{m-1}{\underset{i=0}{K}} \frac{x - x_i}{B_{i+1}(y)}, \qquad (1.47)$$

其中对 $i = 0,1,\cdots,m,$

$$B_i(y) = b_{i,0} + \sum_{j=0}^{n-1} b_{i,j+1}(y - y_0)\cdots(y - y_j). \qquad (1.48)$$

为使得 $R_{m,n}^{\mathrm{TN}}(x,y)$ 满足插值条件

$$R_{m,n}^{\mathrm{TN}}(x_i,y_j) = f(x_i,y_j), \quad (x_i,y_j) \in \Omega_{mn}, \qquad (1.49)$$

仍然需要确定诸插值系数 $b_{i,j}$, 为此给出 Newton-Thiele 型混合差商的递推算法.

算法 1.2.3 (Thiele-Newton 型混合差商)

$$\varphi_{\mathrm{TN}}[x_i;y_j] = f(x_i,y_j), \quad (x_i,y_j) \in \Omega_{mn}, \qquad (1.50)$$

$$\varphi_{\mathrm{TN}}[x_i;y_j,y_k] = \frac{\varphi_{\mathrm{TN}}[x_i;y_k] - \varphi_{\mathrm{TN}}[x_i;y_j]}{y_k - y_j}, \qquad (1.51)$$

$$\varphi_{\mathrm{TN}}[x_i;y_r,\cdots,y_s,y_k,y_l] = \frac{\varphi_{\mathrm{TN}}[x_i;y_r,\cdots,y_s,y_l] - \varphi_{\mathrm{TN}}[x_i;y_r,\cdots,y_s,y_k]}{y_l - y_k}, \quad (1.52)$$

$$\varphi_{\mathrm{TN}}[x_i,x_j;y_k] = \frac{x_j - x_i}{\varphi_{\mathrm{TN}}[x_j;y_k] - \varphi_{\mathrm{TN}}[x_i;y_k]}, \qquad (1.53)$$

$$\varphi_{\mathrm{TN}}[x_p,\cdots,x_q,x_i,x_j;y_k] = \frac{x_j - x_i}{\varphi_{\mathrm{TN}}[x_p,\cdots,x_q,x_j;y_k] - \varphi_{\mathrm{TN}}[x_p,\cdots,x_q,x_i;y_k]},$$

$$(1.54)$$

$$\varphi_{\mathrm{TN}}[x_p,\cdots,x_q;y_r,\cdots,y_s,y_k,y_l]$$
$$=\frac{\varphi_{\mathrm{TN}}[x_p,\cdots,x_q;y_r,\cdots,y_s,y_l]-\varphi_{\mathrm{TN}}[x_p,\cdots,x_q;y_r,\cdots,y_s,y_k]}{y_l-y_k}. \tag{1.55}$$

定理 1.2.7 对按 (1.28) 式给出的插值节点组, 令诸插值系数

$$b_{i,j}=\varphi_{\mathrm{TN}}[x_0,\cdots,x_i;y_0,\cdots,y_j], \tag{1.56}$$

则按 (1.47) 式与 (1.48) 式定义的 $R_{m,n}^{\mathrm{TN}}(x,y)$ 满足插值条件 (1.49).

1.3 径向基函数插值

基于 Euclid 距离, 形如 $\phi(\cdot)$ 定义的一个一元函数作平移所产生的线性组合

$$\{\phi(\|x-c\|)\}$$

所得到的函数称为径向基函数, 故其实质为用一元函数来描述多元函数[1].

具体而言, 三次样条插值函数 $s(x)$ 具有如下形式

$$s(x)=\sum_{i=1}^N\alpha_i\phi(|x-x_i|)+p(x),\quad x\in\mathbf{R}, \tag{1.57}$$

其中 $\phi(r)=r^3,r\geqslant 0,p(x)\in\mathbf{P}_1(\mathbf{R})$, 即 $p(x)$ 为一元一次多项式.

通过考虑径向基函数 $\Phi=\phi(|\cdot|)$, 人们将 (1.57) 式推广到基于插值节点 $\Omega\equiv\Omega_{N+1}=\{P_0,P_1,\cdots,P_N\}\subset\mathbf{R}^2$ 的径向基函数插值方法[13-15]

$$s(x,y)=\sum_{i=0}^N\alpha_i\phi(\|P-P_i\|_2)+p(x,y), \tag{1.58}$$

其中 $P=(x,y),P_i=(x_i,y_i)\in\mathbf{R}^2,\phi:[0,+\infty)\to\mathbf{R},p(x,y)\in\mathbf{P}_{m-1}(\mathbf{R}^2)$, 即 $p(x,y)$ 为二元 $m-1$ 次多项式, 且插值系数满足附件条件

$$\sum_{i=0}^N\alpha_iq(x_i,y_i)=0,\quad\forall q(x,y)\in\mathbf{P}_{m-1}(\mathbf{R}^2). \tag{1.59}$$

特别地, 人们往往研究不含 $p(x,y)$ 与附加条件 (1.59) 的径向基函数插值 (1.58), 于是求解插值系数诸 α_i 的问题转化为求解线性方程组, 从而考虑插值矩阵 $A_{\phi,\Omega}=(\phi(\|P_k-P_i\|))_{0\leqslant k,j\leqslant N}$ 是否非奇异. 令人惊喜的是, 当我们选择径向基函数为 Gauss 函数 $\phi(r)=e^{-\alpha r^2}(\alpha>0)$、逆 MQ 函数 $\phi(r)=1/\sqrt{c^2+r^2}$ 或 MQ 函数 $\phi(r)=\sqrt{c^2+r^2}(c>0)$ 时, 插值矩阵 $A_{\phi,\Omega}$ 非奇异.

因此, 此时求解关于插值系数的线性方程组

$$s(x_k, y_k) = \sum_{i=0}^{N} \alpha_i \phi(\|P_k - P_i\|_2), \quad k = 0, 1, \cdots, N \tag{1.60}$$

的解唯一存在.

下面我们将利用 Gauss 消去法[16] 分析径向基函数插值的计算复杂性. 具体而言, 对插值矩阵 $A_{\phi,\Omega}$ 进行 LU 分解, 接着采用追赶法求出插值系数, 这两步共需要四则运算的总次数为

$$\frac{2}{3}(N+1)^3 + \frac{1}{2}(N+1)^2 - \frac{7}{6}(N+1) \equiv O(N^3). \tag{1.61}$$

最后, 在得到诸插值系数 α_i 之后, 计算不含 $p(x, y)$ 与附加条件 (1.59) 的径向基函数插值 (1.58) 式还需要四则运算总次数为 $(N+1)^2$.

综上所述, 计算径向基函数插值 (1.58) 式所需要的四则运算总次数为 $O(N^3)$.

第2章 直角三点组上的二元多项式与连分式插值

本章主要研究直角三点组上插值多项式的 B 网方法与二元连分式插值函数,并通过数值积分与函数值比较多项式插值与连分式插值方法. 首先回顾 Salzer 提出的一种新的二元差商算法与直角三点组上的插值多项式; 接着给出直角三点组上插值多项式的 B 网系数计算方法,并分别算出一个与两个直角三点组上的具体 B 网系数; 然后, 提出新的偏逆差商公式, 由此定义直角三点组上连分式插值函数的系数, 并研究这种连分式插值函数的分子分母次数, 即特征定理, 通过数值算例说明插值格式有效可行; 最后, 分别比较两个直角三点组上两种插值方法及试验函数的数值积分, 以及三个直角三角形上重心、各边等分点上的两种插值函数值与试验函数值[17,18].

2.1 研究背景与方法回顾

众所周知, 结构力学中固定在三点组上的物体要比固定在一个点上的更稳固, 因此由三点组提取的信息插值问题很值得研究. Salzer 曾指出[17], 构造多元函数插值公式应具有三个性质的优点, 即插值节点的分布任意性、插值系数的计算递推性, 以及插值点趋于一点时的极限形式. 鉴于此, Salzer 构造了直角三点组上的多项式插值公式, 通过新的二元差商公式递推地计算系数, 并研究了每个直角三点组的两个非直角顶点趋于直角顶点时的极限形式. 下面主要介绍 Salzer 所构造的插值格式.

设平面上 $3(n+1)$ 个点构成 $n+1$ 个直角三点组, 即呈 L-型分布, 记

$$\Delta_m \equiv \{P_1^m, P_2^m, P_3^m\} = \{(x_{2m}, y_{2m}), (x_{2m+1}, y_{2m}), (x_{2m}, y_{2m+1})\}, \quad m = 0, 1, \cdots, n,$$

其中 $i \neq j, x_i \neq x_j, y_i \neq y_j$. Salzer 考虑了如下形式的二元多项式

$$\begin{aligned}
s_{n+1}(x, y) &= a_{0,0} + a_{1,0}(x - x_0) + a_{0,1}(y - y_0) + (x - x_0)(y - y_0)[a_{2,2} + a_{3,2}(x - x_2) \\
&\quad + a_{2,3}(y - y_2)] + (x - x_0)(y - y_0)(x - x_2)(y - y_2)[a_{4,4} + a_{5,4}(x - x_4) \\
&\quad + a_{4,5}(y - y_4)] + \cdots + \prod_{i=0}^{n-1}(x - x_{2i})(y - y_{2i})[a_{2n,2n} + a_{2n+1,2n}(x - x_{2n}) \\
&\quad + a_{2n,2n+1}(y - y_{2n})].
\end{aligned} \tag{2.1}$$

他构造了一种具有完美对称性的二元差商算法, 由此递推地计算出 (2.1) 式中的诸系数, 使得 (2.1) 式满足插值条件

$$
\begin{aligned}
s_{n+1}(x_{2m}, y_{2m}) &= f(x_{2m}, y_{2m}) \equiv f_{2m,2m}, \\
s_{n+1}(x_{2m+1}, y_{2m}) &= f(x_{2m+1}, y_{2m}) \equiv f_{2m+1,2m}, \\
s_{n+1}(x_{2m}, y_{2m+1}) &= f(x_{2m}, y_{2m+1}) \equiv f_{2m,2m+1}, \quad m = 0, 1, \cdots, n.
\end{aligned} \tag{2.2}
$$

本章约定: 简记 $[x_0, \cdots, x_k; y_0, \cdots, y_l]$ 表示 $[x_0, \cdots, x_{k-1}, x_k; y_0, \cdots, y_{l-1}, y_l]$, 只有当变量下标不是逐个递增时, 才特地写出相应变量.

算法 2.1.1　设直角三点组为 $\{(x_{2m}, y_{2m}), (x_{2m+1}, y_{2m}), (x_{2m}, y_{2m+1})\}$, $m = 0, 1, \cdots, n$, 有

$$
[x_{2m}, y_{2m}] = f_{2m,2m}, \quad [x_{2m+1}, y_{2m}] = f_{2m+1,2m}, \quad [x_{2m}, y_{2m+1}] = f_{2m,2m+1}, \tag{2.3}
$$

$$
\begin{aligned}
& [x_0, \cdots, x_{2m+1}; y_0, \cdots, y_{2m}] \\
&= \frac{[x_0, \cdots, x_{2m-1}, x_{2m+1}; y_0, \cdots, y_{2m}] - [x_0, \cdots, x_{2m}; y_0, \cdots, y_{2m}]}{x_{2m+1} - x_{2m}},
\end{aligned} \tag{2.4}
$$

$$
\begin{aligned}
& [x_0, \cdots, x_{2m}; y_0, \cdots, y_{2m+1}] \\
&= \frac{[x_0, \cdots, x_{2m}; y_0, \cdots, y_{2m-1}, y_{2m+1}] - [x_0, \cdots, x_{2m}; y_0, \cdots, y_{2m}]}{y_{2m+1} - y_{2m}},
\end{aligned} \tag{2.5}
$$

$$
\begin{aligned}
& [x_0, \cdots, x_{2m}; y_0, \cdots, y_{2m}] \\
&= \frac{[x_0, \cdots, x_{2m-3}, x_{2m}; y_0, \cdots, y_{2m-3}, y_{2m}] - [x_0, \cdots, x_{2m-2}; y_0, \cdots, y_{2m-2}]}{(x_{2m} - x_{2m-2})(y_{2m} - y_{2m-2})} \\
& - \frac{[x_0, \cdots, x_{2m-1}; y_0, \cdots, y_{2m-2}]}{y_{2m} - y_{2m-2}} - \frac{[x_0, \cdots, x_{2m-2}; y_0, \cdots, y_{2m-1}]}{x_{2m} - x_{2m-2}}.
\end{aligned} \tag{2.6}
$$

2.2　二元插值多项式的 B 网方法

本节中, 利用算法 2.1.1 推导出插值多项式 (2.1) 的系数, 再借助于重心坐标, 建立插值多项式系数与 B 网系数之间的转换关系式. 特别地, 分别计算基于一个与两个直角三点组上的 B 网系数, 由此推导出包括直角三角形上的数值积分公式在内的诸多性质.

由前构造满足插值条件的 $2n + 1$ 次多项式 $s_{n+1}(x, y)$ 与算法 2.1.1, 不难算出前几项的差商与系数, 并由差商公式的递推性计算出其他系数.

$$
a_{0,0} = [x_0; y_0] = f_{0,0}, \tag{2.7}
$$

$$a_{1,0} = [x_0, x_1; y_0] = \frac{f_{1,0} - f_{0,0}}{x_1 - x_0}, \tag{2.8}$$

$$a_{0,1} = [x_0; y_0, y_1] = \frac{f_{0,1} - f_{0,0}}{y_1 - y_0}, \tag{2.9}$$

$$a_{2,2} = [x_0, x_1, x_2; y_0, y_1, y_2] = \frac{f_{2,2} - f_{0,0}}{(x_2 - x_0)(y_2 - y_0)} - \frac{a_{1,0}}{y_2 - y_0} - \frac{a_{0,1}}{x_2 - x_0}. \tag{2.10}$$

$$a_{3,2} = [x_0, \cdots, x_3; y_0, y_1, y_2] = \frac{[x_0, x_1, x_3; y_0, y_1, y_2] - a_{2,2}}{x_3 - x_2}, \tag{2.11}$$

其中

$$[x_0, x_1, x_3; y_0, y_1, y_2] = \frac{f_{3,2} - f_{0,0}}{(x_3 - x_0)(y_2 - y_0)} - \frac{a_{1,0}}{y_2 - y_0} - \frac{a_{0,1}}{x_3 - x_0},$$

$$a_{2,3} = [x_0, x_1, x_2; y_0, \cdots, y_3] = \frac{[x_0, x_1, x_2; y_0, y_1, y_3] - a_{2,2}}{y_3 - y_2}, \tag{2.12}$$

其中

$$[x_0, x_1, x_2; y_0, y_1, y_3] = \frac{f_{2,3} - f_{0,0}}{(x_2 - x_0)(y_3 - y_0)} - \frac{a_{1,0}}{y_3 - y_0} - \frac{a_{0,1}}{x_2 - x_0},$$

$$a_{4,4} = [x_0, \cdots, x_4; y_0, \cdots, y_4] = \frac{[x_0, x_1, x_4; y_0, y_1, y_4] - a_{2,2}}{(x_4 - x_2)(y_4 - y_2)} - \frac{a_{3,2}}{y_4 - y_2} - \frac{a_{2,3}}{x_4 - x_2}, \tag{2.13}$$

其中

$$[x_0, x_1, x_4; y_0, y_1, y_4] = \frac{f_{4,4} - f_{0,0}}{(x_4 - x_0)(y_4 - y_0)} - \frac{a_{1,0}}{y_4 - y_0} - \frac{a_{0,1}}{x_4 - x_0},$$

$$a_{5,4} = [x_0, \cdots, x_5; y_0, y_1, y_4] = \frac{[x_0, \cdots, x_3, x_5; y_0, \cdots, y_4] - a_{4,4}}{x_5 - x_4}, \tag{2.14}$$

其中

$$[x_0, \cdots, x_3, x_5; y_0, \cdots, y_4] = \frac{[x_0, x_1, x_5; y_0, y_1, y_4] - a_{2,2}}{(x_5 - x_2)(y_4 - y_2)} - \frac{a_{3,2}}{y_4 - y_2} - \frac{a_{2,3}}{x_5 - x_2},$$

$$[x_0, x_1, x_5; y_0, y_1, y_4] = \frac{f_{5,4} - f_{0,0}}{(x_5 - x_0)(y_4 - y_0)} - \frac{a_{1,0}}{y_4 - y_0} - \frac{a_{0,1}}{x_5 - x_0},$$

$$a_{4,5} = [x_0, \cdots, x_4; y_0, y_1, y_5] = \frac{[x_0, \cdots, x_4; y_0, \cdots, y_3, y_5] - a_{4,4}}{y_5 - y_4}, \tag{2.15}$$

其中

$$[x_0, \cdots, x_4; y_0, \cdots, y_3, y_5] = \frac{[x_0, x_1, x_4; y_0, y_1, y_5] - a_{2,2}}{(x_4 - x_2)(y_5 - y_2)} - \frac{a_{3,2}}{y_5 - y_2} - \frac{a_{2,3}}{x_4 - x_2},$$

$$[x_0, x_1, x_4; y_0, y_1, y_5] = \frac{f_{4,5} - f_{0,0}}{(x_4 - x_0)(y_5 - y_0)} - \frac{a_{1,0}}{y_5 - y_0} - \frac{a_{0,1}}{x_4 - x_0},$$

······

$$a_{2n,2n} = [x_0, \cdots, x_{2n}; y_0, \cdots, y_{2n}], \tag{2.16}$$

$$a_{2n+1,2n} = [x_0, \cdots, x_{2n+1}; y_0, \cdots, y_{2n}], \tag{2.17}$$

$$a_{2n,2n+1} = [x_0, \cdots, x_{2n}; y_0, \cdots, y_{2n+1}], \tag{2.18}$$

为了更好地将插值多项式 $s_{n+1}(x,y)$ 应用于数值积分, 我们需要推导其 B 网系数. 我们将二元 B 网方法应用于直角三点组上, 诸直角三点组 Δ_m 上的 $2n+1$ 次插值多项式 $s_{n+1}(x,y)$ 可唯一地表示为

$$s_{n+1}(x,y) \equiv s_{n+1}^m(u,v,w) = \sum_{i+j+k=2n+1} b_{i,j,k}^m B_{i,j,k}^{2n+1}(u,v,w), \tag{2.19}$$

其中

$$B_{i,j,k}^{2n+1}(u,v,w) = \frac{(2n+1)!}{i!j!k!} u^i v^j w^k, \quad u+v+w=1, \quad u,v,w \geqslant 0. \tag{2.20}$$

这里诸直角三点组 Δ_m 上的重心坐标为

$$u = 1 - v - w, \quad v = \frac{x - x_{2m}}{x_{2m+1} - x_{2m}}, \quad w = \frac{y - y_{2m}}{y_{2m+1} - y_{2m}}, \tag{2.21}$$

即

$$x = x_{2m} + (x_{2m+1} - x_{2m})v, \quad y = y_{2m} + (y_{2m+1} - y_{2m})w, \tag{2.22}$$

其中上述变换 Jacobi 行列式绝对值为

$$|J| = \frac{1}{2A} = \frac{1}{|(x_{2m+1} - x_{2m})(y_{2m+1} - y_{2m})|}. \tag{2.23}$$

特别地, 我们分别计算出一个与两个直角三点组上的 B 网系数, 如下述定理.

定理 2.2.1   对一个直角三点组 $\Delta_0 \equiv \{P_1^0, P_2^0, P_3^0\} = \{(x_0, y_0), (x_1, y_0), (x_0, y_1)\}$, 有

$$s_1(x,y) \equiv s_1^0(u,v,w) = \sum_{i+j+k=1} b_{i,j,k}^0 B_{i,j,k}^1(u,v,w), \quad (x,y) \in \Delta_0, \tag{2.24}$$

其中 B 网系数满足

$$(b_{1,0,0}^0, b_{0,1,0}^0, b_{0,0,1}^0)^{\mathrm{T}} = (f_{0,0}, f_{1,0}, f_{0,1})^{\mathrm{T}}. \tag{2.25}$$

证明   由 (2.19) 式与 (2.20) 式, 对 $(x,y) \in \Delta_0$, 有

$$s_1(x,y) \equiv s_1^0(u,v,w) = \sum_{i+j+k=1} b_{i,j,k}^0 B_{i,j,k}^1(u,v,w) = b_{1,0,0}^0 u + b_{0,1,0}^0 v + b_{0,0,1}^0 w$$

$$= b_{1,0,0}^0 + (b_{0,1,0}^0 - b_{1,0,0}^0)v + (b_{0,0,1}^0 - b_{1,0,0}^0)w, \tag{2.26}$$

且由 (2.21) 式与 (2.22) 式, 得到 Δ_0 上的重心坐标为

$$u = 1 - v - w, v = \frac{x - x_0}{x_1 - x_0}, w = \frac{y - y_0}{y_1 - y_0},$$
$$\Leftrightarrow x = x_0 + (x_1 - x_0)v, y = y_0 + (y_1 - y_0)w,$$

其中上述变换 Jacobi 行列式绝对值为

$$|J| = \frac{1}{2A} = \frac{1}{|(x_1 - x_0)(y_1 - y_0)|}.$$

将 $n = 0$ 代入 (2.1) 式, 有

$$s_1^0(u, v, w) = a_{0,0} + a_{1,0}(x_1 - x_0)v + a_{0,1}(y_1 - y_0)w, \quad (x, y) \in \Delta_0, \tag{2.27}$$

再比较 (2.26) 式与 (2.27) 式便得到

$$Q_1^0 \beta_1^0 = f_1^0, \tag{2.28}$$

其中

$$Q_1^0 = \begin{pmatrix} 1 & 0 & 0 \\ -1 & 1 & 0 \\ -1 & 0 & 1 \end{pmatrix}, \quad \beta_1^0 = \begin{pmatrix} b_{1,0,0}^0 \\ b_{0,1,0}^0 \\ b_{0,0,1}^0 \end{pmatrix}, \quad f_1^0 = \begin{pmatrix} a_{0,0} \\ a_{1,0}(x_1 - x_0) \\ a_{0,1}(y_1 - y_0) \end{pmatrix},$$

故定理得证. $\qquad\qquad\qquad\qquad\qquad\qquad\qquad\qquad\qquad\qquad\qquad\quad\square$

定理 2.2.2 对两个直角三点组

$$\Delta_m \equiv \{P_1^m, P_2^m, P_3^m\} = \{(x_{2m}, y_{2m}), (x_{2m+1}, y_{2m}), (x_{2m}, y_{2m+1})\}, \quad m = 0, 1,$$

有

$$s_3(x, y) \equiv s_3^m(u, v, w) = \sum_{i+j+k=3} b_{i,j,k}^m B_{i,j,k}^3(u, v, w), \quad m = 0, 1, \quad (x, y) \in \Delta_m, \tag{2.29}$$

其中对 $\forall (x, y) \in \Delta_0$ 与 $\forall (x, y) \in \Delta_1$, 分别有

$$u = 1 - v - w, \quad v = \frac{x - x_0}{x_1 - x_0}, \quad w = \frac{y - y_0}{y_1 - y_0}, \quad |J| = \frac{1}{|(x_1 - x_0)(y_1 - y_0)|},$$
$$u = 1 - v - w, \quad v = \frac{x - x_2}{x_3 - x_2}, \quad w = \frac{y - y_2}{y_3 - y_2}, \quad |J| = \frac{1}{|(x_3 - x_2)(y_3 - y_2)|},$$

且相应的 B 网系数分别为

$$
(b_{3,0,0}^0, b_{2,1,0}^0, b_{2,0,1}^0, b_{1,2,0}^0, b_{1,1,1}^0, b_{1,0,2}^0, b_{0,3,0}^0, b_{0,2,1}^0, b_{0,1,2}^0, b_{0,0,3}^0)^{\mathrm{T}}
$$

$$
= \Bigg(f_{0,0}, \frac{2f_{0,0} + f_{1,0}}{3}, \frac{2f_{0,0} + f_{0,1}}{3}, \frac{f_{0,0} + 2f_{1,0}}{3}, \frac{f_{0,0} + f_{1,0} + f_{0,1}}{3}
$$

$$
+ \frac{(x_1 - x_0)(y_1 - y_0)[a_{2,2} + a_{3,2}(x_0 - x_2) + a_{2,3}(y_0 - y_2)]}{6}, \frac{f_{0,0} + 2f_{0,1}}{3}, f_{1,0},
$$

$$
\frac{2f_{1,0} + f_{0,1} + (x_1 - x_0)(y_1 - y_0)[a_{2,2} + a_{3,2}(x_0 - x_2) + a_{2,3}(y_0 - y_2)]}{3}
$$

$$
+ \frac{a_{3,2}(x_1 - x_0)^2(y_1 - y_0)}{3},
$$

$$
\frac{f_{1,0} + 2f_{0,1} + (x_1 - x_0)(y_1 - y_0)[a_{2,2} + a_{3,2}(x_0 - x_2) + a_{2,3}(y_0 - y_2)]}{3}
$$

$$
+ \frac{a_{2,3}(x_1 - x_0)(y_1 - y_0)^2}{3}, f_{0,1} \Bigg)^{\mathrm{T}}, \tag{2.30}
$$

$$
(b_{3,0,0}^1, b_{2,1,0}^1, b_{2,0,1}^1, b_{1,2,0}^1, b_{1,1,1}^1, b_{1,0,2}^1, b_{0,3,0}^1, b_{0,2,1}^1, b_{0,1,2}^1, b_{0,0,3}^1)^{\mathrm{T}}
$$

$$
= \Bigg(f_{2,2}, \frac{2f_{2,2} + f_{3,2} - a_{3,2}(x_3 - x_2)^2(y_2 - y_0)}{3},
$$

$$
\frac{2f_{2,2} + f_{2,3} - a_{2,3}(x_2 - x_0)(y_3 - y_2)^2}{3}, \frac{f_{2,2} + 2f_{3,2} - a_{3,2}(x_3 - x_2)^2(y_2 - y_0)}{3},
$$

$$
\frac{f_{2,2} + f_{3,2} + f_{2,3} - a_{3,2}(x_3 - x_2)^2(y_2 - y_0) - a_{2,3}(x_2 - x_0)(y_3 - y_2)^2}{3}
$$

$$
+ \frac{(x_3 - x_2)(y_3 - y_2)[a_{2,2} + a_{3,2}(x_2 - x_0) + a_{2,3}(y_2 - y_0)]}{6},
$$

$$
\frac{f_{2,2} + 2f_{2,3} - a_{2,3}(x_2 - x_0)(y_3 - y_2)^2}{3}, f_{3,2},
$$

$$
\frac{2f_{3,2} + f_{2,3} + a_{3,2}(x_3 - x_2)^2(y_3 + y_0 - 2y_2) - a_{2,3}(x_2 - x_0)(y_3 - y_2)^2}{3}
$$

$$
+ \frac{(x_3 - x_2)(y_3 - y_2)[a_{2,2} + a_{3,2}(x_2 - x_0) + a_{2,3}(y_2 - y_0)]}{3},
$$

$$
\frac{f_{3,2} + 2f_{2,3} + a_{2,3}(x_3 + x_0 - 2x_2)(y_3 - y_2)^2 - a_{3,2}(x_3 - x_2)^2(y_2 - y_0)}{3}
$$

$$
- \frac{(x_3 - x_2)(y_3 - y_2)[a_{2,2} + a_{3,2}(x_2 - x_0) + a_{2,3}(y_2 - y_0)]}{3}, f_{2,3} \Bigg)^{\mathrm{T}}. \tag{2.31}
$$

利用插值多项式的重心坐标变换, 我们将两个变量转化为两个线性相关变量的情形, 由此可以有效地推导出偏导数与数值积分等结论, 如下面性质所述.

性质 2.2.1 设 $n+1$ 个直角三点组 $\Delta_m \equiv \{P_1^m, P_2^m, P_3^m\}, m = 0, 1, \cdots, n$, 则

$$
\frac{\partial s_{n+1}(P_1^m)}{\partial x} = \frac{(2n + 1)(b_{2n,1,0}^m - b_{2n+1,0,0}^m)}{x_{2m+1} - x_{2m}},
$$

$$\frac{\partial s_{n+1}(P_1^m)}{\partial y} = \frac{(2n+1)(b_{2n,0,1}^m - b_{2n+1,0,0}^m)}{y_{2m+1} - y_{2m}},$$

$$\frac{\partial s_{n+1}(P_2^m)}{\partial x} = \frac{(2n+1)(b_{0,2n+1,0}^m - b_{1,2n,0}^m)}{x_{2m+1} - x_{2m}},$$

$$\frac{\partial s_{n+1}(P_2^m)}{\partial y} = \frac{(2n+1)(b_{0,2n,1}^m - b_{1,2n,0}^m)}{y_{2m+1} - y_{2m}}, \qquad (2.32)$$

$$\frac{\partial s_{n+1}(P_3^m)}{\partial x} = \frac{(2n+1)(b_{0,1,2n}^m - b_{1,0,2n}^m)}{x_{2m+1} - x_{2m}},$$

$$\frac{\partial s_{n+1}(P_3^m)}{\partial y} = \frac{(2n+1)(b_{0,0,2n+1}^m - b_{1,0,2n}^m)}{y_{2m+1} - y_{2m}}.$$

证明　由 (2.19)—(2.22) 式, 得到关于 3 个变量 u, v, w 的偏导数计算公式

$$\frac{\partial s_{n+1}}{\partial u} = (2n+1) \sum_{i+j+k=2n} b_{i+1,j,k}^m \frac{(2n)!}{i!j!k!} u^i v^j w^k,$$

$$\frac{\partial s_{n+1}}{\partial v} = (2n+1) \sum_{i+j+k=2n} b_{i,j+1,k}^m \frac{(2n)!}{i!j!k!} u^i v^j w^k, \qquad (2.33)$$

$$\frac{\partial s_{n+1}}{\partial w} = (2n+1) \sum_{i+j+k=2n} b_{i,j,k+1}^m \frac{(2n)!}{i!j!k!} u^i v^j w^k.$$

再将 (2.33) 式代入下列关于两个线性独立的变量 x, y 的偏导数计算公式

$$\frac{\partial s_{n+1}^m}{\partial x} = \frac{\partial s_{n+1}^m}{\partial u} \cdot \frac{\partial u}{\partial x} + \frac{\partial s_{n+1}^m}{\partial v} \cdot \frac{\partial v}{\partial x} + \frac{\partial s_{n+1}^m}{\partial w} \cdot \frac{\partial w}{\partial x} = \frac{1}{x_{2m+1} - x_{2m}} \left(\frac{\partial s_{n+1}^m}{\partial v} - \frac{\partial s_{n+1}^m}{\partial u} \right),$$

$$\frac{\partial s_{n+1}^m}{\partial y} = \frac{\partial s_{n+1}^m}{\partial u} \cdot \frac{\partial u}{\partial y} + \frac{\partial s_{n+1}^m}{\partial v} \cdot \frac{\partial v}{\partial y} + \frac{\partial s_{n+1}^m}{\partial w} \cdot \frac{\partial w}{\partial y} = \frac{1}{y_{2m+1} - y_{2m}} \left(\frac{\partial s_{n+1}^m}{\partial w} - \frac{\partial s_{n+1}^m}{\partial u} \right),$$

便分别得到直角点与两个非直角点处的偏导数 (2.32) 式, 故性质 2.2.1 得证.　□

为了计算每个直角三角形上的数值积分, 我们需要先给出以下引理.

引理 2.2.1　重心坐标的幂函数在三角形单元上的积分为

$$\iint_A u^i v^j w^k \mathrm{d}A = \frac{i!j!k!}{(i+j+k+2)!} 2A. \qquad (2.34)$$

由引理不难算出对直角三点组上 $\forall (x,y) \in \Delta_m, m = 0, 1, \cdots, n$, 成立

$$\iint_{A(\Delta_m)} s_{n+1}(x,y) \mathrm{d}x \mathrm{d}y = \iint_{A(\Delta_m)} s_{n+1}^m(u,v,w) \mathrm{d}A$$

$$= \frac{A(\Delta_m)}{(2n+1)(2n+3)} \sum_{i+j+k=2n+1} b_{i,j,k}^m, \qquad (2.35)$$

其中 $A(\Delta_m)$ 表示直角三角形 $\Delta_m, m = 0, 1, \cdots, n$ 的面积.

故由 (2.25) 式、(2.30) 式及 (2.31) 式, 我们可以算出直角三角形上的数值积分.

性质 2.2.2

$$\iint_{A(\Delta_0)} s_1(x,y)\mathrm{d}x\mathrm{d}y = \frac{|(x_1-x_0)(y_1-y_0)|}{6}(f_{0,0}+f_{1,0}+f_{0,1}), \tag{2.36}$$

其中 $A(\Delta_0)$ 表示 1 个直角三角形 Δ_0 的面积.

性质 2.2.3

$$\iint_{A(\Delta_0)} s_3(x,y)\mathrm{d}x\mathrm{d}y = |(x_1-x_0)(y_1-y_0)| \cdot \left\{ \frac{f_{0,0}+f_{1,0}+f_{0,1}}{3} \right.$$
$$+ \frac{(x_1-x_0)(y_1-y_0)[a_{2,2}+a_{3,2}(x_0-x_2)+a_{2,3}(y_0-y_2)]}{12}$$
$$\left. + \frac{a_{3,2}(x_1-x_0)^2(y_1-y_0)+a_{2,3}(x_1-x_0)(y_1-y_0)^2}{30} \right\}, \tag{2.37}$$

$$\iint_{A(\Delta_1)} s_3(x,y)\mathrm{d}x\mathrm{d}y$$
$$= |(x_3-x_2)(y_3-y_2)| \cdot \left\{ \frac{f_{2,2}+f_{3,2}+f_{2,3}}{3} \right.$$
$$+ \frac{(x_3-x_2)(y_3-y_2)[a_{2,2}+a_{3,2}(x_2-x_0)+a_{2,3}(y_2-y_0)]}{12}$$
$$\left. + \frac{a_{3,2}(x_3-x_2)^2(y_3+5y_0-6y_2)+a_{2,3}(y_3-y_2)^2(x_3+5x_0-6x_2)}{30} \right\}, \tag{2.38}$$

其中 $A(\Delta_m), m=0,1$ 分别表示两个直角三角形 $\Delta_m, m=0,1$ 的面积.

利用多项式函数的连续性, 我们知道当每个直角三点组趋于此三角形外接圆圆心, 即直径 $P_2^m P_3^m$ 的中点时, 多项式函数 $s_{n+1}(x,y)$ 的极限存在且为此点处的函数值.

性质 2.2.4 当诸直角三点组 Δ_m 趋于其外接圆圆心时, $s_{n+1}(x,y), \forall (x,y) \in \Delta_m$ 的极限等于点 $(u,v,w)=(0,1/2,1/2)$ 处的函数值, 即

$$s_{n+1}^m\left(0,\frac{1}{2},\frac{1}{2}\right) = \sum_{j+k=2n+1} b_{0,j,k}^m \frac{(2n+1)!}{j!k!} v^j w^k = \left(\frac{1}{2}\right)^{2n+1} \sum_{j+k=2n+1} b_{0,j,k}^m, \tag{2.39}$$

其中 $b_{0,j,k}^m$ 分别为 $A(\Delta_m), m=0,1,\cdots,n$ 上的 B 网系数.

2.3　二元连分式插值的计算

本节将构造一种新的偏逆差商递推公式, 并将其应用于 $\mathbf{R}^2$ 上直角三点组的连分式插值. 我们还将看到连分式的三项递推关系式在确定连分式插值函数的分子、分母次数时起着重要作用.

我们构造如下形式的二元连分式有理函数

$$R_{n+1}(x,y) = c_{0,0} + \frac{x-x_0}{c_{1,0}} + \frac{y-y_0}{c_{0,1}} + \overset{n}{\underset{i=1}{K}} \frac{(x-x_{2i-2})(y-y_{2i-2})}{c_{2,2} + \dfrac{x-x_{2i}}{c_{2i+1,2i}} + \dfrac{y-y_{2i}}{c_{2i,2i+1}}}. \tag{2.40}$$

为了使 (2.40) 式插值于给定的 $n+1$ 个直角三点组

$$\Delta_m \equiv \{P_1^m, P_2^m, P_3^m\} = \{(x_{2m}, y_{2m}), (x_{2m+1}, y_{2m}), (x_{2m}, y_{2m+1})\}, \quad m = 0, 1, \cdots, n,$$

其中对 $i \neq j, x_i \neq x_j, y_i \neq y_j$, 我们要构造一种新的偏逆差商公式.

我们约定: 简记 $\varphi[x_0, \cdots, x_k; y_0, \cdots, y_l]$ 表示 $\varphi[x_0, \cdots, x_{k-1}, x_k; y_0, \cdots, y_{l-1}, y_l]$, 只有当变量下标不是逐个递增时, 才特地写出相应变量. 另外, 还假设连分式运算的每个环节都没有障碍.

算法 2.3.1 设直角三点组 $\{(x_{2m}, y_{2m}), (x_{2m+1}, y_{2m}), (x_{2m}, y_{2m+1})\}, m = 0, 1, \cdots, n$, 有

$$\varphi[x_i; y_j] = f(x_i, y_j) = f_{i,j}, \tag{2.41}$$

$$\varphi[x_0, x_1; y_0] = \frac{x_1 - x_0}{\varphi[x_1; y_0] - \varphi[x_0; y_0]}, \tag{2.42}$$

$$\varphi[x_0; y_0, y_1] = \frac{y_1 - y_0}{\varphi[x_0; y_1] - \varphi[x_0; y_0]}, \tag{2.43}$$

$$\varphi[x_0, x_1, x_2; y_0, y_1, y_2] = \frac{(x_2 - x_0)(y_2 - y_0)}{\varphi[x_2; y_2] - \varphi[x_0; y_0] - \dfrac{x_2 - x_0}{\varphi[x_0, x_1; y_0]} - \dfrac{y_2 - y_0}{\varphi[x_0; y_0, y_1]}}, \tag{2.44}$$

$$\begin{aligned} &\varphi[x_0, \cdots, x_{2m}; y_0, \cdots, y_{2m}] \\ &= \frac{(x_{2m} - x_{2m-2})(y_{2m} - y_{2m-2})}{\varphi[x_0, \cdots, x_{2m-3}, x_{2m}; y_0, \cdots, y_{2m-3}, y_{2m}] - \varphi[x_0, \cdots, x_{2m-2}; y_0, \cdots, y_{2m-2}] - \alpha_m - \beta_m}, \end{aligned} \tag{2.45}$$

其中

$$\alpha_m = \frac{x_{2m} - x_{2m-2}}{\varphi[x_0, \cdots, x_{2m-1}; y_0, \cdots, y_{2m-2}]},$$

$$\beta_m = \frac{y_{2m} - y_{2m-2}}{\varphi[x_0, \cdots, x_{2m-2}; y_0, \cdots, y_{2m-1}]},$$

$$\begin{aligned} &\varphi[x_0, \cdots, x_{2m+1}; y_0, \cdots, y_{2m}] \\ &= \frac{x_{2m+1} - x_{2m}}{\varphi[x_0, \cdots, x_{2m-1}, x_{2m+1}; y_0, \cdots, y_{2m}] - \varphi[x_0, \cdots, x_{2m}; y_0, \cdots, y_{2m}]}, \end{aligned} \tag{2.46}$$

$$\varphi[x_0, \cdots, x_{2m}; y_0, \cdots, y_{2m+1}]$$

$$= \frac{y_{2m+1} - y_{2m}}{\varphi[x_0, \cdots, x_{2m}, x_{2m+1}; y_0, \cdots, y_{2m-1}, y_{2m+1}] - \varphi[x_0, \cdots, x_{2m}; y_0, \cdots, y_{2m}]}.$$

$$(2.47)$$

注 2.3.1　为便于下文的计算, 我们利用算法 2.3.1 算出前几项的偏逆差商.

$$\varphi[x_0; y_0] = f(x_0, y_0) = f_{0,0}, \tag{2.48}$$

$$\varphi[x_0, x_1; y_0] = \frac{x_1 - x_0}{f_{1,0} - f_{0,0}}, \tag{2.49}$$

$$\varphi[x_0; y_0, y_1] = \frac{y_1 - y_0}{f_{0,1} - f_{0,0}}, \tag{2.50}$$

$$\varphi[x_0, x_1, x_2; y_0, y_1, y_2] = \frac{(x_2 - x_0)(y_2 - y_0)}{f_{2,2} - f_{0,0} - \dfrac{x_2 - x_0}{x_1 - x_0}(f_{1,0} - f_{0,0}) - \dfrac{y_2 - y_0}{y_1 - y_0}(f_{0,1} - f_{0,0})}, \tag{2.51}$$

$$\varphi[x_0, \cdots, x_3; y_0, y_1, y_2] = \frac{x_3 - x_2}{\varphi[x_0, x_1, x_3; y_0, y_1, y_2] - \varphi[x_0, x_1, x_2; y_0, y_1, y_2]}, \tag{2.52}$$

其中

$$\varphi[x_0, x_1, x_3; y_0, y_1, y_2] = \frac{(x_3 - x_0)(y_2 - y_0)}{f_{3,2} - f_{0,0} - \dfrac{x_3 - x_0}{x_1 - x_0}(f_{1,0} - f_{0,0}) - \dfrac{y_2 - y_0}{y_1 - y_0}(f_{0,1} - f_{0,0})}.$$

$$\varphi[x_0, x_1, x_2; y_0, \cdots, y_3] = \frac{y_3 - y_2}{\varphi[x_0, x_1, x_2; y_0, y_1, y_3] - \varphi[x_0, x_1, x_2; y_0, y_1, y_2]}, \tag{2.53}$$

其中

$$\varphi[x_0, x_1, x_2; y_0, y_1, y_3] = \frac{(x_2 - x_0)(y_3 - y_0)}{f_{2,3} - f_{0,0} - \dfrac{x_2 - x_0}{x_1 - x_0}(f_{1,0} - f_{0,0}) - \dfrac{y_3 - y_0}{y_1 - y_0}(f_{0,1} - f_{0,0})}.$$

$$\varphi[x_0, \cdots, x_4; y_0, \cdots, y_4] = \frac{(x_4 - x_2)(y_4 - y_2)}{\alpha_2 - \varphi[x_0, x_1, x_2; y_0, y_1, y_2] - \beta_2 - \gamma_2}, \tag{2.54}$$

其中

$$\alpha_2 \equiv \varphi[x_0, x_1, x_4; y_0, y_1, y_4]$$
$$= \frac{(x_4 - x_0)(y_4 - y_0)}{f_{4,4} - f_{0,0} - \dfrac{x_4 - x_0}{x_1 - x_0}(f_{1,0} - f_{0,0}) - \dfrac{y_4 - y_0}{y_1 - y_0}(f_{0,1} - f_{0,0})},$$

$$\beta_2 = \frac{x_4 - x_2}{\varphi[x_0, \cdots, x_3; y_0, y_1, y_2]}, \qquad \gamma_2 = \frac{y_4 - y_2}{\varphi[x_0, x_1, x_2; y_0, \cdots, y_3]}.$$

$$\varphi[x_0, \cdots, x_5; y_0, \cdots, y_4] = \frac{x_5 - x_4}{\varphi[x_0, \cdots, x_3, x_5; y_0, \cdots, y_4] - \varphi[x_0, \cdots, x_4; y_0, \cdots, y_4]}, \tag{2.55}$$

其中

$$\varphi[x_0,\cdots,x_3,x_5;y_0,\cdots,y_4]=\frac{(x_5-x_2)(y_4-y_2)}{a_1-\varphi[x_0,x_1,x_2;y_0,y_1,y_2]-b_1-c_1},$$

$$a_1=\frac{(x_5-x_0)(y_4-y_0)}{f_{5,4}-f_{0,0}-\dfrac{x_5-x_0}{x_1-x_0}(f_{1,0}-f_{0,0})-\dfrac{y_4-y_0}{y_1-y_0}(f_{0,1}-f_{0,0})},$$

$$b_1=\frac{x_5-x_2}{\varphi[x_0,\cdots,x_3;y_0,y_1,y_2]},\quad c_1=\frac{y_4-y_2}{\varphi[x_0,x_1,x_2;y_0,\cdots,y_3]}.$$

$$\varphi[x_0,\cdots,x_4;y_0,\cdots,y_5]=\frac{y_5-y_4}{\varphi[x_0,\cdots,x_4;y_0,\cdots,y_3,y_5]-\varphi[x_0,\cdots,x_4;y_0,\cdots,y_4]},$$

$$(2.56)$$

其中

$$\varphi[x_0,\cdots,x_4;y_0,\cdots,y_3,y_5]=\frac{(x_4-x_2)(y_5-y_2)}{a_2-\varphi[x_0,x_1,x_2;y_0,y_1,y_2]-b_2-c_2},$$

$$a_2=\frac{(x_4-x_0)(y_5-y_0)}{f_{4,5}-f_{0,0}-\dfrac{x_4-x_0}{x_1-x_0}(f_{1,0}-f_{0,0})-\dfrac{y_5-y_0}{y_1-y_0}(f_{0,1}-f_{0,0})},$$

$$b_2=\frac{x_4-x_2}{\varphi[x_0,\cdots,x_3;y_0,y_1,y_2]},\quad c_2=\frac{y_5-y_2}{\varphi[x_0,x_1,x_2;y_0,\cdots,y_3]}.$$

为了说明有理函数 (2.40) 的诸系数可以由算法 2.3.1 递推地计算出, 我们需要说明算法 2.3.1 中偏逆差商的对称性, 其中约定

$$\varphi[x_i;y_j]=\varphi[y_j;x_i]=f(x_i;y_j)=f_{i,j}.$$

引理 2.3.1

$$\varphi[x_0,x_1;y_0]=\varphi[y_0;x_0,x_1],$$
$$\varphi[x_0;y_0,y_1]=\varphi[y_0,y_1;x_0]. \tag{2.57}$$

证明 由 (2.49), (2.50) 式及约定, 得到

$$\varphi[x_0,x_1;y_0]=\frac{x_1-x_0}{\varphi[x_1;y_0]-\varphi[x_0;y_0]}=\frac{x_1-x_0}{\varphi[y_0;x_1]-\varphi[y_0;x_0]}=\varphi[y_0;x_0,x_1],$$

$$\varphi[x_0;y_0,y_1]=\frac{y_1-y_0}{\varphi[x_0;y_1]-\varphi[x_0;y_0]}=\frac{y_1-y_0}{\varphi[y_1;x_0]-\varphi[y_0;x_0]}=\varphi[y_0,y_1;x_0].$$

故引理 2.3.1 得证. □

类似地, 由 (2.51)—(2.53) 式, 交换变量 x 与 y, 可得如下结论.

引理 2.3.2

$$\varphi[x_0,x_1,x_2;y_0,y_1,y_2]=\varphi[y_0,y_1,y_2;x_0,x_1,x_2],$$
$$\varphi[x_0,\cdots,x_3;y_0,y_1,y_2]=\varphi[y_0,y_1,y_2;x_0,\cdots,x_3], \tag{2.58}$$
$$\varphi[x_0,x_1,x_2;y_0,\cdots,y_3]=\varphi[y_0,\cdots,y_3;x_0,x_1,x_2].$$

一般地, 我们推得这种新的偏逆差商公式具有良好对称性.

定理 2.3.1 对 $m = 0, 1, \cdots, n$,

$$
\begin{aligned}
\varphi[x_0, \cdots, x_{2m}; y_0, \cdots, y_{2m}] &= \varphi[y_0, \cdots, y_{2m}; x_0, \cdots, x_{2m}], \\
\varphi[x_0, \cdots, x_{2m+1}; y_0, \cdots, y_{2m}] &= \varphi[y_0, \cdots, y_{2m}; x_0, \cdots, x_{2m+1}], \\
\varphi[x_0, \cdots, x_{2m}; y_0, \cdots, y_{2m+1}] &= \varphi[y_0, \cdots, y_{2m+1}; x_0, \cdots, x_{2m}].
\end{aligned}
\tag{2.59}
$$

证明 对 m 采用数学归纳法. 引理 2.3.1、引理 2.3.2 已经分别证明了当 $m = 0, 1$ 时结论成立. 假设结论对 $m \leqslant k - 1$ 成立, 则当 $m = k$ 时, 一方面, 由 (2.46) 式与 (2.47) 式并交换变量 x 与 y 的位置, 得到

$$
\begin{aligned}
\varphi[x_0, \cdots, x_{2k+1}; y_0, \cdots, y_{2k}] &= \varphi[y_0, \cdots, y_{2k}; x_0, \cdots, x_{2k+1}], \\
\varphi[x_0, \cdots, x_{2k}; y_0, \cdots, y_{2k+1}] &= \varphi[y_0, \cdots, y_{2k+1}; x_0, \cdots, x_{2k}].
\end{aligned}
$$

另一方面, 由归纳假设, 将 (2.45) 式右项中 m 换成 k, 则此时右项等于 $\varphi[y_0, \cdots, y_{2k}; x_0, \cdots, x_{2k}]$. 因此由归纳法证得 (2.59) 式成立. □

由算法 2.3.1 及偏逆差商公式的对称性, 我们得到一个关于连分式有限和的等式, 其中诸系数由偏逆差商定义, 最后分母项为某二元函数.

定理 2.3.2

$$
f(x, y) \equiv c_{0,0} + \frac{x - x_0}{c_{1,0}} + \frac{y - y_0}{c_{0,1}} + \mathop{K}_{i=1}^{n} \frac{(x - x_{2i-2})(y - y_{2i-2})}{c_{2,2} + \dfrac{x - x_{2i}}{c_{2i+1,2i}} + \dfrac{y - y_{2i}}{c_{2i,2i+1}}} + \frac{(x - x_{2n})(y - y_{2n})|}{|c_{2n+2,2n+2}(x, y)},
\tag{2.60}
$$

其中对 $i = 0, 1, \cdots, n$,

$$
c_{2i,2i} = \varphi[x_0, \cdots, x_{2i}; y_0, \cdots, y_{2i}],
\tag{2.61}
$$

$$
c_{2i+1,2i} = \varphi[x_0, \cdots, x_{2i+1}; y_0, \cdots, y_{2i}],
\tag{2.62}
$$

$$
c_{2i,2i+1} = \varphi[x_0, \cdots, x_{2i}; y_0, \cdots, y_{2i+1}],
\tag{2.63}
$$

$$
\begin{aligned}
&c_{2n+2,2n+2}(x, y) \\
&= \frac{(x - x_{2n})(y - y_{2n})}{\varphi[x_0, \cdots, x_{2n-1}, x; y_0, \cdots, y_{2n-1}, y] - c_{2n,2n} - \dfrac{x - x_{2n}}{c_{2n+1,2n}} - \dfrac{y - y_{2n}}{c_{2n,2n+1}}}.
\end{aligned}
\tag{2.64}
$$

证明 对 n 采用数学归纳法. 当 $n = 0$ 时,

$$
f(x, y) \equiv c_{0,0} + \frac{x - x_0}{c_{1,0}} + \frac{y - y_0}{c_{0,1}} + \frac{(x - x_0)(y - y_0)}{c_{2,2}(x, y)},
$$

其中系数 $c_{0,0}, c_{1,0}, c_{0,1}$ 分别等于 $\varphi[x_0; y_0]$, $\varphi[x_0, x_1; y_0]$, $\varphi[x_0; y_0, y_1]$, 且最后分母项为

$$c_{2,2}(x, y) = \frac{(x - x_0)(y - y_0)}{\varphi[x; y] - c_{0,0} - \dfrac{x - x_0}{c_{1,0}} - \dfrac{y - y_0}{c_{0,1}}}.$$

当 $n = 1$ 时,

$$f(x, y) \equiv c_{0,0} + \frac{x - x_0}{c_{1,0}} + \frac{y - y_0}{c_{0,1}} + \frac{(x - x_0)(y - y_0)|}{\left| c_{2,2} + \dfrac{x - x_2}{c_{3,2}} + \dfrac{y - y_2}{c_{2,3}} \right.} + \frac{(x - x_2)(y - y_2)|}{\left| c_{4,4}(x, y) \right.},$$

其中诸系数

$$c_{0,0} = \varphi[x_0; y_0], \quad c_{1,0} = \varphi[x_0, x_1; y_0], \quad c_{0,1} = \varphi[x_0; y_0, y_1],$$
$$c_{2,2} = \varphi[x_0, x_1, x_2; y_0, y_1, y_2], \quad c_{3,2} = \varphi[x_0, \cdots, x_3; y_0, y_1, y_2],$$
$$c_{2,3} = \varphi[x_0, x_1, x_2; y_0, \cdots, y_3],$$

分别按 (2.48)—(2.53) 式定义, 且

$$c_{4,4}(x, y) = \frac{(x - x_2)(y - y_2)}{\varphi[x_0, x_1, x; y_0, y_1, y] - c_{2,2} - \dfrac{x - x_2}{c_{3,2}} - \dfrac{y - y_2}{c_{2,3}}}.$$

因此结论对 $n = 0, 1$ 成立.

假设结论对 $n = k - 1$ 成立, 则它对 $n = k$ 也成立. 事实上, 若有

$$c_{2k,2k}(x, y) \equiv c_{2k,2k} + \frac{x - x_{2k}}{c_{2k+1,2k}} + \frac{y - y_{2k}}{c_{2k,2k+1}} + \frac{(x - x_{2k})(y - y_{2k})}{c_{2k+2,2k+2}(x, y)},$$

其中诸系数

$$c_{2k,2k} = \varphi[x_0, \cdots, x_{2k}; y_0, \cdots, y_{2k}],$$
$$c_{2k+1,2k} = \varphi[x_0, \cdots, x_{2k+1}; y_0, \cdots, y_{2k}],$$
$$c_{2k,2k+1} = \varphi[x_0, \cdots, x_{2k}; y_0, \cdots, y_{2k+1}],$$

分别按 (2.45)—(2.47) 式将 m 换为 k 定义, 且

$$c_{2n+2,2n+2}(x, y)$$
$$= \frac{(x - x_{2n})(y - y_{2n})}{\varphi[x_0, \cdots, x_{2n-1}, x; y_0, \cdots, y_{2n-1}, y] - c_{2n,2n} - \dfrac{x - x_{2n}}{c_{2n+1,2n}} - \dfrac{y - y_{2n}}{c_{2n,2n+1}}},$$

按偏逆差商中将插值点带下标的横纵坐标分量分别换为 x, y 来计算, 进而直接计算可证得定理成立. □

仔细分析二元连分式函数 (2.40), 我们构造直角三点组上的连分式插值函数.

定理 2.3.3　对 $i = 0, 1, \cdots, n$, 设 $c_{2i,2i}, c_{2i+1,2i}, c_{2i,2i+1}$ 分别按 (2.59) 式定义, 则按 (2.40) 式定义的二元连分式函数 $R_{n+1}(x, y)$ 满足

$$R_{n+1}(x_{2i}, y_{2i}) = f(x_{2i}, y_{2i}), \tag{2.65}$$

$$R_{n+1}(x_{2i+1}, y_{2i}) = f(x_{2i+1}, y_{2i}), \tag{2.66}$$

$$R_{n+1}(x_{2i}, y_{2i+1}) = f(x_{2i}, y_{2i+1}). \tag{2.67}$$

证明　一方面, 对于直角点 $(x_{2i}, y_{2i}), i = 0, 1, \cdots, n$, 令 $x = x_{2i}, y = y_{2i}$ 代入 (2.60) 式右项, 易得结果等于 $f_{2i,2i}$. 另一方面, 对于非直角点 $(x_{2i+1}, y_{2i}), i = 0, 1, \cdots, n$, 令 $x = x_{2i+1}, y = y_{2i}$ 代入 (2.58) 式右项, 则连分式最后一个分叉项为

$$\frac{(x_{2i+1} - x_{2i-2})(y_{2i} - y_{2i-2})}{c_{2i,2i} + \dfrac{x_{2i+1} - x_{2i}}{c_{2i+1,2i}} + \dfrac{y_{2i} - y_{2n}}{c_{2i,2i+1}}} = \frac{(x_{2i+1} - x_{2i-2})(y_{2i} - y_{2i-2})}{\varphi[x_0, \cdots, x_{2i-1}, x_{2i+1}; y_0, \cdots, y_{2i}]}$$

$$= \frac{(x_{2i+1} - x_{2i-2})(y_{2i} - y_{2i-2})}{c_{2i,2i}(x_{2i+1}, y_{2i})}.$$

于是利用恒等式 (2.60) 右边, 不难得到 $R_{n+1}(x_{2i+1}, y_{2i}) = f_{2i+1,2i}$, 类似地, 我们得到 $R_{n+1}(x_{2i}, y_{2i+1}) = f_{2i,2i+1}$, 因此定理得证.　　　□

因此, 利用算法 2.3.1 中偏逆差商的递推关系式, 我们构造了直角三点组上的连分式插值函数. 为便于下节计算例子, 我们给出了一些具体计算公式 (2.48)—(2.56).

下面研究有理插值函数 (2.40) 的分子分母次数, 将有理插值函数 $R_{n+1}(x, y)$ 的分子分母分别表示为 $P_{n+1}(x, y), Q_{n+1}(x, y)$, 其次数分别记为 $\deg P_{n+1}(x, y)$, $\deg Q_{n+1}(x, y)$, 于是, 称有理函数 $R_{n+1}(x, y)$ 是 $(\deg P_{n+1})/(\deg Q_{n+1})$ 型.

引理 2.3.3　设

$$R_n(x) = b_0(x) + \overset{n}{\underset{i=1}{\mathrm{K}}} \frac{x - x_{i-1}}{b_i} = \frac{P_n(x)}{Q_n(x)}, \tag{2.68}$$

则

$$\deg P_n(x) = \left[\frac{n+1}{2}\right], \quad \deg Q_n(x) = \left[\frac{n}{2}\right], \tag{2.69}$$

其中 $[n/2]$ 表示 $n/2$ 的整数部分.

定理 2.3.4　按 (2.40) 式定义的有理函数

$$R_{n+1}(x, y) = \frac{P_{n+1}(x, y)}{Q_{n+1}(x, y)} \tag{2.70}$$

为 $(n+1)/(n)$ 型.

证明 对 n 运用数学归纳法. 显然, 结论对 $n = 0$ 成立. 则当 $n = 1$ 时, 易知

$$R_{n+1}(x,y) = c_{0,0} + \cfrac{x - x_0}{c_{1,0}} + \cfrac{y - y_0}{c_{0,1}} + \cfrac{(x - x_0)(y - y_0)}{c_{2,2} + \cfrac{x - x_2}{c_{3,2}} + \cfrac{y - y_2}{c_{2,3}}}$$

为 $2/1$ 型.

假设结论对 $n \leqslant k$ 成立, 即 $R_k(x,y)$ 为 $(k)/(k-1)$ 型, 则利用连分式的三项递推关系式, 即

$$P_{k+1}(x,y) = \left(c_{2k,2k} + \cfrac{x - x_{2k}}{c_{2k+1,2k}} + \cfrac{y - y_{2k}}{c_{2k,2k+1}} \right) P_k(x,y)$$
$$+ (x - x_{2k-2})(x - x_{2k-2}) P_{k-1}(x,y),$$
$$Q_{k+1}(x,y) = \left(c_{2k,2k} + \cfrac{x - x_{2k}}{c_{2k+1,2k}} + \cfrac{y - y_{2k}}{c_{2k,2k+1}} \right) Q_k(x,y)$$
$$+ (x - x_{2k-2})(x - x_{2k-2}) Q_{k-1}(x,y),$$

我们有

$$\deg P_{k+1} = \max\{\deg P_k + 1, \deg P_{k-1} + 2\} = k + 1,$$
$$\deg Q_{k+1} = \max\{\deg Q_k + 1, \deg Q_{k-1} + 2\} = k.$$

因此结论对 $n = k + 1$ 成立. 故特征定理得证. □

由特征定理, 需要重新记 $R_{n+1}(x,y)$ 的分子分母分别为 $P_{n+1}(x,y), Q_n(x,y)$, 其中下标表示次数.

类似于直角三点组上的多项式插值函数情形, 我们也可以推导每个直角三角点组当非直角点趋于直角点时的极限形式. 由定理 2.3.1, 有理函数 (2.65)—(2.67) 也可以改写来满足如下插值条件:

$$(Q_n f - P_{n+1})(x_{2i}, y_{2i}) = 0, \tag{2.71}$$

$$(Q_n f - P_{n+1})(x_{2i+1}, y_{2i}) = 0, \tag{2.72}$$

$$(Q_n f - P_{n+1})(x_{2i}, y_{2i+1}) = 0. \tag{2.73}$$

进而利用算法 2.1.1, 有

$$(Q_n f - P_{n+1})(x,y) = \prod_{i=0}^{n} (x - x_{2i})(y - y_{2i})[x_0, \cdots, x_{2n+1}, x; y_0, \cdots, y_{2n+1}, y].$$

因此, 有

$$\lim_{x_{2i+1} \to x_{2i}} \frac{(Q_n f - P_{n+1})(x_{2i+1}, y_{2i}) - (Q_n f - P_{n+1})(x_{2i}, y_{2i})}{x_{2i+1} - x_{2i}} = 0, \tag{2.74}$$

$$\lim_{y_{2i+1} \to y_{2i}} \frac{(Q_n f - P_{n+1})(x_{2i}, y_{2i+1}) - (Q_n f - P_{n+1})(x_{2i}, y_{2i})}{y_{2i+1} - y_{2i}} = 0. \tag{2.75}$$

综上分析, 我们得到以下定理.

定理 2.3.5　对 $i = 0, 1, \cdots, n$,

$$\frac{\partial f(x_{2i}, y_{2i})}{\partial x} = \frac{\partial s_{n+1}(x_{2i}, y_{2i})}{\partial x}, \quad \frac{\partial f(x_{2i}, y_{2i})}{\partial y} = \frac{\partial s_{n+1}(x_{2i}, y_{2i})}{\partial y}. \tag{2.76}$$

2.4　数 值 算 例

在本节, 基于算法 2.1.1 与我们给出的算法 2.3.1, 对插值直角三点组上的连分式有理函数与多项式函数进行比较. 具体而言, 一方面, 对于两个直角三点组, 我们算出直角三点形及内部三角形与矩形域上的数值积分, 其中 B 网系数起到一定的简化插值多项式进行数值积分计算的作用; 另一方面, 对于三个直角三点组, 我们计算出直角三角形诸边上等分点及每个直角三角形重心处的函数值.

算例 2.4.1　设 $\Delta_m \equiv \{P_1^m, P_2^m, P_3^m\} = \{(x_{2m}, y_{2m}), (x_{2m+1}, y_{2m}), (x_{2m}, y_{2m+1})\}$, $m = 0, 1$, 并设 $f(x, y) = \dfrac{\sin(x^2 + y^2)}{xy}$, 则由 (2.1) 式, 写出相应插值多项式

$$\begin{aligned} s_{n+1}(x, y) = &a_{0,0} + a_{1,0}(x - x_0) + a_{0,1}(y - y_0) \\ &+ (x - x_0)(y - y_0)[a_{2,2} + a_{3,2}(x - x_2) + a_{2,3}(y - y_2)], \end{aligned} \tag{2.77}$$

其中诸系数 $a_{i,j}$ 分别按 (2.7)—(2.12) 式计算.

又由 (2.40) 式, 写出连分式插值函数

$$R_2(x, y) = c_{0,0} + \frac{x - x_0}{c_{1,0}} + \frac{y - y_0}{c_{0,1}} + \cfrac{(x - x_0)(y - y_0)}{c_{2,2} + \cfrac{x - x_2}{c_{3,2}} + \cfrac{y - y_2}{c_{2,3}}}, \tag{2.78}$$

其中诸系数 $c_{i,j}$ 分别按 (2.61)—(2.63) 式计算.

设直角三点组 $\Delta_0 : P_1^1(\pi/4, 1), P_2^1(3\pi/4, 1), P_3^1(\pi/4, 3)$, $\Delta_1 : P_1^2(-\pi/3, -1/2)$, $P_2^2(-2\pi/3, -1/2), P_3^2(-\pi/3, -1)$. 分别记三边 $P_1^m P_2^m, P_2^m P_3^m, P_3^m P_1^m$ 的中点为 Q_1^m, $Q_2^m, Q_3^m, m = 0, 1$. 故由插值条件, 算出 (2.77) 式与 (2.78) 式的诸系数, 分别如表 2.1 与表 2.2 所示. 进而分别简化 (2.72) 式与 (2.73) 式为

$$\begin{aligned} s_2(x, y) = &2.6554 - 0.4538x - 0.4687y - 0.5685x^2 - 0.7110xy - 0.3352y^2 \\ &+ 0.5685x^2 y + 0.4267xy^2, \end{aligned} \tag{2.79}$$

$$R_2(x, y) = \frac{2.2341 + 0.3061x + 0.3437y - 0.1956x^2 - 0.7655xy - 0.1943y^2}{1.0000 + 0.2650x + 0.2873y}. \tag{2.80}$$

表 2.1　算例 2.4.1: 两个直角三点组上的二元插值多项式系数

$a_{0,0}$	$a_{1,0}$	$a_{0,1}$	$a_{2,2}$	$a_{3,2}$	$a_{2,3}$
1.2719	−0.7380	−0.6765	−0.6465	0.5685	0.4267

表 2.2　算例 2.4.1: 两个直角三点组上的二元连分式插值函数系数

$c_{0,0}$	$c_{1,0}$	$c_{0,1}$	$c_{2,2}$	$c_{3,2}$	$c_{2,3}$
1.2719	−1.3549	−1.4783	−1.5469	−1.4120	−1.3025

下面说明一些记号的意义. 首先, 由定理 2.2.2, 算出 $\Delta_m (m = 0, 1)$ 上插值多项式的 B 网系数, 分别如表 2.3 与表 2.4 所示.

表 2.3　算例 2.4.1: Δ_0 上的 B 网系数

$b^0_{3,0,0}$	$b^0_{2,1,0}$	$b^0_{2,0,1}$	$b^0_{1,2,0}$	$b^0_{1,1,1}$	$b^0_{1,0,2}$	$b^0_{0,3,0}$	$b^0_{0,2,1}$	$b^0_{0,1,2}$	$b^0_{0,0,3}$
1.2719	0.8855	0.8209	0.4990	0.9766	0.3700	0.1126	2.0674	1.9614	−0.0810

表 2.4　算例 2.4.1: Δ_1 上的 B 网系数

$b^1_{3,0,0}$	$b^1_{2,1,0}$	$b^1_{2,0,1}$	$b^1_{1,2,0}$	$b^1_{1,1,1}$	$b^1_{1,0,2}$	$b^1_{0,3,0}$	$b^1_{0,2,1}$	$b^1_{0,1,2}$	$b^1_{0,0,3}$
1.8621	1.2357	1.5819	0.2976	0.7523	1.2365	−0.9522	−0.4929	0.1665	0.8259

其次, 按 B 网系数计算 $s_2(x, y)$ 于 Δ_m 上的数值积分, 记为 $I_m(sb)$, 如表 2.5 与表 2.6 所示, 并给出若干数值积分记号如下:

$$I_m(s) = \iint_{\Delta_m} s_2(x,y)\mathrm{d}x\mathrm{d}y, \qquad I_m(f) = \iint_{\Delta_m} f(x,y)\mathrm{d}x\mathrm{d}y,$$

$$I_m(R) = \iint_{\Delta_m} R_2(x,y)\mathrm{d}x\mathrm{d}y, \qquad I_m(s1) = \iint_{P_1^m Q_1^m Q_2^m Q_3^m} s_2(x,y)\mathrm{d}x\mathrm{d}y,$$

$$I_m(f1) = \iint_{P_1^m Q_1^m Q_2^m Q_3^m} f(x,y)\mathrm{d}x\mathrm{d}y, \quad I_m(R1) = \iint_{P_1^m Q_1^m Q_2^m Q_3^m} R_2(x,y)\mathrm{d}x\mathrm{d}y,$$

$$I_m(s2) = \iint_{\triangle Q_1^m P_2^m Q_2^m} s_2(x,y)\mathrm{d}x\mathrm{d}y, \quad I_m(f2) = \iint_{\triangle Q_1^m P_2^m Q_2^m} f(x,y)\mathrm{d}x\mathrm{d}y,$$

$$I_m(R2) = \iint_{\triangle Q_1^m P_2^m Q_2^m} R_2(x,y)\mathrm{d}x\mathrm{d}y, \quad I_m(s3) = \iint_{\triangle Q_3^m Q_2^m P_3^m} s(x,y)\mathrm{d}x\mathrm{d}y,$$

$$I_m(f3) = \iint_{\triangle Q_3^m Q_2^m P_3^m} f(x,y)\mathrm{d}x\mathrm{d}y, \quad I_m(R3) = \iint_{\triangle Q_3^m Q_2^m P_3^m} R_2(x,y)\mathrm{d}x\mathrm{d}y,$$

$$m = 0, 1.$$

最后, 我们还将上述数值积分的绝对误差分别记为 $\{E(s), E(R)\}$, $\{E(s1), E(R1)\}$, $\{E(s2), E(R2)\}$, $\{E(s3), E(R3)\}$, 即 $\{|I(s^*) - I(f^*)|, |I(R^*) - I(f^*)|\}$, 如表 2.7 所示.

表 2.5 算例 2.4.1：Δ_0 与矩形域 $P_1^0 Q_1^0 Q_2^0 Q_3^0$ 上的数值积分

$I_0(s)$	$I_0(sb)$	$I_0(f)$	$I_0(R)$	$I_0(s1)$	$I_0(f1)$	$I_0(R1)$
1.3951	1.3955	-0.1781	0.6010	0.7550	-0.0795	0.4740

表 2.6 算例 2.4.1：$\Delta Q_1^0 P_2^0 Q_2^0$, $\Delta Q_3^0 Q_2^0 P_3^0$ 与 Δ_1 上的数值积分

$I_0(s2)$	$I_0(f2)$	$I_0(R2)$	$I_0(s3)$	$I_0(f3)$	$I_0(R3)$	$I_1(s)$	$I_1(sb)$
0.3402	-0.1158	0.0821	0.3000	0.0171	0.0449	0.1705	0.1705

表 2.7 算例 2.4.1：两种插值方法的绝对误差

$E(s)$	$E(R)$	$E(s1)$	$E(R1)$	$E(s2)$	$E(R2)$	$E(s3)$	$E(R3)$
1.5741	0.8258	0.8330	0.5753	0.4625	0.2203	0.2786	0.0302

算例 2.4.2 考虑 3 个直角三点组

$$\Delta_m \equiv \{P_1^m, P_2^m, P_3^m\} = \{(x_{2m}, y_{2m}), (x_{2m+1}, y_{2m}), (x_{2m}, y_{2m+1})\}, \quad m = 0, 1, 2,$$

并设 $f(x,y) = \exp((x^2 + y^2)/2)$, 则由 (2.1) 式, 写出相应插值多项式

$$
\begin{aligned}
s_{n+1}(x,y) = & a_{0,0} + a_{1,0}(x - x_0) + a_{0,1}(y - y_0) \\
& + (x - x_0)(y - y_0)[a_{2,2} + a_{3,2}(x - x_2) + a_{2,3}(y - y_2)] \\
& + (x - x_0)(y - y_0)(x - x_2)(y - y_2)[a_{4,4} + a_{5,4}(x - x_4) + a_{4,5}(y - y_4)],
\end{aligned}
\tag{2.81}
$$

其中诸系数 $a_{i,j}$ 分别按 (2.7)—(2.15) 式计算.

又由 (2.40) 式, 写出连分式插值函数

$$
R_2(x,y) = c_{0,0} + \frac{x - x_0}{c_{1,0}} + \frac{y - y_0}{c_{0,1}} + \overset{2}{\underset{i=1}{K}} \frac{(x - x_{2i-2})(y - y_{2i-2})}{c_{2i,2i} + \dfrac{x - x_{2i}}{c_{2i+1,2i}} + \dfrac{y - y_{2i}}{c_{2i,2i+1}}},
\tag{2.82}
$$

其中诸系数 $c_{i,j}$ 分别按 (2.61)—(2.63) 式给出, 且按 (2.48)—(2.56) 式计算.

设位于单位圆内的 3 个直角三点组 Δ_0: $P_1^0(1/2, 0)$, $P_2^0(1, 0)$, $P_3^0(1/2, \sqrt{3}/2)$, Δ_1: $P_1^1(0, \sqrt{2}/2)$, $P_2^1(-\sqrt{2}/2, \sqrt{2}/2)$, $P_3^1(0, 1)$, Δ_2: $P_1^2(-1/2, -1/2)$, $P_2^2(\sqrt{3}/2, -1/2)$, $P_3^2(-1/2, -\sqrt{3}/2)$. 利用插值条件, 我们算出诸系数分别如表 2.8 与表 2.9 所示.

表 2.8 算例 2.4.2：3 个直角三点组上的二元插值多项式系数

$a_{0,0}$	$a_{1,0}$	$a_{0,1}$	$a_{2,2}$	$a_{3,2}$	$a_{2,3}$	$a_{4,4}$	$a_{5,4}$	$a_{4,5}$
1.1331	1.0311	0.5953	-0.6943	1.2371	-0.6053	5.8679	-1.8524	6.5074

表 2.9 算例 2.4.2: 3 个直角三点组上的二元连分式插值函数系数

$c_{0,0}$	$c_{1,0}$	$c_{0,1}$	$c_{2,2}$	$c_{3,2}$	$c_{2,3}$	$c_{4,4}$	$c_{5,4}$	$c_{4,5}$
1.1331	0.9698	1.6797	-1.4402	-0.8807	0.9999	0.2496	-2.3748	-14.7434

于是分别简化 (2.81) 式与 (2.82) 式得到

$$\begin{aligned} s_3(x,y) = &\, 0.6176 + 1.0311x + 0.7285y + 2.0126xy + 0.3026y^2 \\ & - 5.2129x^2y - 2.4023xy^2 + 1.3098x^3y + 4.5202x^2y^2 \\ & - 3.2537xy^3 - 1.8524x^3y^2 + 6.5074x^2y^3, \end{aligned} \tag{2.83}$$

$$R_2(x,y) = \frac{P_3(x,y)}{Q_2(x,y)}, \tag{2.84}$$

其中

$$\begin{aligned} P_3(x,y) = &\, 0.6176 - 9.5741x - 7.5360y - 44.2200x^2 - 79.9265xy \\ & - 7.3463y^2 - 44.2677x^3 - 48.4726x^2y - 22.6877xy^2 + 3.6261y^3, \end{aligned} \tag{2.85}$$

$$\begin{aligned} Q_2(x,y) = &\, 1.0000 - 17.1723x - 13.5436y - 42.9306x^2 \\ & - 58.8886xy + 6.0909y^2. \end{aligned} \tag{2.86}$$

下面将通过三角域上的若干点处函数值对两种插值方法的逼近效果进行研究. 我们记斜边 $P_2^m P_3^m (m = 0, 1, 2)$ 上的中点为 Q_m, 并将直角边 $P_1^m P_2^m, P_1^m P_3^m$ 与斜边的中线 $P_1^m Q_m (m = 0, 1, 2)$ 进行 10 等分. 由此得到每个直角三角形上的 33 个等分点 (实际上 31 个, 因为两个直角点重复出现共两次). 我们计算出这些等分点处的函数值, 即 $f(x,y), s_3(x,y), R_3(x,y)$, 其中分别选取 Δ_0, Δ_1 及 Δ_2 上的 21 个、17 个、17 个点, 计算出其函数值 $f(x,y), s_3(x,y), R_3(x,y)$, 如表 2.10 与表 2.11 所示. 另外, 我们还计算出每个直角三点组的重心坐标, 并选取 3 个三角形各边上部分等分点共 24 个点, 计算出其函数值, 即再计算出相对误差的绝对值

$$E_r(s_3) = \frac{|s_3(x,y) - f(x,y)|}{|f(x,y)|}, \quad E_r(R_3) = \frac{|R_3(x,y) - f(x,y)|}{|f(x,y)|},$$

计算结果如表 2.12 所示.

注 2.4.1 以上算例, 通过两个直角三点组上数值积分、三个直角三点组上重心与诸边上等分点处函数值的比较研究表明所构造的连分式插值函数的逼近效果要优于插值多项式.

表 2.10　算例 2.4.2：Δ_0 上 21 个等分点处的函数值

x	y	s_3	f	R_3	x	y	s_3	f	R_3
0.50	0	1.1332	1.1331	1.1331	0.50	0.0866	1.1847	1.1374	1.1847
0.55	0	1.1847	1.1633	1.1847	0.50	0.1732	1.2363	1.1503	1.2363
0.60	0	1.2363	1.1972	1.2363	0.50	0.2598	1.2878	1.1720	1.2878
0.65	0	1.2878	1.2352	1.2878	0.50	0.3464	1.3394	1.2032	1.3394
0.70	0	1.3394	1.2776	1.3394	0.50	0.4330	1.3909	1.2445	1.3909
0.75	0	1.3909	1.3248	1.3909	0.50	0.5196	1.4425	1.2969	1.4425
0.80	0	1.4425	1.3771	1.4425	0.50	0.6062	1.4940	1.3617	1.4940
0.85	0	1.4940	1.4351	1.4940	0.50	0.6928	1.5456	1.4405	1.5456
0.90	0	1.5456	1.4993	1.5456	0.50	0.7794	1.5971	1.5353	1.5972
0.95	0	1.5971	1.5703	1.5972	0.50	0.8660	1.6487	1.6487	1.6487
1.00	0	1.6487	1.6487	1.6487					

表 2.11　算例 2.4.2：Δ_1 与 Δ_2 上各 17 个等分点处的函数值

x	y	s_3	f	R_3	x	y	s_3	f	R_3
0	0.7071	1.2840	1.2840	1.2840	−0.50	−0.50	1.2841	1.2840	1.2840
−0.7071	0.7071	1.6488	1.6487	1.6487	0.1830	−0.50	0.3891	1.1523	0.5621
−0.2121	0.7950	1.5891	1.4028	1.2363	0.3196	−0.50	0.5371	1.1925	0.7370
−0.2475	0.8096	1.7012	1.4310	1.2419	0.4562	−0.50	0.7541	1.2574	0.8408
−0.2828	0.8243	1.8374	1.4619	1.2507	0.8660	−0.50	1.6487	1.6487	1.6487
−0.3182	0.8389	2.0005	1.4956	1.2601	0.1147	−0.6647	0.2639	1.2555	0.3370
−0.3536	0.8536	2.1937	1.5323	1.2704	0.1830	−0.6830	0.2926	1.2840	0.4310
0	0.7364	1.3182	1.3115	1.3169	−0.50	−0.5366	1.3606	1.3086	1.3153
0	0.7657	1.3528	1.3406	1.3505	−0.50	−0.5732	1.4308	1.3355	1.3472
0	0.7950	1.3880	1.3716	1.3848	−0.50	−0.6098	1.4937	1.3647	1.3800
0	0.8243	1.4237	1.4045	1.4198	−0.50	−0.6464	1.5483	1.3964	1.4138
0	0.8536	1.4599	1.4395	1.4556	−0.50	−0.6830	1.5937	1.4308	1.4488
0	0.8828	1.4966	1.4765	1.4922	−0.50	−0.7196	1.6289	1.4680	1.4852
0	0.9121	1.5338	1.5159	1.5298	−0.50	−0.7562	1.6530	1.5082	1.5233
0	0.9414	1.5716	1.5576	1.5684	−0.50	−0.7928	1.6649	1.5516	1.5631
0	0.9707	1.6099	1.6018	1.6080	−0.50	−0.8294	1.6638	1.5983	1.6048
0	1.00	1.6487	1.6487	1.6487	−0.50	−0.8660	1.6487	1.6487	1.6487

表 2.12　算例 2.4.2：重心及等分点处的函数值及相对误差的绝对值

x	y	s_3	f	R_3	$E_r(s_3)$	$E_r(R_3)$
0	0.0690	0.6693	1.0024	0.6756	0.3323	0.3260
0.0386	0.0690	0.7136	1.0031	0.7555	0.2887	0.2469
0.0773	0.0690	0.7568	1.0054	0.7849	0.2473	0.2193
0.1159	0.0690	0.7991	1.0091	0.8172	0.2081	0.1902
0.1545	0.0690	0.8405	1.0144	0.8508	0.1715	0.1613

x	y	s_3	f	R_3	$E_r(s_3)$	$E_r(R_3)$
0.1932	0.0690	0.8810	1.0213	0.8852	0.1374	0.1332
0.0193	0.0823	0.7022	1.0036	0.7453	0.3003	0.2574
0.0386	0.0955	0.7355	1.0053	0.7730	0.2684	0.2311
0.0579	0.1087	0.7692	1.0076	0.8021	0.2366	0.2040
0.0773	0.1219	0.8030	1.0105	0.8309	0.2053	0.1777
0.0966	0.1351	0.8369	1.0139	0.8592	0.1746	0.1526
0.1159	0.1483	0.8705	1.0179	0.8870	0.1448	0.1286
0.1352	0.1615	0.9039	1.0224	0.9144	0.1159	0.1057
0.1545	0.1748	0.9368	1.0276	0.9412	0.0883	0.0840
0	0.0995	0.6899	1.0046	0.6976	0.3132	0.3056
0	0.1219	0.7109	1.0075	0.7202	0.2944	0.2851
0	0.1483	0.7323	1.0111	0.7429	0.2757	0.2652
0	0.1748	0.7541	1.0154	0.7659	0.2573	0.2457
0	0.2012	0.7764	1.0204	0.7890	0.2391	0.2268
0	0.2276	0.7991	1.0262	0.8123	0.2213	0.2084
0	0.2540	0.8222	1.0328	0.8359	0.2039	0.1907
0	0.2805	0.8457	1.0401	0.8597	0.1869	0.1735
0	0.3069	0.8697	1.0482	0.8836	0.1703	0.1570
0	0.3333	0.8941	1.0571	0.9079	0.1543	0.1412

第3章 直角三点组上二元多项式插值的进一步研究

本章是对第 2 章内容的进一步研究[19]. 首先基于非张量积型二元差商递推算法回顾二元多项式插值格式, 数值算例表明二元插值多项式随直角三点组的顺序改变而改变, 即使插值节点集合不变; 接着, 推导特殊分布插值节点上的二元插值余项, 同时还建立高阶二元差商与高阶偏导数之间的关系; 最后, 研究表明, 对充分大的直角三点组的个数 $n+1$, 所提多项式插值的四则运算计算量接近 $O(n^2)$, 而径向基函数插值的计算量接近 $O(n^3)$.

3.1 二元差商递推算法分析

设 $n+1$ 个直角三点组 $\Delta_i = \{(x_{2i}, y_{2i}), (x_{2i+1}, y_{2i}), (x_{2i}, y_{2i+1})\}, i = 0, 1, \cdots, n$, 其中当 $i \neq j$ 时, $x_i \neq x_j, y_i \neq y_j$. 基于这些插值节点, Salzer 构造了如下形式的二元插值多项式:

$$
\begin{aligned}
p_{n+1}(x, y) = {} & a_{0,0} + a_{1,0}(x - x_0) + a_{0,1}(y - y_0) \\
& + (x - x_0)(y - y_0)[a_{2,2} + a_{3,2}(x - x_2) + a_{2,3}(y - y_2)] \\
& + (x - x_0)(y - y_0)(x - x_2)(y - y_2) \cdots (x - x_{2n-2})(y - y_{2n-2}) \\
& \times [a_{2n,2n} + a_{2n+1,2n}(x - x_{2n}) + a_{2n,2n+1}(y - y_{2n})] \in \mathbf{P}_{2n+1}, \quad (3.1)
\end{aligned}
$$

其中多项式 $p_{n+1}(x, y)$ 的总次数不超过 $2n + 1$.

为了计算 (3.1) 式中诸插值系数, Salzer 构造了一类新的非张量积型二元差商递推算法. 为便于说明, 将写出若干低阶二元差商具体表达式. 为节约篇幅, 将形如差商 $[x_0, x_1, \cdots, x_{k-1}, x_k; y_0, y_1, \cdots, y_{k-1}, y_k]$ 简记为 $[x_0, \cdots, x_k; y_0, \cdots, y_k]$, 即省略部分表明下标逐一递增情形; 若下标不是逐一递增的, 将具体写出. 将被插函数 $f(x, y)$ 的竖坐标记为 $z_{i,j} = f_{i,j} \equiv f(x_i, y_j)$. 由此约定, 下面将给出插值系数与二元差商的具体计算过程.

定理 3.1.1 对于直角三点组 $\Delta_i, i = 0, 1, \cdots, n$, 其中当 $i \neq j$ 时, $x_i \neq x_j, y_i \neq y_j$, 按 (3.1) 定义的二元插值多项式满足

$$
p_{n+1}(\Delta_i) = f(\Delta_i), \quad i = 0, 1, \cdots, n, \tag{3.2}
$$

其中插值系数按下式计算

$$a_{2i,2i} = [x_0, \cdots, x_{2i}; y_0, \cdots, y_{2i}], \tag{3.3}$$

$$a_{2i+1,2i} = [x_0, \cdots, x_{2i+1}; y_0, \cdots, y_{2i}], \tag{3.4}$$

$$a_{2i,2i+1} = [x_0, \cdots, x_{2i}; y_0, \cdots, y_{2i+1}]. \tag{3.5}$$

定义 3.1.1　对于直角三点组 $\Delta_i, i = 0, 1, \cdots, n$, 其中当 $i \neq j$ 时, $x_i \neq x_j, y_i \neq y_j$, 定义二元非张量积型差商如下:

$$f_{i,j} \equiv [x_i; y_j] = f(x_i, y_j), \quad i, j = 0, 1, \cdots, 2n+1. \tag{3.6}$$

$$a_{1,0} = f_{0,1;0} \equiv [x_0, x_1; y_0] = \frac{f_{1,0} - f_{0,0}}{x_1 - x_0}. \tag{3.7}$$

$$a_{0,1} = f_{0;0,1} \equiv [x_0; y_0, y_1] = \frac{f_{0,1} - f_{0,0}}{y_1 - y_0}. \tag{3.8}$$

$$a_{2,2} = f_{0,1,2} \equiv [x_0, x_1, x_2; y_0, y_1, y_2] = \frac{f_{2,2} - f_{0,0}}{(x_2 - x_0)(y_2 - y_0)} - \frac{a_{1,0}}{y_2 - y_0} - \frac{a_{0,1}}{x_2 - x_0}. \tag{3.9}$$

$$a_{3,2} = f_{0,\cdots,3;0,1,2} \equiv [x_0, \cdots, x_3; y_0, y_1, y_2] = \frac{f_{0,1,3;0,1,2} - a_{2,2}}{x_3 - x_2}, \tag{3.10}$$

其中

$$f_{0,1,3;0,1,2} \equiv [x_0, x_1, x_3; y_0, y_1, y_2] = \frac{f_{3,2} - f_{0,0}}{(x_3 - x_0)(y_2 - y_0)} - \frac{a_{1,0}}{y_2 - y_0} - \frac{a_{0,1}}{x_3 - x_0}.$$

$$a_{2,3} = f_{0,1,2;0,\cdots,3} \equiv [x_0, x_1, x_2; y_0, \cdots, y_3] = \frac{f_{0,1,2;0,1,3} - a_{2,2}}{y_3 - y_2}, \tag{3.11}$$

其中

$$f_{0,1,2;0,1,3} \equiv [x_0, x_1, x_2; y_0, y_1, y_3] = \frac{f_{2,3} - f_{0,0}}{(x_2 - x_0)(y_3 - y_0)} - \frac{a_{1,0}}{y_3 - y_0} - \frac{a_{0,1}}{x_2 - x_0}.$$

$$a_{4,4} = f_{0,\cdots,4} \equiv [x_0, \cdots, x_4; y_0, \cdots, y_4] = \frac{f_{0,1,4} - a_{2,2}}{(x_4 - x_2)(y_4 - y_2)} - \frac{a_{3,2}}{y_4 - y_2} - \frac{a_{2,3}}{x_4 - x_2}, \tag{3.12}$$

其中

$$f_{0,1,4} \equiv [x_0, x_1, x_4; y_0, y_1, y_4] = \frac{f_{4,4} - f_{0,0}}{(x_4 - x_0)(y_4 - y_0)} - \frac{a_{1,0}}{y_4 - y_0} - \frac{a_{0,1}}{x_4 - x_0}.$$

$$a_{5,4} = f_{0,\cdots,5;0,\cdots,4} \equiv [x_0, \cdots, x_5; y_0, \cdots, y_4] = \frac{f_{0,\cdots,3,5;0,\cdots,4} - a_{4,4}}{x_5 - x_4}, \tag{3.13}$$

其中

$$f_{0,\cdots,3,5;0,\cdots,4} \equiv [x_0,\cdots,x_3,x_5;y_0,\cdots,y_4] = \frac{f_{0,1,5;0,1,4}-a_{2,2}}{(x_5-x_2)(y_4-y_2)} - \frac{a_{3,2}}{y_4-y_2} - \frac{a_{2,3}}{x_5-x_2},$$

$$f_{0,1,5;0,1,4} \equiv [x_0,x_1,x_5;y_0,y_1,y_4] = \frac{f_{5,4}-f_{0,0}}{(x_5-x_0)(y_4-y_0)} - \frac{a_{1,0}}{y_4-y_0} - \frac{a_{0,1}}{x_5-x_0}.$$

$$a_{4,5} = f_{0,\cdots,4;0,\cdots,5} \equiv [x_0,\cdots,x_4;y_0,\cdots,y_5] = \frac{f_{0,\cdots,4;0,\cdots,3,5}-a_{4,4}}{y_5-y_4}, \qquad (3.14)$$

其中

$$f_{0,\cdots,4;0,\cdots,3,5} \equiv [x_0,\cdots,x_4;y_0,\cdots,y_3,y_5] = \frac{f_{0,1,4;0,1,5}-a_{2,2}}{(x_4-x_2)(y_5-y_2)} - \frac{a_{3,2}}{y_5-y_2} - \frac{a_{2,3}}{x_4-x_2},$$

$$f_{0,1,4;0,1,5} \equiv [x_0,x_1,x_4;y_0,y_1,y_5] = \frac{f_{4,5}-f_{0,0}}{(x_4-x_0)(y_5-y_0)} - \frac{a_{1,0}}{y_5-y_0} - \frac{a_{0,1}}{x_4-x_0}.$$

$$a_{6,6} = f_{0,\cdots,6} \equiv [x_0,\cdots,x_6;y_0,\cdots,y_6] = \frac{f_{0,\cdots,3,6}-a_{4,4}}{(x_6-x_4)(y_6-y_4)} - \frac{a_{5,4}}{y_6-y_4} - \frac{a_{4,5}}{x_6-x_4}, \qquad (3.15)$$

其中

$$f_{0,\cdots,3,6} \equiv [x_0,\cdots,x_3,x_6;y_0,\cdots,y_3,y_6] = \frac{f_{0,1,6}-a_{2,2}}{(x_6-x_2)(y_6-y_2)} - \frac{a_{3,2}}{y_6-y_2} - \frac{a_{2,3}}{x_6-x_2},$$

$$f_{0,1,6} \equiv [x_0,x_1,x_6;y_0,y_1,y_6] = \frac{f_{6,6}-f_{0,0}}{(x_6-x_0)(y_6-y_0)} - \frac{a_{1,0}}{y_6-y_0} - \frac{a_{0,1}}{x_6-x_0}.$$

$$a_{7,6} = f_{0,\cdots,7;0,\cdots,6} \equiv [x_0,\cdots,x_7;y_0,\cdots,y_6] = \frac{f_{0,\cdots,5,7;0,\cdots,6}-a_{6,6}}{x_7-x_6}, \qquad (3.16)$$

其中

$$f_{0,\cdots,5,7;0,\cdots,6} \equiv [x_0,\cdots,x_5,x_7;y_0,\cdots,y_6]$$
$$= \frac{f_{0,\cdots,3,7;0,\cdots,3,6}-a_{4,4}}{(x_7-x_4)(y_6-y_4)} - \frac{a_{5,4}}{y_6-y_4} - \frac{a_{4,5}}{x_7-x_4},$$

$$f_{0,\cdots,3,7;0,\cdots,3,6} \equiv [x_0,\cdots,x_3,x_7;y_0,\cdots,y_3,y_6]$$
$$= \frac{f_{0,1,7;0,1,6}-a_{2,2}}{(x_7-x_2)(y_6-y_2)} - \frac{a_{3,2}}{y_6-y_2} - \frac{a_{2,3}}{x_7-x_2},$$

$$f_{0,1,7;0,1,6} \equiv [x_0,x_1,x_7;y_0,y_1,y_6] = \frac{f_{7,6}-f_{0,0}}{(x_7-x_0)(y_6-y_0)} - \frac{a_{1,0}}{y_6-y_0} - \frac{a_{0,1}}{x_7-x_0}.$$

$$a_{6,7} = f_{0,\cdots,6;0,\cdots,7} \equiv [x_0,\cdots,x_6;y_0,\cdots,y_7] = \frac{f_{0,\cdots,6;0,\cdots,5,7}-a_{6,6}}{y_7-y_6}, \qquad (3.17)$$

其中

$$f_{0,\cdots,6;0,\cdots,5,7} \equiv [x_0,\cdots,x_6;y_0,\cdots,y_5,y_7]$$

$$= \frac{f_{0,\cdots,3,6;0,\cdots,3,7} - a_{4,4}}{(x_6 - x_4)(y_7 - y_4)} - \frac{a_{5,4}}{y_7 - y_4} - \frac{a_{4,5}}{x_6 - x_4},$$

$$f_{0,\cdots,3,6;0,\cdots,3,7} \equiv [x_0,\cdots,x_3,x_6;y_0,\cdots,y_3,y_7]$$

$$= \frac{f_{0,1,6;0,1,7} - a_{2,2}}{(x_6 - x_2)(y_7 - y_2)} - \frac{a_{3,2}}{y_7 - y_2} - \frac{a_{2,3}}{x_6 - x_2},$$

$$f_{0,1,6;0,1,7} \equiv [x_0,x_1,x_6;y_0,y_1,y_7] = \frac{f_{6,7} - f_{0,0}}{(x_6 - x_0)(y_7 - y_0)} - \frac{a_{1,0}}{y_7 - y_0} - \frac{a_{0,1}}{x_6 - x_0}.$$

$$\cdots\cdots$$

$$a_{2n,2n} = f_{0,\cdots,2n} \equiv [x_0,\cdots,x_{2n};y_0,\cdots,y_{2n}]$$

$$= \frac{f_{0,\cdots,2n-3,2n} - a_{2n-2,2n-2}}{(x_{2n} - x_{2n-2})(y_{2n} - y_{2n-2})} - \frac{a_{2n-1,2n-2}}{y_{2n} - y_{2n-2}} - \frac{a_{2n-2,2n-1}}{x_{2n} - x_{2n-2}}, \quad (3.18)$$

其中

$$f_{0,\cdots,2n-3,2n} \equiv [x_0,\cdots,x_{2n-3},x_{2n};y_0,\cdots,y_{2n-3},y_{2n}]$$

$$= \frac{f_{0,2n-5,2n} - a_{2n-4,2n-4}}{(x_{2n} - x_{2n-4})(y_{2n} - y_{2n-4})} - \frac{a_{2n-3,2n-4}}{y_{2n} - y_{2n-4}} - \frac{a_{2n-4,2n-3}}{x_{2n} - x_{2n-4}},$$

$$f_{0,\cdots,2n-5,2n} \equiv [x_0,\cdots,x_{2n-5},x_{2n};y_0,\cdots,y_{2n-5},y_{2n}]$$

$$= \frac{f_{0,2n-7,2n} - a_{2n-6,2n-6}}{(x_{2n} - x_{2n-6})(y_{2n} - y_{2n-6})} - \frac{a_{2n-5,2n-6}}{y_{2n} - y_{2n-6}} - \frac{a_{2n-6,2n-5}}{x_{2n} - x_{2n-6}},$$

$$\cdots\cdots$$

$$f_{0,\cdots,3,2n} \equiv [x_0,\cdots,x_3,x_{2n};y_0,\cdots,y_3,y_{2n}]$$

$$= \frac{f_{0,1,2n} - a_{2,2}}{(x_{2n} - x_2)(y_{2n} - y_2)} - \frac{a_{3,2}}{y_{2n} - y_2} - \frac{a_{2,3}}{x_{2n} - x_2},$$

$$f_{0,1,2n} \equiv [x_0,x_1,x_{2n};y_0,y_1,y_{2n}]$$

$$= \frac{f_{2n,2n} - f_{0,0}}{(x_{2n} - x_0)(y_{2n} - y_0)} - \frac{a_{1,0}}{y_{2n} - y_0} - \frac{a_{0,1}}{x_{2n} - x_0}.$$

$$a_{2n+1,2n} = f_{0,\cdots,2n+1;0,\cdots,2n} \equiv [x_0,\cdots,x_{2n+1};y_0,\cdots,y_{2n}]$$

$$= \frac{f_{0,\cdots,2n-1,2n+1;0,\cdots,2n} - a_{2n,2n}}{x_{2n+1} - x_{2n}}, \quad (3.19)$$

其中

$$f_{0,\cdots,2n-1,2n+1;0,\cdots,2n}$$

$$\equiv [x_0,\cdots,x_{2n-1},x_{2n+1};y_0,\cdots,y_{2n}]$$

$$= \frac{f_{0,\cdots,2n-3,2n+1;0,\cdots,2n-3,2n} - a_{2n-2,2n-2}}{(x_{2n+1} - x_{2n-2})(y_{2n} - y_{2n-2})} - \frac{a_{2n-1,2n-2}}{y_{2n} - y_{2n-2}} - \frac{a_{2n-2,2n-1}}{x_{2n+1} - x_{2n-2}},$$

$$f_{0,\cdots,2n-3,2n+1;0,\cdots,2n-3,2n}$$

$$\equiv [x_0,\cdots,x_{2n-3},x_{2n+1};y_0,\cdots,y_{2n-3},y_{2n}]$$

$$= \frac{f_{0,\cdots,2n-5,2n+1;0,\cdots,2n-5,2n} - a_{2n-4,2n-4}}{(x_{2n+1} - x_{2n-4})(y_{2n} - y_{2n-4})} - \frac{a_{2n-3,2n-4}}{y_{2n} - y_{2n-4}} - \frac{a_{2n-4,2n-3}}{x_{2n+1} - x_{2n-4}},$$

$$\cdots\cdots$$

$$f_{0,\cdots,3,2n+1;0,\cdots,3,2n}$$

$$\equiv [x_0,\cdots,x_3,x_{2n+1};y_0,\cdots,y_3,y_{2n}]$$

$$= \frac{f_{0,1,2n+1;0,1,2n} - a_{2,2}}{(x_{2n+1}-x_2)(y_{2n}-y_2)} - \frac{a_{3,2}}{y_{2n}-y_2} - \frac{a_{2,3}}{x_{2n+1}-x_2},$$

$$f_{0,1,2n+1;0,1,2n}$$

$$\equiv [x_0,x_1,x_{2n+1};y_0,y_1,y_{2n}]$$

$$= \frac{f_{2n+1,2n} - f_{0,0}}{(x_{2n+1}-x_0)(y_{2n}-y_0)} - \frac{a_{1,0}}{y_{2n}-y_0} - \frac{a_{0,1}}{x_{2n+1}-x_0}.$$

$$a_{2n,2n+1} = f_{0,\cdots,2n;0,\cdots,2n+1} \equiv [x_0,\cdots,x_{2n};y_0,\cdots,y_{2n+1}]$$

$$= \frac{f_{0,\cdots,2n;0,\cdots,2n-1,2n+1} - a_{2n,2n}}{x_{2n+1}-x_{2n}}, \tag{3.20}$$

其中

$$f_{0,\cdots,2n;0,\cdots,2n-1,2n+1}$$

$$\equiv [x_0,\cdots,x_{2n};y_0,\cdots,y_{2n-1},y_{2n+1}]$$

$$= \frac{f_{0,\cdots,2n-3,2n;0,\cdots,2n-3,2n+1} - a_{2n-2,2n-2}}{(x_{2n}-x_{2n-2})(y_{2n+1}-y_{2n-2})} - \frac{a_{2n-1,2n-2}}{y_{2n+1}-y_{2n-2}} - \frac{a_{2n-2,2n-1}}{x_{2n}-x_{2n-2}},$$

$$f_{0,\cdots,2n-3,2n;0,\cdots,2n-3,2n+1}$$

$$\equiv [x_0,\cdots,x_{2n-3},x_{2n};y_0,\cdots,y_{2n-3},y_{2n+1}]$$

$$= \frac{f_{0,\cdots,2n-5,2n;0,\cdots,2n-5,2n+1} - a_{2n-4,2n-4}}{(x_{2n}-x_{2n-4})(y_{2n+1}-y_{2n-4})} - \frac{a_{2n-3,2n-4}}{y_{2n+1}-y_{2n-4}} - \frac{a_{2n-4,2n-3}}{x_{2n}-x_{2n-4}},$$

$$\cdots\cdots$$

$$f_{0,\cdots,3,2n;0,\cdots,3,2n+1}$$

$$\equiv [x_0,\cdots,x_3,x_{2n};y_0,\cdots,y_3,y_{2n+1}]$$

$$= \frac{f_{0,1,2n;0,1,2n+1} - a_{2,2}}{(x_{2n}-x_2)(y_{2n+1}-y_2)} - \frac{a_{3,2}}{y_{2n+1}-y_2} - \frac{a_{2,3}}{x_{2n}-x_2},$$

$$f_{0,1,2n;0,1,2n+1}$$

$$\equiv [x_0,x_1,x_{2n};y_0,y_1,y_{2n+1}] = \frac{f_{2n,2n+1} - f_{0,0}}{(x_{2n}-x_0)(y_{2n+1}-y_0)} - \frac{a_{1,0}}{y_{2n+1}-y_0} - \frac{a_{0,1}}{x_{2n}-x_0}.$$

为方便起见, 上述非张量积型二元差商的计算可归纳为如下算法.

算法 3.1.1

1. 初始化: 对 Δ_i, $f_{i,i} = f(x_i,y_i)$, $f_{i+1,i} = f(x_{i+1},y_i)$, $f_{i,i+1} = f(x_i,y_{i+1})$, 其中 $i = 0,1,\cdots,n$.

2. 递推计算过程: 对 $\Delta_0,$

$$a_{0,0} = f_{0,0}, f_{1,0} \rightarrow f_{0,1;0} = a_{1,0},$$
$$f_{0,0}, f_{0,1} \rightarrow f_{0;0,1} = a_{0,1}.$$

对 Δ_1, 计算 $a_{2,2}$:

$$f_{2,2}, a_{0,0}, a_{1,0}, a_{0,1} \rightarrow f_{0,1,2} = a_{2,2}.$$

计算 $a_{3,2}$ 按

 步骤 1 $f_{3,2}, a_{0,0}, a_{1,0}, a_{0,1} \rightarrow f_{0,1,3;0,1,2},$

 步骤 2 $f_{0,1,3;0,1,2}, a_{2,2} \rightarrow f_{0,\cdots,3;0,1,2} = a_{3,2}.$

计算 $a_{2,3}$ 按

 步骤 1 $f_{2,3}, a_{0,0}, a_{1,0}, a_{0,1} \rightarrow f_{0,1,2;0,1,3},$

 步骤 2 $f_{0,1,2;0,1,3}, a_{2,2} \rightarrow f_{0,1,2;0,\cdots,3} = a_{2,3}.$

对 Δ_2, 计算 $a_{4,4}$ 按

 步骤 1 $f_{4,4}, a_{0,0}, a_{1,0}, a_{0,1} \rightarrow f_{0,1,4},$

 步骤 2 $f_{0,1,4}, a_{2,2}, a_{3,2}, a_{2,3} \rightarrow f_{0,\cdots,4} = a_{4,4}.$

计算 $a_{5,4}$ 按

 步骤 1 $f_{5,4}, a_{0,0}, a_{1,0}, a_{0,1} \rightarrow f_{0,1,5;0,1,4},$

 步骤 2 $f_{0,1,5;0,1,4}, a_{2,2}, a_{3,2}, a_{2,3} \rightarrow f_{0,\cdots,3,5;0,\cdots,4},$

 步骤 3 $f_{0,\cdots,3,5;0,\cdots,4}, a_{4,4} \rightarrow f_{0,\cdots,5;0,\cdots,4} = a_{5,4}.$

计算 $a_{4,5}$ 按

 步骤 1 $f_{4,5}, a_{0,0}, a_{1,0}, a_{0,1} \rightarrow f_{0,1,4;0,1,5},$

 步骤 2 $f_{0,1,4;0,1,5}, a_{2,2}, a_{3,2}, a_{2,3} \rightarrow f_{0,\cdots,4;0,\cdots,3,5},$

 步骤 3 $f_{0,\cdots,4;0,\cdots,3,5}, a_{4,4} \rightarrow f_{0,\cdots,4;0,\cdots,5} = a_{4,5}.$

对 Δ_3, 计算 $a_{6,6}$ 按

 步骤 1 $f_{6,6}, a_{0,0}, a_{1,0}, a_{0,1} \rightarrow f_{0,1,6},$

 步骤 2 $f_{0,1,6}, a_{2,2}, a_{3,2}, a_{2,3} \rightarrow f_{0,\cdots,3,6},$

 步骤 3 $f_{0,\cdots,3,6}, a_{4,4}, a_{5,4}, a_{4,5} \rightarrow f_{0,\cdots,6} = a_{6,6}.$

计算 $a_{7,6}$ 按

 步骤 1 $f_{7,6}, a_{0,0}, a_{1,0}, a_{0,1} \rightarrow f_{0,1,7;0,1,6},$

 步骤 2 $f_{0,1,7;0,1,6}, a_{2,2}, a_{3,2}, a_{2,3} \rightarrow f_{0,\cdots,3,7;0,\cdots,3,6},$

 步骤 3 $f_{0,\cdots,3,7;0,\cdots,3,6}, a_{4,4}, a_{5,4}, a_{4,5} \rightarrow f_{0,\cdots,5,7;0,\cdots,6},$

 步骤 4 $f_{0,\cdots,5,7;0,\cdots,6}, a_{6,6} \rightarrow f_{0,\cdots,7;0,\cdots,6} = a_{7,6}.$

计算 $a_{6,7}$ 按

 步骤 1 $f_{6,7}, a_{0,0}, a_{1,0}, a_{0,1} \rightarrow f_{0,1,6;0,1,7},$

 步骤 2 $f_{0,1,6;0,1,7}, a_{2,2}, a_{3,2}, a_{2,3} \rightarrow f_{0,\cdots,3,6;0,\cdots,3,7},$

步骤 3　　　　　　$f_{0,\cdots,3,6;0,\cdots,3,7}, a_{4,4}, a_{5,4}, a_{4,5} \to f_{0,\cdots,6;0,\cdots,5,7}$,

步骤 4　　　　　　$f_{0,\cdots,6;0,\cdots,5,7}, a_{6,6} \to f_{0,\cdots,6;0,\cdots,7} = a_{6,7}$.

$$\cdots\cdots$$

对 Δ_n, 计算 $a_{2n,2n}$ 按

步骤 1　　　　　　$f_{2n,2n}, a_{0,0}, a_{1,0}, a_{0,1} \to f_{0,1,2n}$,

步骤 2　　　　　　$f_{0,1,2n}, a_{2,2}, a_{3,2}, a_{2,3} \to f_{0,\cdots,3,2n}$,

$$\cdots\cdots$$

步骤 $n-2$　　$f_{0,\cdots,2n-7,2n}, a_{2n-6,2n-6}, a_{2n-5,2n-6}, a_{2n-6,2n-5} \to f_{0,\cdots,2n-5,2n}$,

步骤 $n-1$　　$f_{0,\cdots,2n-5,2n}, a_{2n-4,2n-4}, a_{2n-3,2n-4}, a_{2n-4,2n-3} \to f_{0,\cdots,2n-3,2n}$,

步骤 n　　$f_{0,\cdots,2n-3,2n}, a_{2n-2,2n-2}, a_{2n-1,2n-2}, a_{2n-2,2n-1} \to f_{0,\cdots,2n} = a_{2n,2n}$.

计算 $a_{2n+1,2n}$ 按

步骤 1　　　　　　$f_{2n+1,2n}, a_{0,0}, a_{1,0}, a_{0,1} \to f_{0,1,2n+1;0,1,2n}$,

步骤 2　　　　　　$f_{0,1,2n+1;0,1,2n}, a_{2,2}, a_{3,2}, a_{2,3} \to f_{0,\cdots,3,2n+1;0,\cdots,3,2n}$,

$$\cdots\cdots$$

步骤 $n-1$

$$f_{0,\cdots,2n-5,2n+1;0,\cdots2n-5,2n}, a_{2n-4,2n-4}, a_{2n-3,2n-4}, a_{2n-4,2n-3}$$
$$\to f_{0,\cdots,2n-3,2n+1;0,\cdots,2n-3,2n},$$

步骤 n

$$f_{0,\cdots,2n-3,2n+1;0,\cdots2n-3,2n}, a_{2n-2,2n-2}, a_{2n-1,2n-2}, a_{2n-2,2n-1}$$
$$\to f_{0,\cdots,2n-1,2n+1;0,\cdots,2n},$$

步骤 $n+1$　　$f_{0,\cdots,2n-1,2n+1;0,\cdots,2n}, a_{2n,2n} \to f_{0,\cdots,2n+1;0,\cdots,2n} = a_{2n+1,2n}$.

计算 $a_{2n,2n+1}$ 按

步骤 1　　　　　　$f_{2n,2n+1}, a_{0,0}, a_{1,0}, a_{0,1} \to f_{0,1,2n;0,1,2n+1}$,

步骤 2　　　　　　$f_{0,1,2n;0,1,2n+1}, a_{2,2}, a_{3,2}, a_{2,3} \to f_{0,\cdots,3,2n;0,\cdots,3,2n+1}$,

$$\cdots\cdots$$

步骤 $n-1$

$$f_{0,\cdots,2n-5,2n;0,\cdots,2n-5,2n+1}, a_{2n-4,2n-4}, a_{2n-3,2n-4}, a_{2n-4,2n-3}$$
$$\to f_{0,\cdots,2n-3,2n;0,\cdots,2n-3,2n+1},$$

步骤 n

$$f_{0,\cdots,2n-3,2n;0,\cdots,2n-3,2n+1}, a_{2n-2,2n-2}, a_{2n-1,2n-2}, a_{2n-2,2n-1}$$

$$\rightarrow f_{0,\cdots,2n;0,\cdots,2n-1,2n+1},$$

步骤 $n+1$

$$f_{0,\cdots,2n;0,\cdots,2n-1,2n+1}, a_{2n,2n} \rightarrow f_{0,\cdots,2n;0,\cdots,2n+1} = a_{2n,2n+1}.$$

3. 输出结果: $a_{2i,2i}, a_{2i+1,2i}, a_{2i,2i+1}, i = 0, 1, \cdots, n$.

算例 3.1.1 情形 I: 考虑表 3.1 中 3 个直角三点组 $\Delta_i(i = 0, 1, 2)$, 如图 3.1 所示, 且设相应的竖坐标如表 3.3 所示, 于是应用算法 3.1.1, 递推地计算出插值系数如表 3.4 所示, 从而基于 (3.1) 式化简得到二元插值多项式 $p_3(x, y)$, 即 (3.21) 式, 如图 3.3 所示.

情形 II: 改变原来直角三点组顺序得到 $\Delta_0, \Delta_2, \Delta_1$, 如表 3.2 与图 3.2 所示, 同样计算出插值系数如表 3.4 所示, 由此化简得到新的二元插值多项式 $q_3(x, y)$, 即 (3.22) 式, 如图 3.4 所示.

表 3.1 算例 3.1.1: 单位圆上的三个直角三点组 (I)

i	$P_{i,i}(x_i, y_i)$	$P_{i+1,i}(x_{i+1}, y_i)$	$P_{i,i+1}(x_i, y_{i+1})$
0	$(0.7071, 0.7071)$	$(-0.7071, 0.7071)$	$(0.7071, -0.7071)$
2	$(0.8660, -0.5000)$	$(-0.8660, -0.5000)$	$(0.8660, 0.5000)$
4	$(-0.2588, -0.9659)$	$(0.2588, -0.9659)$	$(-0.2588, 0.9659)$

表 3.2 算例 3.1.1: 单位圆上的三个直角三点组 (II)

i	$P_{i,i}(x_i, y_i)$	$P_{i+1,i}(x_{i+1}, y_i)$	$P_{i,i+1}(x_i, y_{i+1})$
0	$(0.7071, 0.7071)$	$(-0.7071, 0.7071)$	$(0.7071, -0.7071)$
2	$(-0.2588, -0.9659)$	$(0.2588, -0.9659)$	$(-0.2588, 0.9659)$
4	$(0.8660, -0.5000)$	$(-0.8660, -0.5000)$	$(0.8660, 0.5000)$

表 3.3 算例 3.1.1: 相应的竖坐标 (I) 与 (II)

(I)	$f_{i,i}$	$f_{i+1,i}$	$f_{i,i+1}$	(II)	$f_{i,i}$	$f_{i+1,i}$	$f_{i,i+1}$
$i = 0$	1.2120	0.8584	0.5049	$i = 0$	1.2120	0.8584	0.5049
$i = 2$	1.0881	0.1139	1.3381	$i = 2$	-0.0963	-0.0940	1.7061
$i = 4$	-0.0963	-0.0940	1.7061	$i = 4$	1.0881	0.1139	1.3381

表 3.4 算例 3.1.1: 插值系数 (I) 与 (II)

(I)	$a_{i,i}$	$a_{i+1,i}$	$a_{i,i+1}$	(II)	$a_{i,i}$	$a_{i+1,i}$	$a_{i,i+1}$
$i = 0$	1.2120	0.2500	0.5000	$i = 0$	1.2120	0.2500	0.5000
$i = 2$	-2.2937	-1.2935	-3.4792	$i = 2$	-0.1425	-0.6452	-1.1815
$i = 4$	-1.7646	-0.6146	-0.1897	$i = 4$	-1.6694	-0.4580	-0.2546

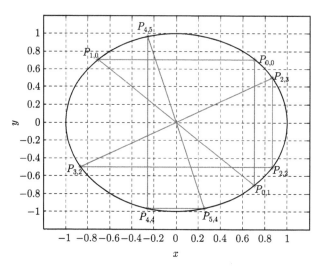

图 3.1　单位圆周上的直角三点组 (I)

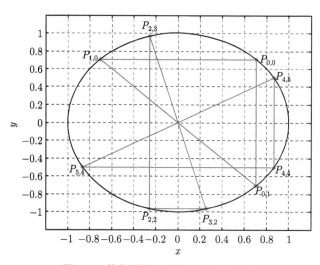

图 3.2　单位圆周上的直角三点组 (II)

$$
\begin{aligned}
p_3(x, y) = {} & -0.614637x^3y^2 + 0.127295x^3y + 0.217307x^3 - 0.189707x^2y^3 \\
& - 1.100686x^2y^2 - 0.990307x^2y + 1.317668x^2 + 0.298433xy^3 \\
& - 0.602961xy^2 - 0.252319xy + 0.624385x - 0.116171y^3 \\
& + 1.194007y^2 + 1.128565y - 0.318755,
\end{aligned}
\tag{3.21}
$$

$$
\begin{aligned}
q_3(x, y) = {} & -0.457992x^3y^2 - 0.118537x^3y + 0.312814x^3 - 0.254591x^2y^3 \\
& - 1.260686x^2y^2 - 0.780557x^2y + 1.272292x^2 + 0.114130xy^3
\end{aligned}
$$

$$-0.440492xy^2 - 0.052858xy + 0.467272x + 0.0465934y^3$$
$$+1.103743y^2 + 0.969564y - 0.218738. \tag{3.22}$$

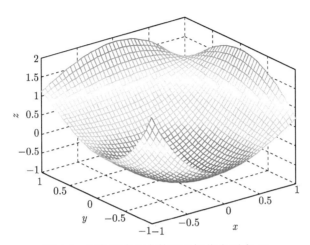

图 3.3 直角三点组上的二元插值多项式 (I)

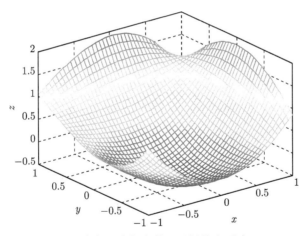

图 3.4 直角三点组上的二元插值多项式 (II)

3.2 二元多项式插值余项

我们将考虑 $n+2$ 个直角三点组

$$\Delta_i := \{(x_{2i}, y_{2i}), (x_{2i+1}, y_{2i}), (x_{2i}, y_{2i+1})\}, \quad i = 0, 1, \cdots, n,$$
$$\Delta_{n+1} := \{(x_{2n+2}, y_{2n+2}), (x_{2n+3}, y_{2n+2}), (x_{2n+2}, y_{2n+3})\}$$

$$= \{(x,y),(x+\varepsilon_1,y),(x,y+\varepsilon_2)\}, \tag{3.23}$$

其中对 $i,j=0,1,\cdots,2n+1$, 当 $i\neq j$ 时, $x_i\neq x_j, y_i\neq y_j$, 且

$$x\neq x_i, \quad x+\varepsilon_1\neq x_i, \quad y\neq y_j, \quad y+\varepsilon_2\neq y_j, \quad \varepsilon_1\varepsilon_2\neq 0.$$

实际上, 在假设条件 $x\neq x_j, y\neq y_j$ 下, 可以取

$$\varepsilon_1=\frac{1}{2}\min_{0\leqslant i\leqslant 2n+1}|x-x_i|, \quad \varepsilon_2=\frac{1}{2}\min_{0\leqslant j\leqslant 2n+1}|y-y_j|,$$

使得上节所提的二元多项式插值算法对 Δ_{n+1} 仍然有效.

利用所提二元多项式插值算法, 我们得到二元插值函数

$$
\begin{aligned}
P_{n+2}(u,v)={}&p_{n+1}(u,v)+q_{2n+2}(u,v)[a_{2n+2,2n+2}\\
&+a_{2n+3,2n+2}\cdot(u-x)+a_{2n+2,2n+3}\cdot(v-y)],
\end{aligned}
\tag{3.24}
$$

满足插值条件

$$P_{n+2}(\Delta_i)=f(\Delta_i), \quad i=0,1,\cdots,n,n+1,$$

其中

$$
\begin{aligned}
p_{n+1}(u,v)={}&a_{0,0}+a_{1,0}(u-x_0)+a_{0,1}(v-y_0)\\
&+(u-x_0)(v-y_0)[a_{2,2}+a_{3,2}(u-x_2)+a_{2,3}(v-y_2)]\\
&+\prod_{i=0}^{n-1}(u-x_{2i})(v-y_{2i})[a_{2n,2n}+a_{2n+1,2n}(u-x_{2n})+a_{2n,2n+1}(v-y_{2n})]\\
&\in \mathbf{P}_{2n+1},
\end{aligned}
\tag{3.25}
$$

$$q_{2n+2}(u,v)=\prod_{i=0}^{n}(u-x_{2i})(v-y_{2i})\in \mathbf{P}_{2n+2}, \tag{3.26}$$

$$
\begin{aligned}
a_{2n+2,2n+2}&=[x_0,\cdots,x_{2n+1},x;y_0,\cdots,y_{2n+1},y]\equiv a_{2n+2,2n+2}(x,y),\\
a_{2n+3,2n+2}&=[x_0,\cdots,x_{2n+1},x,x+\varepsilon_1;y_0,\cdots,y_{2n+1},y]\equiv a_{2n+3,2n+2}(x,y,\varepsilon_1),\\
a_{2n+2,2n+3}&=[x_0,\cdots,x_{2n+1},x;y_0,\cdots,y_{2n+1},y,y+\varepsilon_2]\equiv a_{2n+2,2n+3}(x,y,\varepsilon_2).
\end{aligned}
\tag{3.27}
$$

因此, 考虑到二元多项式 $P_{n+2}(u,v)$ 插值于 $(x,y)\in\Delta_{n+1}$, 得到

$$f(x,y)=P_{n+2}(x,y)=p_{n+1}(x,y)+q_{2n+2}(x,y)a_{2n+2,2n+2}(x,y), \tag{3.28}$$

其中将 (3.25) 式与 (3.26) 式中的 (u,v) 替换为 (x,y) 便分别得到多项式 $p_{n+1}(x,y)$ 与 $q_{2n+2}(x,y)$ 的表达式.

设非直角点 $\Delta = \{(x_{2i+1}, y_{2i}), (x_{2i}, y_{2i+1})\}, i = 0, 1, \cdots, n, \Delta \subset C$, 其中曲线 $C : X = X(t), Y = Y(t), t \in [\alpha, \beta]$. 假设存在参数, 使非直角点与之满足一一映射, 即 $t_{i,0} \leftrightarrow (x_{2i+1}, x_{2i}), t_{i,1} \leftrightarrow (x_{2i}, x_{2i+1}), i = 0, 1, \cdots, n$. 于是考虑以下两种情形.

情形 I: 设 Δ_{n+1} 中直角点 $(x, y) \in C, t \leftrightarrow (x, y)$, 我们有下面结论.

定理 3.2.1 设二元函数 $f(x, y)$ 在区域 $D \supset \bigcup_i \{\Delta_i\}$ 上 $2n+2$ 阶连续可导, 且函数 $x(s), y(s)$ 均 $2n+1$ 阶可导, 则对 $\forall (x, y) \in C : X = X(s), Y = Y(s), t \leftrightarrow (x, y)$, 存在参数 $\tau \in I(t_{0,0}, t_{0,1}, \cdots, t_{n,0}, t_{n,1}, t)$, 使得

$$E[f] = f(x, y) - p_{n+1}(x, y) = a_{2n+2,2n+2}(x, y) q_{2n+2}(x, y), \tag{3.29}$$

其中 $I(t_{0,0}, t_{0,1}, \cdots, t_{n,0}, t_{n,1}, t)$ 表示包含参数 $t_{0,0}, t_{0,1}, \cdots, t_{n,0}, t_{n,1}, t$ 的最小开区间, 且

$$a_{2n+2,2n+2}(x, y) = \left. \frac{\dfrac{\mathrm{d}^{2n+2}}{\mathrm{d}s^{2n+2}} \left(f(x(s), y(s)) - p_{n+1}(x(s), y(s)) \right)}{\dfrac{\mathrm{d}^{2n+2}}{\mathrm{d}s^{2n+2}} \left(q_{n+1}(x(s), y(s)) \right)} \right|_{t=\tau}. \tag{3.30}$$

证明 我们构造关于 s 的辅助函数

$$\Phi(s) = (f - p_{n+1})(X(s), Y(s)) - a_{2n+2,2n+2}(x, y) \prod_{i=0}^{n} (X(s) - x_{2i})(Y(s) - y_{2i}). \tag{3.31}$$

易知函数 $\Phi(s)$ 具有 $2n+3$ 个零点 $s = t_{0,0}, t_{0,1}, \cdots, t_{n,0}, t_{n,1}, t$, 于是利用 Rolle 定理, 得到

$$\Phi^{(2n+2)}(\tau) = 0, \quad \tau \in I(t_{0,0}, t_{0,1}, \cdots, t_{n,0}, t_{n,1}, t),$$

即

$$\left[\frac{\mathrm{d}^{2n+2}}{\mathrm{d}s^{2n+2}} \left(f(X(s), Y(s)) - p_{n+1}(X(s), Y(s)) \right) \right.$$
$$\left. - a_{2n+2,2n+2}(x, y) \frac{\mathrm{d}^{2n+2}}{\mathrm{d}s^{2n+2}} \left(\prod_{i=0}^{n} (X(s) - x_{2i}) \prod_{i=0}^{n} (Y(s) - y_{2i}) \right) \right]_{s=\tau} = 0$$

$$\Rightarrow a_{2n+2,2n+2}(x, y) = \left. \frac{\dfrac{\mathrm{d}^{2n+2}}{\mathrm{d}s^{2n+2}} \left(f(x(s), y(s)) - p_{n+1}(x(s), y(s)) \right)}{\dfrac{\mathrm{d}^{2n+2}}{\mathrm{d}s^{2n+2}} \left(q_{2n+2}(x(s), y(s)) \right)} \right|_{t=\tau}.$$

由此, 我们推导出插值余项, 即对 $\forall (x, y) \in C$, 有

$$E[f] = f(x, y) - p_{n+1}(x, y) = a_{2n+2,2n+2}(x, y) \prod_{i=0}^{n} (x - x_{2i})(y - y_{2i}),$$

其中 $a_{2n+2,2n+2}(x,y)$ 按 (3.27) 式定义. 定理得证. □

类似于定理 3.2.1 证明过程, 当 Δ 中非直角点与 Δ_{n+1} 中直角点 (x,y) 均位于同一条直线上时, 我们可以得到定理 3.2.1 插值余项中函数 $a_{2n+2,2n+2}(x,y)$ 的具体表达式.

定理 3.2.2　设二元函数 $f(x,y)$ 在区域 D 上 $2n+2$ 阶连续可导, 则 $\forall (x,y) \in C : X(s) = \lambda s + x_1, Y(s) = \mu s + y_0, \lambda\mu \neq 0$, 存在参数 $\theta \in I(t_{0,0}, t_{0,1}, \cdots, t_{n,0}, t_{n,1}, t)$, 使得

$$E[f] = f(x,y) - p_{n+1}(x,y) = \frac{\left(\lambda\dfrac{\partial}{\partial X} + \mu\dfrac{\partial}{\partial Y}\right)^{2n+2} f(\xi,\eta)}{(2n+2)!\lambda^{n+1}\mu^{n+1}} \prod_{i=0}^{n} (x - x_{2i})(y - y_{2i}),$$
(3.32)

其中 $I(t_{0,0}, t_{0,1}, \cdots, t_{n,0}, t_{n,1}, t)$ 表示包含参数 $t_{0,0}, t_{0,1}, \cdots, t_{n,0}, t_{n,1}, t$ 的最小开区间, 且

$$a_{2n+2,2n+2}(x,y) = \left. \frac{\dfrac{\mathrm{d}^{2n+2}}{\mathrm{d}s^{2n+2}}\left(f(x(s),y(s)) - p_{n+1}(x(s),y(s))\right)}{\dfrac{\mathrm{d}^{2n+2}}{\mathrm{d}s^{2n+2}}\left(q_{n+1}(x(s),y(s))\right)} \right|_{t=\tau},$$
(3.33)

其中

$$\xi = x(\theta), \quad \eta = y(\theta), \quad (\xi,\eta) \in C \subset D.$$

情形 II: 设 Δ_{n+1} 中直角点 $(x,y) \notin C$, 而非直角点 $(x,y+\varepsilon_2) \notin C, t \leftrightarrow (x,y+\varepsilon_2)$, 其中曲线 $C : X = X(s), Y = Y(s), (x,y+\varepsilon_2) \in \Delta_{n+1}$, 便可得到类似于定理 3.2.1 的 $(x,y+\varepsilon_2)$ 处插值余项. 为便于说明, 我们推导 C 为直线时的相应插值余项.

定理 3.2.3　设函数 $f(x,y)$ 在区域 D 上 $2n+2$ 阶可导, 设直角点 $(x,y) \in \Delta_{n+1}$ 不位于直线 $C : X(s) = \lambda s + x_1, Y(s) = \mu s + y_0, \lambda\mu \neq 0$ 上, 而非直角点 $(x,y+\varepsilon_2) \in C \supset \Delta$, 则存在 $\theta \in I(t_{0,0}, t_{0,1}, \cdots, t_{n,0}, t_{n,1}, t)$, 使得

$$f(x,y+\varepsilon_2) - p_{n+1}(x,y+\varepsilon_2)$$
$$= q_{2n+2}(x,y+\varepsilon_2)\frac{\left(\lambda\dfrac{\partial}{\partial X} + \mu\dfrac{\partial}{\partial Y}\right)^{2n+2} f(\xi,\eta)}{(2n+2)!\lambda^{n+1}\mu^{n+1}},$$
(3.34)

$$\|f(x,y) - p_{n+1}(x,y)\|_\infty \leqslant \left\|\frac{\partial f}{\partial y}\right\|_\infty \cdot |\varepsilon_2| + \left\|\frac{\partial p_{n+1}}{\partial y}\right\|_\infty \cdot |\varepsilon_2|$$
$$= \|q_{2n+2}\|_\infty \frac{\left\|\left(\lambda\dfrac{\partial}{\partial X} + \mu\dfrac{\partial}{\partial Y}\right)^{2n+2} f\right\|_\infty}{(2n+2)!|\lambda\mu|^{n+1}},$$
(3.35)

其中二元多项式 $p_{n+1}(x,y)$ 按将 (3.25) 中 (u,v) 换为 (x,y) 的表达式定义, $q_{2n+2}(x, y), q_{2n+2}(x, y+\varepsilon_2)$ 分别按将 (3.26) 中 (u,v) 换为 $(x,y), (x, y+\varepsilon_2)$ 的表达式定义, 且

$$\begin{cases} X(t_{i,0}) = x_{2i+1}, \\ Y(t_{i,0}) = y_{2i}, \end{cases} \quad \begin{cases} X(t_{i,1}) = x_{2i}, \\ Y(t_{i,1}) = y_{2i+1}, \end{cases} \quad i = 0, 1, \cdots, n,$$

$$\begin{cases} X(t) = x, \\ Y(t) = y + \varepsilon_2, \end{cases} \quad \begin{cases} X(\theta) = \xi, \\ Y(\theta) = \eta, \end{cases} \quad (\xi, \eta) \in C \subset D.$$

证明 利用非直角点 $(x, y+\varepsilon_2)$ 处的插值性, 有

$$\begin{aligned} f(x, y+\varepsilon_2) &= P_{n+2}(x, y+\varepsilon_2) \\ &= p_{n+1}(x, y+\varepsilon_2) + q_{2n+2}(x, y+\varepsilon_2)[a_{2n+2,2n+2}(x,y) \\ &\quad + a_{2n+2,2n+2}(x, y, \varepsilon_2)\varepsilon_2], \end{aligned}$$

其中二元差商 $a_{2n+2,2n+2}(x,y), a_{2n+2,2n+2}(x, y, \varepsilon_2)$ 按 (3.27) 定义.

一方面, 为了分析 Δ_{n+1} 中非直角点 $(x, y+\varepsilon_2)$ 与直角点 (x, y) 处的插值余项, 构造关于变量 s 的辅助函数

$$\phi(s) = (f - p_{n+1})(X(s), Y(s)) - q_{2n+2}(X(s), Y(s))K(x, y). \qquad (3.36)$$

易知函数 $\phi(s)$ 具有 $2n+3$ 个零点 $s = t_{0,0}, t_{0,1}, \cdots, t_{n,0}, t_{n,1}, t$, 因此, 由 Rolle 定理, 得到

$$\phi^{(2n+2)}(\theta) = 0, \quad \theta \in I(t_{0,0}, t_{0,1}, \cdots, t_{n,0}, t_{n,1}, t),$$

即

$$f^{(2n+2)}(X(\theta), Y(\theta)) = (2n+2)!(\lambda\mu)^{n+1}K(x, y),$$

故而 (3.34) 式成立.

另一方面, 分析不位于直线 C 上的直角点 $(x, y) \in \Delta_{n+1}$ 处的插值余项. 同样地, 由 (x, y) 处的插值性, 不难得到

$$f(x, y) = P_{n+2}(x, y) = p_{n+1}(x, y) + q_{2n+2}(x, y)a_{2n+2,2n+2}(x, y).$$

进一步, 我们推得

$$\begin{aligned} &f(x, y) - p_{n+1}(x, y) \\ &= f(x, y) - f(x, y+\varepsilon_2) + f(x, y+\varepsilon_2) - p_{n+1}(x, y+\varepsilon_2) \\ &\quad + p_{n+1}(x, y+\varepsilon_2) - p_{n+1}(x, y) \end{aligned}$$

$$= -\varepsilon_2 \left.\frac{\partial f}{\partial y}\right|_{y=\eta_1} + q_{2n+2}(x, y+\varepsilon_2)\frac{\left(\lambda\dfrac{\partial}{\partial X} + \mu\dfrac{\partial}{\partial Y}\right)^{2n+2} f(\xi, \eta)}{(2n+2)!\lambda^{n+1}\mu^{n+1}} + \varepsilon_2 \left.\frac{\partial p_{n+1}}{\partial y}\right|_{y=\eta_2},$$

其中 $\eta_1, \eta_2 \in I(y, y+\varepsilon_2), (\xi, \eta) \subset D$, 由此证得 (3.35) 式成立. 故定理得证. □

类似于定理 3.2.3, 我们可以证明下述结论.

定理 3.2.4　设函数 $f(x,y)$ 在区域 D 上 $2n+2$ 阶可导, 设直角点 $(x,y) \in \Delta_{n+1}$ 不位于直线 $C: X(s) = \lambda s + x_1, Y(s) = \mu s + y_0, \lambda\mu \neq 0$ 上, 而非直角点 $(x+\varepsilon_1, y) \in C \supset \Delta$, 则存在 $\theta \in I(t_{0,0}, t_{0,1}, \cdots, t_{n,0}, t_{n,1}, t)$, 使得

$$f(x+\varepsilon_1, y) - p_{n+1}(x+\varepsilon_1, y)$$
$$= q_{2n+2}(x+\varepsilon_1, y)\frac{\left(\lambda\dfrac{\partial}{\partial X} + \mu\dfrac{\partial}{\partial Y}\right)^{2n+2} f(\xi, \eta)}{(2n+2)!\lambda^{n+1}\mu^{n+1}}, \tag{3.37}$$

$$\|f(x,y) - p_{n+1}(x,y)\|_\infty \leqslant \left\|\frac{\partial f}{\partial x}\right\|_\infty \cdot |\varepsilon_1| + \left\|\frac{\partial p_{n+1}}{\partial x}\right\|_\infty \cdot |\varepsilon_1|$$
$$= \|q_{2n+2}\|_\infty \frac{\left\|\left(\lambda\dfrac{\partial}{\partial X} + \mu\dfrac{\partial}{\partial Y}\right)^{2n+2} f\right\|_\infty}{(2n+2)!|\lambda\mu|^{n+1}}, \tag{3.38}$$

其中二元多项式 $p_{n+1}(x,y)$ 按将 (3.25) 中的 (u,v) 换为 (x,y) 的表达式定义, $q_{2n+2}(x, y), q_{2n+2}(x+\varepsilon_1, y)$ 分别按将 (3.26) 中的 (u,v) 换为 $(x,y), (x+\varepsilon_1, y)$ 的表达式定义, 且

$$\begin{cases} X(t_{i,0}) = x_{2i+1}, \\ Y(t_{i,0}) = y_{2i}, \end{cases} \begin{cases} X(t_{i,1}) = x_{2i}, \\ Y(t_{i,1}) = y_{2i+1}, \end{cases} i = 0, 1, \cdots, n,$$
$$\begin{cases} X(t) = x, \\ Y(t) = y + \varepsilon_2, \end{cases} \begin{cases} X(\theta) = \xi, \\ Y(\theta) = \eta, \end{cases} (\xi, \eta) \in C \subset D.$$

通过以上分析, 我们也可以推得关于变量的二元差商的估计.

推论 3.2.1　按定理 3.2.2 题设条件, 有

$$\|a_{2n+2, 2n+2}(x, y)\|_\infty \leqslant \frac{|\varepsilon_1|}{\|q_{2n+2}\|_\infty}\left(\left\|\frac{\partial f}{\partial y}\right\|_\infty + \left\|\frac{\partial p_{n+1}}{\partial y}\right\|_\infty\right)$$
$$+ \frac{\left\|\left(\lambda\dfrac{\partial}{\partial X} + \mu\dfrac{\partial}{\partial Y}\right)^{2n+2} f\right\|_\infty}{(2n+2)!|\lambda\mu|^{n+1}}. \tag{3.39}$$

事实上, (3.39) 式可由定理 3.2.2 与下式推得

$$\|f(x,y) - p_{n+1}(x,y)\|_\infty \leqslant \|q_{2n+2}(x,y)\|_\infty \cdot \|a_{2n+2, 2n+2}(x,y)\|_\infty.$$

需要指出的是, 定理 3.2.1 与定理 3.2.3 的证明过程蕴含着按算法 3.1.1 计算的高阶非张量积型二元差商与高阶导数之间的关系.

定理 3.2.5 设二元函数 $f(x,y)$ 在区域 D 上 $2n+2$ 阶可导, 设非直角点组 $\Delta \subset C, t_{n+1} \leftrightarrow (x_{2n+2}, y_{2n+2}) \in C$, 其中直线 $C : X(t) = \lambda t + x_1, Y(t) = \mu t + y_0, \lambda\mu \neq 0$, 则存在参数 $\tau \in I(t_{0,0}, t_{0,1}, \cdots, t_{n,0}, t_{n,1}, t_{n+1})$, 使得

$$a_{2n+2,2n+2} = \frac{\left(\lambda\dfrac{\partial}{\partial X} + \mu\dfrac{\partial}{\partial Y}\right)^{2n+2} f(\xi, \eta)}{(2n+2)!(\lambda\mu)^{n+1}}, \tag{3.40}$$

其中二元差商

$$a_{2n+2,2n+2} = [x_0, x_1, \cdots, x_{2n+2}; y_0, y_1, \cdots, y_{2n+2}],$$
$$\xi = X(\tau), \quad \eta = Y(\tau), \quad (\xi, \eta) \in C \subset D.$$

事实上, 我们构造辅助函数

$$F(t) = (f - p_{n+1})(X(t), Y(t)) - q_{2n+2}(X(t), Y(t))a_{2n+2,2n+2},$$

其中 $p_{n+1}(X(t), Y(t)), q_{2n+2}(X(t), Y(t))$ 分别按将 (3.25) 式与 (3.26) 式中的 (u,v) 替换为 $(X(t), Y(t))$ 的表达式定义. 由于函数 $F(t)$ 具有 $2n+3$ 个零点 $t = t_{i,0}, t_{i,1}$, $t_{n+1}, i = 0, 1, \cdots, n$, 故利用 Rolle 定理, 存在参数 $\tau \in I(t_{0,0}, t_{0,1}, \cdots, t_{n,0}, t_{n,1}, t_{n+1})$, 使得

$$f^{(2n+2)}(X(\tau), Y(\tau)) = (2n+2)!(\lambda\mu)^{n+1}a_{2n+2,2n+2},$$

即推得 (3.40) 式.

定理 3.2.6 设函数 $f(x,y)$ 在区域 D 上 $2n+2$ 阶可导, 设非直角点组 $\Delta \subset C$, $t_{n+1,0} \leftrightarrow (x_{2n+3}, y_{2n+2}) \in C, t_{n+1,1} \leftrightarrow (x_{2n+2}, y_{2n+3}) \in C$, 其中直线 $C : X(t) = \lambda t + x_1, Y(t) = \mu t + y_0, \lambda\mu \neq 0$, 则存在参数 $\tau \in I(t_{0,0}, t_{0,1}, \cdots, t_{n,0}, t_{n,1}, t_{n+1,0}, t_{n+1,1})$, 使得

$$\lambda a_{2n+3,2n+2} + \mu a_{2n+2,2n+3} = \frac{\left(\lambda\dfrac{\partial}{\partial X} + \mu\dfrac{\partial}{\partial Y}\right)^{2n+3} f(\xi, \eta)}{(2n+3)!(\lambda\mu)^{n+1}}, \tag{3.41}$$

其中二元差商

$$a_{2n+3,2n+2} = [x_0, x_1, \cdots, x_{2n+3}; y_0, y_1, \cdots, y_{2n+2}],$$
$$a_{2n+2,2n+3} = [x_0, x_1, \cdots, x_{2n+2}; y_0, y_1, \cdots, y_{2n+3}],$$
$$\xi = X(\tau), \quad \eta = Y(\tau), \quad (\xi, \eta) \in C \subset D.$$

事实上, 我们构造辅助函数

$$F(t) = (f - p_{n+1})(X(t), Y(t)) - q_{2n+2}(X(t), Y(t))[a_{2n+2,2n+2}$$

$$+ a_{2n+3,2n+2}(X(t) - x_{2n+2}) + a_{2n+2,2n+3}(Y(t) - y_{2n+2})],$$

其中 $p_{n+1}(X(t), Y(t)), q_{2n+2}(X(t), Y(t))$ 分别按将 (3.25) 式与 (3.26) 式中的 (u,v) 替换为 $(X(t), Y(t))$ 的表达式定义. 函数 $F(t)$ 有 $2n+4$ 个零点 $t = t_{i,0}, t_{i,1}, i = 0, 1, \cdots, n+1$, 故利用 Rolle 定理, 存在参数 $\tau \in I(t_{0,0}, t_{0,1}, \cdots, t_{n,0}, t_{n,1}, t_{n+1,0}, t_{n+1,1})$, 使得

$$f^{(2n+3)}(X(\tau), Y(\tau)) = (2n+3)!(\lambda\mu)^{n+1}(\lambda a_{2n+3,2n+2} + \mu a_{2n+3,2n+2}).$$

故证得 (3.41) 式成立.

3.3   计算复杂性

既然我们熟悉如何构造直角三点组上的二元多项式插值, 那么下面将说明为何构造. 考虑到经典的散乱数据插值方法径向基函数方法, 我们将从计算复杂性角度来比较所提插值方法与径向基函数插值方法.

把完成径向基函数插值所需四则运算总次数的结论 (1.61) 应用于 $n+1$ 个直角三点组, 即 $3n+3$ 个插值节点, 便得到如下定理.

定理 3.3.1   计算直角三点组上径向基函数插值共需要四则运算的总次数为

$$\text{RBFI}_{3n+3} = \frac{2}{3}(3n+4)^3 + \frac{3}{2}(3n+4)^2 + \frac{5}{6}(3n+4) - 1. \tag{3.42}$$

下面将运用数学归纳法分析计算所提二元多项式插值所需的四则运算总次数. 对 $\Delta_0, \Delta_1, \cdots, \Delta_{i-1}$, 记加减法次数、乘法次数、除法次数分别为 A_i, M_i, D_i.

对 1 个直角三点组 Δ_0, 计算相应二元插值多项式

$$p_1(x, y) = a_{0,0} + a_{1,0}(x - x_0) + a_{0,1}(y - y_0)$$

需要四则运算次数分别为

$$A_1 = 5 + 2 \times 2 + 2, \quad M_1 = 1 + 0 \times 2 + 2, \quad D_1 = 3 + 1 \times 2. \tag{3.43}$$

对 2 个直角三点组 Δ_0, Δ_1, 计算相应二元插值多项式

$$p_2(x, y) = p_1(x, y) + (x - x_0)(y - y_0)[a_{2,2} + a_{3,2}(x - x_2) + a_{2,3}(y - y_2)]$$

需要四则运算次数分别为

$$A_2 = A_1 + [5 \times 2 + (2 + 5) \times 2] + 5,$$

$$M_2 = M_1 + (1 \times 2 + 1 \times 2) + 4, \tag{3.44}$$

$$D_2 = D_1 + [3 \times 2 + (1 + 3) \times 2].$$

计算 3 个直角三点组 $\Delta_i(i = 0, 1, 2)$ 上二元插值多项式

$$p_3(x, y) = p_2(x, y) + \prod_{i=0}^{1}(x - x_{2i})(y - y_{2i})[a_{4,4} + a_{5,4}(x - x_4) + a_{4,5}(y - y_4)]$$

需要四则运算次数分别为

$$A_3 = A_2 + [5 \times 3 + (2 + 5 \times 2) \times 2] + 5,$$

$$M_3 = M_2 + [1 \times 3 + (1 \times 2) \times 2] + 6, \tag{3.45}$$

$$D_3 = D_2 + [3 \times 3 + (1 + 3 \times 2) \times 2].$$

对 4 个直角三点组 $\Delta_i(i = 0, 1, 2, 3)$ 计算相应二元插值多项式

$$p_4(x, y) = p_3(x, y) + \prod_{i=0}^{2}(x - x_{2i})(y - y_{2i})[a_{6,6} + a_{7,6}(x - x_6) + a_{6,7}(y - y_6)],$$

需要四则运算次数分别为

$$A_4 = A_3 + [5 \times 4 + (2 + 5 \times 3) \times 2] + 5,$$

$$M_4 = M_3 + [1 \times 4 + (1 \times 3) \times 2] + 8, \tag{3.46}$$

$$D_4 = D_3 + [3 \times 4 + (1 + 3 \times 3) \times 2].$$

因此, 由数学归纳法, 对 $n + 1$ 个直角三点组 $\Delta_i(i = 0, 1, \cdots, n)$, 计算按 (3.1) 式定义的二元插值多项式 $p_{n+1}(x, y)$ 需要四则运算次数分别为

$$A_{n+1} = A_n + [5(n + 1) + (2 + 5n) \times 2] + 5,$$

$$M_{n+1} = M_n + [1 \cdot (n + 1) + (1 \cdot n) \times 2] + 2(n + 1), \tag{3.47}$$

$$D_{n+1} = D_n + [3(n + 1) + (1 + 3n) \times 2].$$

定理 3.3.2 对于 $n + 1$ 个直角三点组 $\Delta_i(i = 0, 1, \cdots, n)$, 计算按 (3.1) 式定义的二元插值多项式 $p_{n+1}(x, y)$ 需要四则运算次数为

$$\mathrm{PI}_{3n+3} = \frac{29}{3}n^2 + \frac{73}{2}n + 19. \tag{3.48}$$

事实上, 将 (3.47) 式中 3 个式子相加, 便得到四则运算总次数为

$$\mathrm{PI}_{3n+3} = A_{n+1} + M_{n+1} + D_{n+1} = \frac{29}{3}n^2 + \frac{73}{2}n + 19,$$

其中

$$A_{n+1} = \frac{15}{2}n^2 + \frac{43}{2}n + 11,$$

$$M_{n+1} = \frac{5}{2}n^2 + \frac{11}{2}n + 3, \tag{3.49}$$

$$D_{n+1} = \frac{9}{3}n^2 + \frac{19}{2}n + 5.$$

定理 3.3.3　对充分大 n, 计算 $n+1$ 个直角三点组上二元多项式插值共需四则运算次数接近 $O(n^2)$, 而计算径向基函数插值的次数接近 $O(n^3)$.

第 4 章　非矩形网格上的二元多项式插值

本章将第 2, 3 章直角三点组上的二元多项式插值推广到更一般情形加以开展研究[20]. 首先, 基于新的非张量积型二元差商递推算法, 构造非矩形网格上的二元多项式插值格式, 从而转化为散乱点插值, 且当插值节点数为奇数与偶数时, 插值格式不同. 接着, 当插值节点数分别为奇数与偶数时, 我们推导插值余项, 并建立所提高阶非张量积型二元差商与高阶偏导数之间的关系. 然后, 通过数值算例, 说明所提非张量积型二元多项式插值方法可行有效, 且揭示即使插值节点组不变, 但插值多项式随插值节点的顺序不同而不同. 最后, 从计算复杂性方面来比较所提二元多项式插值与径向基函数插值.

4.1　基于递推算法的插值系数计算

本节将提出一种新的非张量积型二元差商递推算法, 并构造非矩形网格上的二元多项式插值格式, 即一类散乱数据插值方法.

首先, 设 $2n+1$ 个互异插值节点 $\Omega_{2n} = \{(x_0, y_0), (x_1, y_1), \cdots, (x_{2n}, y_{2n})\}$. 本节中, 选择能保证计算顺利开展的插值节点, 例如当 $i \neq j$ 时, $x_i \neq x_j, y_i \neq y_j$. 我们考虑二元插值多项式, 形如

$$
\begin{aligned}
p_{2n}(x, y) = {} & a_0 + a_1(x - x_0) + a_2(y - y_0)(x - x_1) + \cdots \\
& + a_{2n-1}(x - x_0)(y - y_1)(x - x_2)(y - y_3) \cdots (x - x_{2n-2}) \\
& + a_{2n}(y - y_0)(x - x_1)(y - y_2)(x - x_3) \cdots (y - y_{2n-2})(x - x_{2n-1}).
\end{aligned}
$$
$$(4.1)$$

其次, 设 $2n+2$ 个互异插值节点 $\Omega_{2n+1} = \{(x_0, y_0), (x_1, y_1), \cdots, (x_{2n+1}, y_{2n+1})\}$, 其中当 $i \neq j$ 时, $x_i \neq x_j, y_i \neq y_j$. 我们考虑具有如下形式的二元插值多项式:

$$
p_{2n+1}(x, y) = p_{2n}(x, y) + a_{2n+1}(x - x_0)(y - y_1)(x - x_2)(y - y_3) \cdots (x - x_{2n}), \quad (4.2)
$$

其中 $p_{2n}(x, y)$ 按 (4.1) 式定义.

为了将 (4.1) 式与 (4.2) 式分别应用于插值节点组 $\Omega_{2n}, \Omega_{2n+1}$ 上的二元多项式插值, 我们建立新的非张量积型二元差商算法, 并利用这样的二元差商计算出插值系数. 为了节省篇幅, 我们约定记号 $[x_0, \cdots, x_k; y_0, \cdots, y_k]$, 即 $F_{0, \cdots, k}$ 表示

$[x_0, x_1, \cdots, x_{k-1}, x_k; y_0, y_0, \cdots, y_{k-1}, y_k]$，且当下标不是逐一递增时，我们具体写出之. 我们记插值节点组 Ω_{2n+1} 上被插函数 $f(x,y)$ 的竖坐标为 $z_i = f(x_i, y_i) \equiv f_{i,i}, i = 0, 1, \cdots, 2n, 2n+1$.

定义 4.1.1 设插值节点组 Ω_{2n+1}，其中当 $i \neq j$ 时，$x_i \neq x_j, y_i \neq y_j$，定义非张量积型二元差商如下:

(1)

$$F_i \equiv z_i = f(x_i, y_i) \equiv f_{i,i} = [x_i; y_i], \quad i = 0, 1, \cdots, 2n, 2n+1. \tag{4.3}$$

(2)

$$F_{0,1} \equiv [x_0, x_1; y_0, y_1] = \frac{f_{1,1} - f_{0,0}}{x_1 - x_0}. \tag{4.4}$$

(3)

$$F_{0,1,2} \equiv [x_0, x_1, x_2; y_0, y_1, y_2] = \frac{[x_0, x_2; y_0, y_2]_y - [x_0, x_1; y_0, y_1]\dfrac{x_2 - x_0}{y_2 - y_0}}{x_2 - x_1}, \tag{4.5}$$

其中 $[x_0, x_1; y_0, y_1]$ 按 (4.4) 定义, 且

$$F_{0,2,y} \equiv [x_0, x_2; y_0, y_2]_y = \frac{f_{2,2} - f_{0,0}}{y_2 - y_0}.$$

(4)

$$F_{0,\cdots,3} \equiv [x_0, \cdots, x_3; y_0, \cdots, y_3]$$

$$= \frac{[x_0, x_1, x_3; y_0, y_1, y_3]_y - [x_0, x_1, x_2; y_0, y_1, y_2]\dfrac{(y_3 - y_0)(x_3 - x_1)}{(x_3 - x_0)(y_3 - y_1)}}{x_3 - x_2}, \tag{4.6}$$

其中 $[x_0, x_1, x_2; y_0, y_1, y_2]$ 按 (2.5) 定义, 且

$$F_{0,1,3,y} \equiv [x_0, x_1, x_3; y_0, y_1, y_3]_y = \frac{[x_0, x_3; y_0, y_3] - [x_0, x_1; y_0, y_1]}{y_3 - y_1},$$

$$F_{0,3} \equiv [x_0, x_3; y_0, y_3] = \frac{f_{3,3} - f_{0,0}}{x_3 - x_0}.$$

(5)

$$F_{0,\cdots,4} \equiv [x_0, \cdots, x_4; y_0, \cdots, y_4]$$

$$= \left\{ [x_0, x_1, x_2, x_4; y_0, y_1, y_2, y_4]_y - [x_0, \cdots, x_3; y_0, \cdots, y_3] \right.$$

$$\left. \cdot \frac{(x_4 - x_0)(y_4 - y_1)(x_4 - x_2)}{(y_4 - y_0)(x_4 - x_1)(y_4 - y_2)} \right\} \bigg/ (x_4 - x_3), \tag{4.7}$$

其中 $[x_0, \cdots, x_3; y_0, \cdots, y_3]$ 按 (4.6) 定义, 且

$$
\begin{aligned}
F_{0,1,2,4,y} &\equiv [x_0, x_1, x_2, x_4; y_0, y_1, y_2, y_4]_y \\
&= \frac{[x_0, x_1, x_4; y_0, y_1, y_4] - [x_0, x_1, x_2; y_0, y_1, y_2]}{y_4 - y_2},
\end{aligned}
$$

$$
F_{0,1,4} \equiv [x_0, x_1, x_4; y_0, y_1, y_4] = \frac{[x_0, x_4; y_0, y_4]_y - [x_0, x_1; y_0, y_1]\dfrac{x_4 - x_0}{y_4 - y_0}}{x_4 - x_1},
$$

$$
F_{0,4,y} \equiv [x_0, x_4; y_0, y_4]_y = \frac{f_{4,4} - f_{0,0}}{y_4 - y_0},
$$

$$
\cdots \cdots
$$

$(2n+1)$

$$
\begin{aligned}
F_{0,\cdots,2n} &\equiv [x_0, \cdots, x_{2n}; y_0, \cdots, y_{2n}] \\
&= \Big\{ [x_0, \cdots, x_{2n-2}, x_{2n}; y_0, \cdots, y_{2n-2}, y_{2n}]_y - [x_0, \cdots, x_{2n-1}; y_0, \cdots, y_{2n-1}] \\
&\quad \cdot \frac{(x_{2n} - x_0)(x_{2n} - y_1) \cdots (x_{2n} - x_{2n-2})}{(y_{2n} - y_0)(x_{2n} - x_1) \cdots (y_{2n} - y_{2n-2})} \Big\} \Big/ (x_{2n} - x_{2n-1}),
\end{aligned} \tag{4.8}
$$

其中

$$
\begin{aligned}
&F_{0,\cdots,2n-2,2n,y} \\
&\equiv [x_0, \cdots, x_{2n-2}, x_{2n}; y_0, \cdots, y_{2n-2}, y_{2n}]_y \\
&= \frac{[x_0, \cdots, x_{2n-3}, x_{2n}; y_0, \cdots, y_{2n-3}, y_{2n}] - [x_0, \cdots, x_{2n-2}; y_0, \cdots, y_{2n-2}]}{y_{2n} - y_{2n-2}},
\end{aligned}
$$

$$
\cdots \cdots
$$

$$
\begin{aligned}
F_{0,\cdots,5,2n} &\equiv [x_0, \cdots, x_5, x_{2n}; y_0, \cdots, y_5, y_{2n}] \\
&= \Big\{ [x_0, \cdots, x_4, x_{2n}; y_0, \cdots, y_4, y_{2n}]_y - [x_0, \cdots, x_5; y_0, \cdots, y_5] \\
&\quad \cdot \frac{(x_{2n} - x_0)(x_{2n} - y_1) \cdots (x_{2n} - x_4)}{(y_{2n} - y_0)(x_{2n} - x_1) \cdots (y_{2n} - y_4)} \Big\} \Big/ (x_{2n} - x_5),
\end{aligned}
$$

$$
\begin{aligned}
F_{0,\cdots,4,2n,y} &\equiv [x_0, \cdots, x_4, x_{2n}; y_0, \cdots, y_4, y_{2n}]_y \\
&= \frac{[x_0, \cdots, x_3, x_{2n}; y_0, \cdots, y_3, y_{2n}] - [x_0, \cdots, x_4; y_0, \cdots, y_4]}{y_{2n} - y_4},
\end{aligned}
$$

$$
\begin{aligned}
F_{0,\cdots,3,2n} &\equiv [x_0, \cdots, x_3, x_{2n}; y_0, \cdots, y_3, y_{2n}] \\
&= \Big\{ [x_0, x_1, x_2, x_{2n}; y_0, y_1, y_2, y_{2n}]_y - [x_0, \cdots, x_3; y_0, \cdots, y_3] \\
&\quad \cdot \frac{(x_{2n} - x_0)(y_{2n} - y_1)(x_{2n} - x_2)}{(y_{2n} - y_0)(x_{2n} - x_1)(y_{2n} - y_2)} \Big\} \Big/ (x_{2n} - x_3),
\end{aligned}
$$

$$F_{0,1,2,2n,y} \equiv [x_0, x_1, x_2, x_{2n}; y_0, y_1, y_2, y_{2n}]_y$$

$$= \frac{[x_0, x_1, x_{2n}; y_0, y_1, y_{2n}] - [x_0, x_1, x_2; y_0, y_1, y_2]}{y_{2n} - y_2},$$

$$F_{0,1,2n} \equiv [x_0, x_1, x_{2n}; y_0, y_1, y_{2n}] = \frac{[x_0, x_{2n}; y_0, y_{2n}]_y - [x_0, x_1; y_0, y_1]\dfrac{x_{2n} - x_0}{y_{2n} - y_0}}{x_{2n} - x_1},$$

$$F_{0,2n,y} \equiv [x_0, x_{2n}; y_0, y_{2n}]_y = \frac{f_{2n,2n} - f_{0,0}}{y_{2n} - y_0}.$$

$(2n + 2)$

$$F_{0,\cdots,2n+1} \equiv [x_0, \cdots, x_{2n+1}; y_0, \cdots, y_{2n+1}]$$

$$= \left\{ [x_0, \cdots, x_{2n-1}, x_{2n+1}; y_0, \cdots, y_{2n-1}, y_{2n+1}]_y - [x_0, \cdots, x_{2n}; y_0, \cdots, y_{2n}] \right.$$

$$\left. \cdot \frac{(y_{2n+1} - y_0) \cdots (x_{2n+1} - x_{2n-1})}{(x_{2n+1} - x_0) \cdots (y_{2n+1} - y_{2n-1})} \right\} \bigg/ (x_{2n+1} - x_{2n}), \tag{4.9}$$

其中

$$F_{0,\cdots,2n-1,2n+1,y}$$

$$\equiv [x_0, \cdots, x_{2n-1}, x_{2n+1}; y_0, \cdots, y_{2n-1}, y_{2n+1}]_y$$

$$= \frac{[x_0, \cdots, x_{2n-2}, x_{2n+1}; y_0, \cdots, y_{2n-2}, y_{2n+1}] - [x_0, \cdots, x_{2n-1}; y_0, \cdots, y_{2n-1}]}{y_{2n+1} - y_{2n-1}},$$

$$\cdots\cdots$$

$$F_{0,\cdots,4,2n+1}$$

$$\equiv [x_0, \cdots, x_4, x_{2n+1}; y_0, \cdots, y_4, y_{2n+1}]$$

$$= \left\{ [x_0, \cdots, x_3, x_{2n+1}; y_0, \cdots, y_3, y_{2n+1}]_y - [x_0, \cdots, x_4; y_0, \cdots, y_4] \right.$$

$$\left. \cdot \frac{(y_{2n+1} - y_0) \cdots (x_{2n+1} - x_3)}{(x_{2n+1} - x_0) \cdots (y_{2n+1} - y_3)} \right\} \bigg/ (x_{2n+1} - x_4),$$

$$F_{0,\cdots,3,2n+1,y}$$

$$\equiv [x_0, \cdots, x_3, x_{2n+1}; y_0, \cdots, y_3, y_{2n+1}]_y$$

$$= \frac{[x_0, x_1, x_2, x_{2n+1}; y_0, y_1, y_2, y_{2n+1}] - [x_0, \cdots, x_3; y_0, \cdots, y_3]}{y_{2n+1} - y_3},$$

$$F_{0,1,2,2n+1}$$

$$\equiv [x_0, x_1, x_2, x_{2n+1}; y_0, y_1, y_2, y_{2n+1}]$$

$$= \left\{ [x_0, x_1, x_{2n+1}; y_0, y_1, y_{2n+1}]_y - [x_0, x_1, x_2; y_0, y_1, y_2] \right.$$

$$\left. \cdot \frac{(y_{2n+1} - y_0)(x_{2n+1} - x_1)}{(x_{2n+1} - x_0)(y_{2n+1} - y_1)} \right\} \bigg/ (x_{2n+1} - x_2),$$

$$F_{0,1,2n+1,y}$$
$$\equiv [x_0, x_1, x_{2n+1}; y_0, y_1, y_{2n+1}]_y$$
$$= \frac{[x_0, x_{2n+1}; y_0, y_{2n+1}] - [x_0, x_1; y_0, y_1]}{y_{2n+1} - y_1},$$
$$F_{0,2n+1} \equiv [x_0, x_{2n+1}; y_0, y_{2n+1}] = \frac{f_{2n+1,2n+1} - f_{0,0}}{x_{2n+1} - x_0}.$$

我们将定义 4.1.1 中的二元差商计算过程概括为插值节点数分别为奇数与偶数情形下的相应算法, 即算法 4.1.1 与算法 4.1.2, 其递推过程如表 4.1 所示.

表 4.1　非张量积型二元差商递推计算过程

F_0	F_1	F_2	F_3	F_4	F_5	$\cdots$	F_{2n}	F_{2n+1}
	$F_{0,1}$	$F_{0,2,y}$	$F_{0,3}$	$F_{0,4,y}$	$F_{0,5}$	$\cdots$	$F_{0,2n,y}$	$F_{0,2n+1}$
		$F_{0,1,2}$	$F_{0,1,3,y}$	$F_{0,1,4}$	$F_{0,1,5,y}$	$\cdots$	$F_{0,1,2n}$	$F_{0,1,2n+1,y}$
			$F_{0,\cdots,3}$	$F_{0,1,2,4,y}$	$F_{0,1,2,5}$	$\cdots$	$F_{0,1,2,2n,y}$	$F_{0,1,2,2n+1}$
				$F_{0,\cdots,4}$	$F_{0,\cdots,3,5,y}$	$\cdots$	$F_{0,\cdots,3,2n}$	$F_{0,\cdots,3,2n+1,y}$
					$F_{0,\cdots,5}$	$\cdots$	$F_{0,\cdots,4,2n,y}$	$F_{0,\cdots,4,2n+1}$
						$\ddots$	$\vdots$	$\vdots$
							$F_{0,\cdots,2n}$	$F_{0,\cdots,2n-1,2n+1,y}$
								$F_{0,\cdots,2n+1}$

注 4.1.1　为了保证算法 4.1.1 与算法 4.1.2 中二元差商计算过程能顺利开展, 我们可以选择插值节点位于矩形网格对角线上.

算法 4.1.1

1. 初始化: $F_i = f(x_i, y_i), i = 0, 1, \cdots, 2n$.

2. 递推过程: 利用定义 4.1.1, 计算

$$F_{0,i}(i = 1, 3, \cdots, 2n-1), \quad F_{0,j,y}(j = 2, 4, \cdots, 2n)$$
$$\rightarrow F_{0,1,j}(j = 2, 4, \cdots, 2n), \quad F_{0,1,i,y}(i = 3, 5, \cdots, 2n-1)$$
$$\rightarrow F_{0,1,2,i}(i = 3, 5, \cdots, 2n-1), \quad F_{0,1,2,j,y}(j = 4, 6, \cdots, 2n)$$
$$\rightarrow F_{0,\cdots,3,j}(j = 4, 6, \cdots, 2n), \quad F_{0,\cdots,3,i,y}(i = 5, 7, \cdots, 2n-1)$$
$$\rightarrow \cdots$$
$$\rightarrow F_{0,\cdots,2n-1}, F_{0,\cdots,2n-2,2n,y}.$$

3. 结果: $F_{0,\cdots,2n}$.

算法 4.1.2

1. 初始化: $F_i = f(x_i, y_i), i = 0, 1, \cdots, 2n+1$.

2. 递推过程: 利用定义 4.1.1, 计算

$$F_{0,i}(i = 1, 3, \cdots, 2n+1), \quad F_{0,j,y}(j = 2, 4, \cdots, 2n)$$

$$\to F_{0,1,j}(j=2,4,\cdots,2n),\quad F_{0,1,i,y}(i=3,5,\cdots,2n+1)$$

$$\to F_{0,1,2,i}(i=3,5,\cdots,2n+1),\quad F_{0,1,2,j,y}(j=4,6,\cdots,2n)$$

$$\to F_{0,\cdots,3,j}(j=4,6,\cdots,2n),\quad F_{0,\cdots,3,i,y}(i=5,7,\cdots,2n+1)$$

$$\to \cdots$$

$$\to F_{0,\cdots,2n},F_{0,\cdots,2n-1,2n+1,y}.$$

3. 结果: $F_{0,\cdots,2n+1}$.

基于算法 4.1.1 与算法 4.1.2, 我们可以得到被插函数与插值函数之间的恒等式, 其中插值函数中插值系数按非张量积型二元差商定义, 且最后一项插值系数为关于变量的二元函数.

定理 4.1.1　对插值节点组 Ω_{2n}, 成立

$$f(x,y)\equiv p_{2n}(x,y)+a_{2n+1}(x,y)(x-x_0)(y-y_1)(x-x_2)\cdots(y-y_{2n-1})(x-x_{2n}),\quad (4.10)$$

其中多项式 $p_{2n}(x,y)$ 按 (4.1) 式定义, 且插值系数可按算法 4.1.1 与算法 4.1.2 算出

$$\begin{cases} a_{2i}=[x_0,\cdots,x_{2i};y_0,\cdots,y_{2i}], & i=0,1,\cdots,n, \\ a_{2i-1}=[x_0,\cdots,x_{2i-1};y_0,\cdots,y_{2i-1}], & i=1,\cdots,n, \end{cases}\quad (4.11)$$

以及最后一项插值系数为

$$\begin{aligned} a_{2n+1}(x,y)&\equiv[x_0,\cdots,x_{2n},x;y_0,\cdots,y_{2n},y]\\ &=\Bigg\{[x_0,\cdots,x_{2n-1},x;y_0,\cdots,y_{2n-1},y]_y-[x_0,\cdots,x_{2n};y_0,\cdots,y_{2n}]\\ &\quad\cdot\frac{(y-y_0)(x-x_1)\cdots(y-y_{2n-2})(x-x_{2n-1})}{(x-x_0)(y-y_1)\cdots(x-x_{2n-2})(y-y_{2n-1})}\Bigg\}\Big/(x-x_{2n}),\quad (4.12) \end{aligned}$$

其中

$$\begin{aligned} &[x_0,\cdots,x_{2n-1},x;y_0,\cdots,y_{2n-1},y]_y\\ =&\frac{[x_0,\cdots,x_{2n-2},x;y_0,\cdots,y_{2n-2},y]-[x_0,\cdots,x_{2n-1};y_0,\cdots,y_{2n-1}]}{y-y_{2n-1}}, \end{aligned}$$

$$\cdots\cdots$$

$$[x_0,\cdots,x_4,x;y_0,\cdots,y_4,y]$$

$$=\frac{[x_0,\cdots,x_3,x;y_0,\cdots,y_3,y]_y-[x_0,\cdots,x_4;y_0,\cdots,y_4]\dfrac{(y-y_0)\cdots(x-x_3)}{(x-x_0)\cdots(y-y_3)}}{x-x_4},$$

$$[x_0,\cdots,x_3,x;y_0,\cdots,y_3,y]_y=\frac{[x_0,x_1,x_2,x;y_0,y_1,y_2,y]-[x_0,\cdots,x_3;y_0,\cdots,y_3]}{y-y_3},$$

$$[x_0, x_1, x_2, x; y_0, y_1, y_2, y]$$

$$= \frac{[x_0, x_1, x; y_0, y_1, y]_y - [x_0, x_1, x_2; y_0, y_1, y_2]\dfrac{(y - y_0)(x - x_1)}{(x - x_0)(y - y_1)}}{x - x_2},$$

$$[x_0, x_1, x; y_0, y_1, y]_y = \frac{[x_0, x; y_0, y] - [x_0, x_1; y_0, y_1]}{y - y_1},$$

$$[x_0, x; y_0, y] = \frac{[x; y] - f_{0,0}}{x - x_0}, \quad [x; y] = f(x, y).$$

定理 4.1.2 基于插值节点组 Ω_{2n+1}, 成立

$$f(x, y) \equiv p_{2n+1}(x, y) + a_{2n+2}(x, y)(y - y_0)(x - x_1) \cdots (y - y_{2n})(x - x_{2n+1}), \quad (4.13)$$

其中二元多项式 $p_{2n+1}(x, y)$ 按 (4.2) 式定义, 且插值系数与最后一项系数可按算法 4.1.1 与算法 4.1.2 算出如下:

$$\begin{cases} a_{2i} = [x_0, \cdots, x_{2i}; y_0, \cdots, y_{2i}], \\ a_{2i+1} = [x_0, \cdots, x_{2i+1}; y_0, \cdots, y_{2i+1}], \quad i = 1, \cdots, n, \end{cases} \quad (4.14)$$

$$a_{2n+2}(x, y) \equiv [x_0, \cdots, x_{2n+1}, x; y_0, \cdots, y_{2n+1}, y]$$

$$= \left\{ [x_0, \cdots, x_{2n}, x; y_0, \cdots, y_{2n}, y]_y - [x_0, \cdots, x_{2n+1}; y_0, \cdots, y_{2n+1}] \right.$$

$$\left. \cdot \frac{(x - x_0)(y - y_1) \cdots (x - x_{2n})}{(y - y_0)(x - x_1) \cdots (y - y_{2n})} \right\} \Big/ (x - x_{2n+1}), \quad (4.15)$$

其中

$$[x_0, \cdots, x_{2n}, x; y_0, \cdots, y_{2n}, y]_y$$

$$= \frac{[x_0, \cdots, x_{2n-1}, x; y_0, \cdots, y_{2n-1}, y] - [x_0, \cdots, x_{2n}; y_0, \cdots, y_{2n}]}{y - y_{2n}},$$

$$\cdots \cdots$$

$$[x_0, \cdots, x_5, x; y_0, \cdots, y_5, y]$$

$$= \frac{[x_0, \cdots, x_4, x; y_0, \cdots, y_4, y]_y - [x_0, \cdots, x_5; y_0, \cdots, y_5]\dfrac{(x - x_0)(y - y_1) \cdots (x - x_4)}{(y - y_0)(x - x_1) \cdots (y - y_4)}}{x - x_5},$$

$$[x_0, \cdots, x_4, x; y_0, \cdots, y_4, y]_y = \frac{[x_0, \cdots, x_3, x; y_0, \cdots, y_3, y] - [x_0, \cdots, x_4; y_0, \cdots, y_4]}{y - y_4},$$

$$[x_0, \cdots, x_3, x; y_0, \cdots, y_3, y]$$

$$= \frac{[x_0, x_1, x_2, x; y_0, y_1, y_2, y]_y - [x_0, \cdots, x_3; y_0, \cdots, y_3]\dfrac{(x - x_0)(y - y_1)(x - x_2)}{(y - y_0)(x - x_1)(y - y_2)}}{x - x_3},$$

$$[x_0, x_1, x_2, x; y_0, y_1, y_2, y]_y = \frac{[x_0, x_1, x; y_0, y_1, y] - [x_0, x_1, x_2; y_0, y_1, y_2]}{y - y_2},$$

$$[x_0, x_1, x; y_0, y_1, y] = \dfrac{[x_0, x; y_0, y]_y - [x_0, x_1; y_0, y_1]\dfrac{x - x_0}{y - y_0}}{x - x_1},$$

$$[x_0, x, x; y_0, y]_y = \dfrac{[x; y] - f_{0,0}}{y - y_0}, \quad [x; y] = f(x, y).$$

定理 4.1.1 与定理 4.1.2 的证明　同时关于 n 利用数学归纳法证明定理 4.1.1 与定理 4.1.2.

对 $n = 0, \Omega_0 = \{(x_0, y_0)\}$, 有

$$f(x, y) = p_0(x, y) + a_1(x, y)(x - x_0) = a_0 + a_1(x, y)(x - x_0).$$

由 Ω_0 上插值性, 成立

$$a_0 = f(x_0, y_0) = f_{0,0}, \quad a_1(x, y) = \frac{f(x, y) - f_{0,0}}{x - x_0} = [x_0, x; y_0, y].$$

对 $n = 1, \Omega_1 = \{(x_0, y_0), (x_1, y_1)\}$, 考虑

$$f(x, y) = p_1(x, y) + a_2(x, y)(y - y_0)(x - x_1)$$
$$= a_0 + a_1(x - x_0) + a_2(x, y)(y - y_0)(x - x_1).$$

于是利用 Ω_1 上的插值性, 不难证明

$$a_1 = \frac{f_{1,1} - f_{0,0}}{x - x_0} = [x_0, x_1; y_0, y_1],$$

$$a_2(x, y) = \frac{f(x, y) - a_0 - a_1(x - x_0)}{(y - y_0)(x - x_1)} = \frac{\dfrac{f(x, y) - f_{0,0}}{y - y_0} - [x_0, x_1; y_0, y_1]\dfrac{x - x_0}{y - y_0}}{x - x_1}$$

$$= \frac{[x_0, x; y_0, y]_y - [x_0, x_1; y_0, y_1]\dfrac{x - x_0}{y - y_0}}{x - x_1} = [x_0, x_1, x; y_0, y_1, y].$$

对 $n = 2, \Omega_2 = \{(x_i, y_i), i = 0, 1, 2\}$, 有

$$f(x, y) \equiv p_2(x, y) + a_3(x, y)(x - x_0)(y - y_1)(x - x_2)$$
$$= a_0 + a_1(x - x_0) + a_2(y - y_0)(x - x_1) + a_3(x, y)(x - x_0)(y - y_1)(x - x_2).$$

故由 Ω_2 上的插值性, 推得

$$a_2 = \frac{f(x_2, y_2) - a_0 - a_1(x_2 - x_0)}{(y_2 - y_0)(x_2 - x_1)} = \frac{\dfrac{f_{2,2} - f_{0,0}}{y_2 - y_0} - [x_0, x_1; y_0, y_1]\dfrac{x_2 - x_0}{y_2 - y_0}}{x - x_1}$$

$$= \frac{[x_0, x_2; y_0, y_2]_y - [x_0, x_1; y_0, y_1]\dfrac{x_2 - x_0}{y_2 - y_0}}{x_2 - x_1} = [x_0, x_1, x_2; y_0, y_1, y_2].$$

$$a_3(x, y) = \frac{f(x, y) - a_0 - a_1(x - x_0) - a_2(y - y_0)(x - x_1)}{(x - x_0)(y - y_1)(x - x_2)}$$

$$= \frac{\dfrac{\dfrac{f(x, y) - f_{0,0}}{x - x_0} - [x_0, x_1; y_0, y_1]}{y - y_1} - [x_0, x_1, x_2; y_0, y_1, y_2]\dfrac{(y - y_0)(x - x_1)}{(x - x_0)(y - y_1)}}{x - x_2}$$

$$= \frac{[x_0, x_1, x; y_0, y_1, y]_y - [x_0, x_1, x_2; y_0, y_1, y_2]\dfrac{(y - y_0)(x - x_1)}{(x - x_0)(y - y_1)}}{x - x_2}$$

$$= [x_0, x_1, x_2, x; y_0, y_1, y_2, y].$$

对 $n = 3, \Omega_3 = \{(x_i, y_i), i = 0, \cdots, 3\}$，考虑

$$f(x, y) \equiv p_3(x, y) + a_4(x, y)(y - y_0)(x - x_1)(y - y_2)(x - x_3)$$
$$= a_0 + a_1(x - x_0) + a_2(y - y_0)(x - x_1) + a_3(x - x_0)(y - y_1)(x - x_2)$$
$$+ a_4(x, y)(y - y_0)(x - x_1)(y - y_2)(x - x_3).$$

因此根据 Ω_3 上的插值性，得到

$$a_3 = \frac{f(x_3, y_3) - a_0 - a_1(x_3 - x_0) - a_2(y_3 - y_0)(x_3 - x_1)}{(x_3 - x_0)(y_3 - y_1)(x_3 - x_2)}$$

$$= \frac{\dfrac{\dfrac{f_{3,3} - f_{0,0}}{x_3 - x_0} - [x_0, x_1; y_0, y_1]}{y_3 - y_1} - [x_0, x_1, x_2; y_0, y_1, y_2]\dfrac{(y_3 - y_0)(x_3 - x_1)}{(x_3 - x_0)(y_3 - y_1)}}{x_3 - x_2}$$

$$= \frac{[x_0, x_1, x_3; y_0, y_1, y_3]_y - [x_0, x_1, x_2; y_0, y_1, y_2]\dfrac{(y_3 - y_0)(x_3 - x_1)}{(x_3 - x_0)(y_3 - y_1)}}{x_3 - x_2}$$

$$= [x_0, x_1, x_2, x_3; y_0, y_1, y_2, y_3],$$

$$a_4(x, y)$$
$$= \frac{f(x, y) - a_0 - a_1(x - x_0) - a_2(y - y_0)(x - x_1) - a_3(x - x_0)(y - y_1)(x - x_2)}{(y - y_0)(x - x_1)(y - y_2)(x - x_3)}$$

$$= \left\{ \frac{[x_0, x_1, x; y_0, y_1, y] - [x_0, x_1, x_2; y_0, y_1, y_2]}{y - y_2} \right.$$
$$\left. - [x_0, \cdots, x_3; y_0, \cdots, y_3] \cdot \frac{(x - x_0)(y - y_1)(x - x_2)}{(y - y_0)(x - x_1)(y - y_2)} \right\} \Big/ (x - x_3)$$

$$= \frac{[x_0, x_1, x_2, x; y_0, y_1, y_2, y]_y - [x_0, \cdots, x_3; y_0, \cdots, y_3]\dfrac{(x - x_0)(y - y_1)(x - x_2)}{(y - y_0)(x - x_1)(y - y_2)}}{x - x_3}$$

$$= [x_0, \cdots, x_3, x; y_0, \cdots, y_3, y].$$

因此, 当 $n = 0, 1, 2, 3$ 时, 定理 4.1.1 与定理 4.1.2 成立.

假设结论对 $\Omega_i, i = 0, 1, \cdots, 2n-1$ 成立, 具体而言, 相应的诸插值系数 a_i 可以由算法 4.1.1 与算法 4.1.2 递推算出, 另外, 最后一项系数 $a_i(x, y)$ 当 i 为奇数时按定理 4.1.1 给出, 当 i 为偶数时按定理 4.1.2 给出. 于是, 一方面, 对 $i = 2n$, 有

$$
\begin{aligned}
&a_{2n}(x, y) \\
&= \frac{f(x, y) - a_0 - a_1(x - x_0) - a_2(y - y_0)(x - x_1) - \cdots - a_{2n-1}(x - x_0)(y - y_1) \cdots (x - x_{2n-2})}{(y - y_0) \cdots (x - x_{2n-1})} \\
&= \left\{ \frac{[x_0, \cdots, x_{2n-3}, x; y_0, \cdots, y_{2n-3}, y] - [x_0, \cdots, x_{2n-2}; y_0, \cdots, y_{2n-2}]}{y_{2n} - y_{2n-2}} \right. \\
&\quad \left. - [x_0, \cdots, x_{2n-1}; y_0, \cdots, y_{2n-1}] \cdot \frac{(x - x_0)(y - y_1) \cdots (x - x_{2n-2})}{(y - y_0)(x - x_1) \cdots (y - y_{2n-2})} \right\} \Big/ (x - x_{2n-1}) \\
&= \frac{[x_0, \cdots, x_{2n-2}, x; y_0, \cdots, y_{2n-2}, y]_y - [x_0, \cdots, x_{2n-1}; y_0, \cdots, y_{2n-1}] \frac{(x-x_0)(y-y_1) \cdots (x-x_{2n-2})}{(y-y_0)(x-x_1) \cdots (y-y_{2n-2})}}{x - x_{2n-1}} \\
&= [x_0, \cdots, x_{2n-1}, x; y_0, \cdots, y_{2n-1}, y].
\end{aligned}
$$

另一方面, 当 $i = 2n + 1$ 时, 推得

$$
\begin{aligned}
&a_{2n+1}(x, y) \\
&= \frac{f(x, y) - a_0 - a_1(x - x_0) - a_2(y - y_0)(x - x_1) - \cdots - a_{2n}(y - y_0) \cdots (x - x_{2n-1})}{(x - x_0)(y - y_1) \cdots (x - x_{2n-1})(y - y_{2n})} \\
&= \left\{ \frac{[x_0, \cdots, x_{2n-2}, x; y_0, \cdots, y_{2n-2}, y] - [x_0, \cdots, x_{2n-1}; y_0, \cdots, y_{2n-1}]}{y - y_{2n-1}} - [x_0, \cdots, x_{2n}; y_0, \cdots, y_{2n}] \right. \\
&\quad \left. \cdot \frac{(y - y_0)(x - x_1) \cdots (y - y_{2n-1})}{(x - x_0)(y - y_1) \cdots (x - x_{2n-1})} \right\} \Big/ (x - x_{2n}) \\
&= \frac{[x_0, \cdots, x_{2n-1}, x; y_0, \cdots, y_{2n-1}, y]_y - [x_0, \cdots, x_{2n}; y_0, \cdots, y_{2n}] \frac{(y-y_0)(x-x_1) \cdots (y-y_{2n-1})}{(x-x_0)(y-y_1) \cdots (x-x_{2n-1})}}{x - x_{2n}} \\
&= [x_0, \cdots, x_{2n}, x; y_0, \cdots, y_{2n}, y].
\end{aligned}
$$

综上所述, 利用数学归纳法证得 (4.10)—(4.15) 式. □

利用定理 4.1.1 与定理 4.1.2 中的恒等式, 分别按 (4.1) 式与 (4.2) 式定义的二元多项式 $p_{2n}(x, y)$ 与 $p_{2n+1}(x, y)$ 插值问题便可迎刃而解, 故而我们得到如下结论.

定理 4.1.3 对 $i = 0, 1, \cdots, 2n$, 按 (4.1) 式定义的二元插值多项式 $p_{2n}(x, y)$ 满足插值条件

$$p_{2n}(x_i, y_i) = z_i = f(x_i, y_i) = f_{i,i}, \tag{4.16}$$

其中诸插值系数按算法 4.1.1 推导出, 即

$$a_i = [x_0, \cdots, x_i; y_0, \cdots, y_i], \quad i = 0, 1, \cdots, 2n.$$

定理 4.1.4   形如 (4.2) 式的二元多项式 $p_{2n+1}(x,y)$ 在插值节点组 Ω_{2n+1} 上满足插值性, 即

$$p_{2n+1}(x_i,y_i)=z_i=f(x_i,y_i)=f_{i,i},\quad i=0,1,\cdots,2n+1, \tag{4.17}$$

其中相应的插值系数按算法 4.1.2 得到, 即

$$a_i=[x_0,\cdots,x_i;y_0,\cdots,y_i],\quad i=0,1,\cdots,2n+1.$$

因此, 我们利用算法 4.1.1 与算法 4.1.2 递推地计算出插值系数, 并由此建立非矩形网格上的二元多项式插值格式. 为便于说明, 我们提前给出若干具体插值系数计算公式, 如 (4.3)—(4.7) 式.

现在分析插值多项式空间的维数与基函数. 首先, 用 $\mathbf{P}_{n,n}$ 与 $\mathbf{P}_{n+1,n}$ 分别表示张量积型二元多项式空间

$$\mathbf{P}_{n,n}=\mathrm{span}\{1,x,\cdots,x^n\}\otimes\{1,y,\cdots,y^n\},$$
$$\mathbf{P}_{n+1,n}=\mathrm{span}\{1,x,\cdots,x^{n+1}\}\otimes\{1,y,\cdots,y^n\}.$$

然后, 不难发现, 按 (4.1) 式与 (4.2) 式定义的二元多项式项数分别等于插值节点组 Ω_{2n} 与 Ω_{2n+1} 上的插值条件数目, 且插值条件相互独立. 另外, 由每项次数易知二元多项式各项线性无关. 故而分别按 (4.1) 式与 (4.2) 式定义的插值节点组上插值多项式唯一存在.

定理 4.1.5   按 (4.1) 式定义的插值节点组 Ω_{2n} 上插值多项式 $p_{2n}(x,y)$ 唯一存在, 且插值多项式空间维数为 $2n+1$, 即

$$p_{2n}(x,y)\in\mathrm{span}\{1,x-x_0,(y-y_0)(x-x_1),(x-x_0)(y-y_1)(x-x_2),\cdots,$$
$$(y-y_0)(x-x_1)\cdots(y-y_{2n-2})(x-x_{2n-1})\}\subset\mathbf{P}_{n,n}. \tag{4.18}$$

定理 4.1.6   基于插值节点组 Ω_{2n+1} 的按 (4.2) 式定义的二元插值多项式 $p_{2n+1}(x,y)$ 唯一存在, 即插值系数可由算法 4.1.1 与算法 4.1.2 唯一确定, 且插值多项式空间维数为 $2n+2$, 即

$$p_{2n+1}(x,y)\in\mathrm{span}\{1,x-x_0,(y-y_0)(x-x_1),(x-x_0)(y-y_1)(x-x_2),\cdots,$$
$$(y-y_0)(x-x_1)\cdots(y-y_{2n-2})(x-x_{2n-1}),$$
$$(x-x_0)(y-y_1)\cdots(x-x_{2n})\}\subset\mathbf{P}_{n+1,n}. \tag{4.19}$$

注 4.1.2   二元插值多项式 $p_{2n}(x,y)$ 与 $p_{2n+1}(x,y)$ 的表达式随着插值节点顺序的不同而不同.

4.2　基于 Ω_{2n} 的二元多项式插值余项

本节将利用定理 4.1.1 推导出插值节点组 Ω_{2n} 上二元多项式插值余项, 且建立偶数阶非张量积型二元差商与高阶偏导数之间的关系.

设存在一一映射使得

$$t \leftrightarrow (x(t), y(t)), \quad t \in [\alpha, \beta], \quad t_i \leftrightarrow (x(t_i), y(t_i)) \equiv (x_i, y_i), \quad i = 0, 1, \cdots, 2n.$$

定理 4.2.1　设二元函数 $f(x, y)$ 在区域 $D \supset \Omega_{2n}$ 上 $2n + 1$ 阶连续可导, 且 $x(t), y(t)$ 均 $2n + 1$ 阶连续可导, 则对 $\forall (x, y) \in C : x = x(t), y = y(t), \Omega_{2n} \subset C \subset D$, 存在参数 $\tau \in I(t, t_0, t_1, \cdots, t_{2n})$, 使得

$$E[f] = f(x, y) - p_{2n}(x, y) = K(x, y) \prod_{i=0}^{n} (x - x_{2i}) \prod_{j=1}^{n} (y - y_{2j-1}), \tag{4.20}$$

其中 $I(t, t_0, t_1, \cdots, t_{2n})$ 表示包含的最小开区间, 且

$$K(x, y) = \left. \frac{\dfrac{\mathrm{d}^{2n+1}}{\mathrm{d}s^{2n+1}}(f - p_{2n})(x(s), y(s))}{\dfrac{\mathrm{d}^{2n+1}}{\mathrm{d}s^{2n+1}}\left(\prod_{i=0}^{n}(x(s) - x_{2i}) \prod_{j=1}^{n}(y(s) - y_{2j-1})\right)} \right|_{s=\tau}. \tag{4.21}$$

证明　为方便起见, 记

$$K(x, y) = [x_0, \cdots, x_{2n}, x; y_0, \cdots, y_{2n}, y].$$

为了计算出上式中二元差商 $K(x, y)$, 构造辅助函数

$$\Phi(s) = (f - p_{2n})(x(s), y(s)) - K(x, y) \prod_{i=0}^{n}(x(s) - x_{2i}) \prod_{j=1}^{n}(y(s) - y_{2j-1}). \tag{4.22}$$

不难验证, 函数 $\Phi(s)$ 具有 $2n + 2$ 个零点 $s = t, t_i (i = 0, 1, \cdots, 2n)$, 于是利用 Rolle 定理, 得到

$$\Phi^{(2n+1)}(\tau) = 0, \quad \tau \in I(t, t_0, t_1, \cdots, t_{2n}),$$

即

$$\frac{\mathrm{d}^{2n+1}}{\mathrm{d}s^{2n+1}}(f - p_{2n})(x(s), y(s))$$

$$-K(x,y)\frac{\mathrm{d}^{2n+1}}{\mathrm{d}s^{2n+1}}\left(\prod_{i=0}^{n}(x(s)-x_{2i})\prod_{j=1}^{n}(y(s)-y_{2j-1})\right)\bigg|_{s=\tau}=0$$

$$\Rightarrow K(x,y)=\frac{\dfrac{\mathrm{d}^{2n+1}}{\mathrm{d}s^{2n+1}}(f-p_{2n})(x(s),y(s))}{\dfrac{\mathrm{d}^{2n+1}}{\mathrm{d}s^{2n+1}}\left(\prod\limits_{i=0}^{n}(x(s)-x_{2i})\prod\limits_{j=1}^{n}(y(s)-y_{2j-1})\right)}\Bigg|_{s=\tau}.$$

因此, 对 $\forall (x,y)\in C:x=x(t),y=y(t),\Omega_{2n}\subset C\subset D$, 我们推导出 Ω_{2n} 上二元多项式 (4.1.1) 式插值余项

$$E[f]=f(x,y)-p_{2n}(x,y)=K(x,y)\prod_{i=0}^{n}(x-x_{2i})\prod_{j=1}^{n}(y-y_{2j-1}),$$

其中 $K(x,y)$ 按 (4.21) 式定义. 定理得证.　　　　　　　　　　　　　　　　□

为了给出按 (4.21) 式定义的二元差商 $K(x,y)$ 具体表达式, 我们考虑特殊情形, 即 $\Omega_{2n}\subset C:x(t)=t,y(t)=kt+b,k\neq 0$, 并推出插值余项.

定理 4.2.2　设函数 $f(x,y)$ 在区域 $D\supset \Omega_{2n}$ 上 $2n+1$ 阶连续可导, 则对 $\forall (x,y)\in C:x(t)=t,y(t)=kt+b,k\neq 0$, 且 $\Omega_{2n}\subset C$, 存在参数 $\tau\in I(t,t_0,t_1,\cdots,t_{2n})$, 使得

$$E[f]=f(x,y)-p_{2n}(x,y)$$
$$=\frac{\left(\dfrac{\partial}{\partial x}+k\dfrac{\partial}{\partial y}\right)^{2n+1}f(\xi,\eta)}{(2n+1)!k^n}\prod_{i=0}^{n}(x-x_{2i})\prod_{j=1}^{n}(y-y_{2j-1}),\qquad (4.23)$$

其中 $\xi=x(\tau),\eta=y(\tau),(\xi,\eta)\in C\subset D$.

事实上, 此定理的证明过程类似于定理 4.2.1 的证明. 首先, 直接计算得到二元插值多项式具有形式

$$p_{2n}(x(s),y(s))=a_{2n}\cdot(s^n+\cdots)(k^n s^n+\cdots)+\text{次数} <2n \text{ 的多项式},$$

这意味着

$$\frac{\mathrm{d}^{2n+1}}{\mathrm{d}s^{2n+1}}p_{2n}(x(s),y(s))=0.\qquad (4.24)$$

于是得到

$$\frac{\mathrm{d}^{2n+1}}{\mathrm{d}s^{2n+1}}\left(\prod_{i=0}^{n}(s-x_{2i})\prod_{j=1}^{n}(ks+b-y_{2j-1})\right)=(2n+1)!k^n.\qquad (4.25)$$

其次, 可以归纳证明得到

$$\frac{\mathrm{d}^{2n+1}}{\mathrm{d}s^{2n+1}}f(s, ks+b) = \left(\frac{\partial}{\partial x} + k\frac{\partial}{\partial y}\right)^{2n+1} f(x, y), \tag{4.26}$$

故而利用定理 4.2.1, (4.24)—(4.26) 式, 推得

$$K(x, y) = \frac{\left(\dfrac{\partial}{\partial x} + k\dfrac{\partial}{\partial y}\right)^{2n+1} f(\xi, \eta)}{(2n+1)!k^n}, \tag{4.27}$$

其中 $\xi = x(\tau), \eta = y(\tau), (\xi, \eta) \in C \subset D.$ 定理得证. $\qquad\square$

推论 4.2.1　设二元函数 $f(x, y)$ 在区域 $D \supset \Omega_{2n}$ 上 $2n+1$ 阶连续可导, 则对 $\forall(x, y) \in C : x(t) = \lambda t + b_0, y(t) = \mu t + b_1, \lambda\mu \neq 0,$ 且 $\Omega_{2n} \subset C,$ 存在参数 $\tau \in I(t, t_0, t_1, \cdots, t_{2n}),$ 使得

$$\begin{aligned}
E[f] &= f(x, y) - p_{2n}(x, y) \\
&= \frac{\left(\lambda\dfrac{\partial}{\partial x} + \mu\dfrac{\partial}{\partial y}\right)^{2n+1} f(\xi, \eta)}{(2n+1)!\lambda^{n+1}\mu^n} \prod_{i=0}^{n}(x - x_{2i})\prod_{j=1}^{n}(y - y_{2j-1}),
\end{aligned} \tag{4.28}$$

其中 $\xi = x(\tau), \eta = y(\tau), (\xi, \eta) \in C \subset D.$

需要指出的是, 我们可以建立高阶偏导数与非张量积型二元差商之间的关系.

定理 4.2.3　设二元函数 $f(x, y)$ 在区域 $D \supset \Omega_{2n}$ 上 $2n$ 阶连续可导, 则对 $\forall(x, y) \in C : x(t) = t, y(t) = kt + b, k \neq 0,$ 且 $\Omega_{2n} \subset C,$ 存在参数 $\tau \in I(t_0, t_1, \cdots, t_{2n}),$ 使得

$$[x_0, \cdots, x_{2n}; y_0, \cdots, y_{2n}] = \frac{\left(\dfrac{\partial}{\partial x} + k\dfrac{\partial}{\partial y}\right)^{2n} f(\xi, \eta)}{(2n)!k^n}, \tag{4.29}$$

其中 $\xi = x(\tau), \eta = y(\tau), (\xi, \eta) \in C \subset D.$

证明　为方便起见, 定义函数

$$F(x, y) = f(x, y) - p_{2n}(x, y), \quad (x, y) \in C \subset D.$$

不难验证函数 $F(x(t), y(t))$ 具有 $2n+1$ 个零点 $t = t_0, t_1, \cdots, t_{2n}.$ 于是, 一方面利用 Rolle 定理, 存在参数 $\tau \in I(t_0, t_1, \cdots, t_{2n}),$ 使得

$$\frac{\mathrm{d}^{2n}}{\mathrm{d}t^{2n}}F(x(t), y(t))\bigg|_{t=\tau} = 0,$$

$$\Rightarrow \left.\frac{\mathrm{d}^{2n}}{\mathrm{d}t^{2n}}f(x(t),y(t))\right|_{t=\tau} = \left.\frac{\mathrm{d}^{2n}}{\mathrm{d}t^{2n}}p_{2n}(x(t),y(t))\right|_{t=\tau}.$$

另一方面, 直接计算得到

$$\frac{\mathrm{d}^{2n}}{\mathrm{d}t^{2n}}f(t,kt+b) = \left(\frac{\partial}{\partial x} + k\frac{\partial}{\partial y}\right)^{2n}f(x,y),$$

$$\frac{\mathrm{d}^{2n}}{\mathrm{d}t^{2n}}p_{2n}(t,kt+b) = [x_0,\cdots,x_{2n};y_0,\cdots,y_{2n}]\cdot k^n(2n)!,$$

其中

$$p_{2n}(t,kt+b) = [x_0,\cdots,x_{2n};y_0,\cdots,y_{2n}](t^n+\cdots)(k^n t^n+\cdots) + \text{次数} < 2n \text{ 的多项式}.$$

因此, (4.29) 式得证. □

推论 4.2.2 设二元函数 $f(x,y)$ 在区域 $D \supset \Omega_{2n}$ 上 $2n$ 阶连续可导, 则对 $\forall(x,y) \in C : x(t) = \lambda t + b_0, y(t) = \mu t + b_1, \lambda\mu \neq 0$, 且 $\Omega_{2n} \subset C$, 存在参数 $\tau \in I(t_0,t_1,\cdots,t_{2n})$, 使得

$$[x_0,\cdots,x_{2n};y_0,\cdots,y_{2n}] = \frac{\left(\lambda\frac{\partial}{\partial x} + \mu\frac{\partial}{\partial y}\right)^{2n}f(\xi,\eta)}{(2n)!\lambda^n\mu^n}, \tag{4.30}$$

其中 $\xi = x(\tau), \eta = y(\tau), (\xi,\eta) \in C \subset D$.

4.3 基于 Ω_{2n+1} 的二元多项式插值余项

本节借助于定理 4.1.2, 将推导出基于插值节点组 Ω_{2n+1} 的二元多项式插值余项, 同时建立奇数阶非张量积型二元差商与高阶偏导数之间的关系.

设存在一一映射使得

$$t \leftrightarrow (x(t),y(t)), t \in [\alpha,\beta], \quad t_i \leftrightarrow (x(t_i),y(t_i)) \equiv (x_i,y_i), \quad i = 0,1,\cdots,2n+1.$$

定理 4.3.1 设二元函数 $f(x,y)$ 在区域 $D \supset \Omega_{2n+1}$ 上 $2n+2$ 阶连续可导, 且函数 $x(t),y(t)$ 均 $2n+2$ 阶连续可导, 则对 $\forall(x,y) \in C : x = x(t), y = y(t), \Omega_{2n+1} \subset C \subset D$, 存在参数 $\tau \in I(t,t_0,t_1,\cdots,t_{2n+1})$, 使得

$$E[f] = f(x,y) - p_{2n+1}(x,y) = M(x,y)\prod_{i=0}^{n}(x-x_{2i+1})(y-y_{2i}), \tag{4.31}$$

其中 $I(t, t_0, t_1, \cdots, t_{2n+1})$ 表示包含 $t, t_0, t_1, \cdots, t_{2n+1}$ 的最小开区间, 且

$$M(x, y) = \left. \frac{\dfrac{\mathrm{d}^{2n+2}}{\mathrm{d}s^{2n+2}}(f - p_{2n+1})(x(s), y(s))}{\dfrac{\mathrm{d}^{2n+2}}{\mathrm{d}s^{2n+2}}\left(\displaystyle\prod_{i=0}^{n}(x(s) - x_{2i+1})(y(s) - y_{2i})\right)} \right|_{s=\tau}. \tag{4.32}$$

证明　为方便起见, 记

$$M(x, y) = [x_0, \cdots, x_{2n+1}, x; y_0, \cdots, y_{2n+1}, y].$$

为了计算二元差商 $M(x, y)$, 构造辅助函数

$$\Psi(s) = (f - p_{2n+1})(x(s), y(s)) - M(x, y)\prod_{i=0}^{n}(x(s) - x_{2i})(y(s) - y_{2i}). \tag{4.33}$$

不难验证, 函数 $\Psi(s)$ 具有 $2n + 3$ 个零点 $s = t, t_i (i = 0, 1, \cdots, 2n + 1)$, 于是利用 Rolle 定理, 得到

$$\Psi^{(2n+2)}(\tau) = 0, \quad \tau \in I(t, t_0, t_1, \cdots, t_{2n+1}),$$

即

$$\frac{\mathrm{d}^{2n+2}}{\mathrm{d}s^{2n+2}}(f - p_{2n+1})(x(s), y(s))$$
$$- M(x, y)\frac{\mathrm{d}^{2n+2}}{\mathrm{d}s^{2n+2}}\left.\left(\prod_{i=0}^{n}(x(s) - x_{2i})(y(s) - y_{2i})\right)\right|_{s=\tau} = 0$$

$$\Rightarrow M(x, y) = \left. \frac{\dfrac{\mathrm{d}^{2n+2}}{\mathrm{d}s^{2n+2}}(f - p_{2n+1})(x(s), y(s))}{\dfrac{\mathrm{d}^{2n+2}}{\mathrm{d}s^{2n+2}}\left(\displaystyle\prod_{i=0}^{n}(x(s) - x_{2i})(y(s) - y_{2i})\right)} \right|_{s=\tau}.$$

因此, 对 $\forall (x, y) \in C : x = x(t), y = y(t), \Omega_{2n+1} \subset C \subset D$, 推导出 Ω_{2n+1} 上二元多项式 (4.2) 式插值余项

$$E[f] = f(x, y) - p_{2n+1}(x, y) = M(x, y)\prod_{i=0}^{n}(x - x_{2i})(y - y_{2i}),$$

其中 $M(x, y)$ 按 (4.32) 式定义. 定理得证. □

为了给出按 (4.32) 式定义的二元差商 $M(x,y)$ 具体表达式, 我们考虑特殊情形, 即 $\Omega_{2n+1} \subset C : x(t) = t, y(t) = kt + b, k \neq 0$, 并推出插值余项.

定理 4.3.2　　设二元函数 $f(x,y)$ 在区域 $D \supset \Omega_{2n+1}$ 上 $2n+2$ 阶连续可导, 则对 $\forall (x,y) \in C : x(t) = t, y(t) = kt + b, k \neq 0$, 且 $\Omega_{2n+1} \subset C$, 存在 $\tau \in I(t, t_0, t_1, \cdots, t_{2n+1})$, 使得

$$
\begin{aligned}
E[f] &= f(x,y) - p_{2n+1}(x,y) \\
&= \frac{\left(\dfrac{\partial}{\partial x} + k\dfrac{\partial}{\partial y}\right)^{2n+2} f(\xi,\eta)}{(2n+2)! k^n} \prod_{i=0}^{n} (x - x_{2i})(y - y_{2i}),
\end{aligned}
\tag{4.34}
$$

其中 $\xi = x(\tau), \eta = y(\tau), (\xi,\eta) \in C \subset D$.

证明　　此定理的证明过程类似于定理 4.3.1 的证明. 首先, 直接计算得到二元插值多项式具有形式

$$
p_{2n+1}(x(s),y(s)) = a_{2n} \cdot (s^{n+1} + \cdots)(k^n s^n + \cdots) + \text{次数} < 2n+1 \text{ 的多项式},
$$

这意味着

$$
\frac{\mathrm{d}^{2n+2}}{\mathrm{d}s^{2n+2}} p_{2n+1}(x(s),y(s)) = 0.
\tag{4.35}
$$

类似地, 得到

$$
\frac{\mathrm{d}^{2n+2}}{\mathrm{d}s^{2n+2}} \left(\prod_{i=0}^{n} (s - x_{2i+1})(ks + b - y_{2i}) \right) = (2n+2)! k^{n+1}.
\tag{4.36}
$$

其次, 可以归纳证明得到

$$
\frac{\mathrm{d}^{2n+2}}{\mathrm{d}s^{2n+2}} f(s, ks + b) = \left(\frac{\partial}{\partial x} + k\frac{\partial}{\partial y} \right)^{2n+2} f(x,y),
\tag{4.37}
$$

故而利用定理 4.3.1, (4.35)—(4.37) 式, 推得

$$
M(x,y) = \frac{\left(\dfrac{\partial}{\partial x} + k\dfrac{\partial}{\partial y}\right)^{2n+2} f(\xi,\eta)}{(2n+2)! k^{n+1}},
\tag{4.38}
$$

其中 $\xi = x(\tau), \eta = y(\tau), (\xi,\eta) \in C \subset D$. 定理得证.　　　　　　　　□

类似于定理 4.3.2 的证明过程, 我们得到以下推论.

推论 4.3.1　设函数 $f(x,y)$ 在区域 $D \supset \Omega_{2n+2}$ 上 $2n+2$ 阶连续可导, 则对 $\forall (x,y) \in C : x(t) = \lambda t + b_0, y(t) = \mu t + b_1, \lambda\mu \neq 0$, 且 $\Omega_{2n+1} \subset C$, 存在参数 $\tau \in I(t, t_0, t_1, \cdots, t_{2n+1})$, 使得

$$
\begin{aligned}
E[f] &= f(x,y) - p_{2n+1}(x,y) \\
&= \frac{\left(\lambda\dfrac{\partial}{\partial x} + \mu\dfrac{\partial}{\partial y}\right)^{2n+2} f(\xi,\eta)}{(2n+2)!\lambda^{n+1}\mu^{n+1}} \prod_{i=0}^{n} (x - x_{2i+1})(y - y_{2i}),
\end{aligned}
\tag{4.39}
$$

其中 $\xi = x(\tau), \eta = y(\tau), (\xi,\eta) \in C \subset D$.

上述插值余项的推导有助于我们建立高阶偏导数与按算法 4.1.2 算出的二元差商之间的关系.

定理 4.3.3　设函数 $f(x,y)$ 在区域 $D \supset \Omega_{2n+1}$ 上 $2n+1$ 阶连续可导, 则对 $\forall (x,y) \in C : x(t) = t, y(t) = kt + b, k \neq 0$, 且 $\Omega_{2n+1} \subset C$, 存在参数 $\tau \in I(t_0, t_1, \cdots, t_{2n+1})$, 使得

$$
[x_0, \cdots, x_{2n+1}; y_0, \cdots, y_{2n+1}] = \frac{\left(\dfrac{\partial}{\partial x} + k\dfrac{\partial}{\partial y}\right)^{2n+1} f(\xi,\eta)}{(2n+1)!k^{n+1}},
\tag{4.40}
$$

其中 $\xi = x(\tau), \eta = y(\tau), (\xi,\eta) \in C \subset D$.

证明　为方便起见, 定义函数

$$
F(x,y) = f(x,y) - p_{2n+1}(x,y), \quad (x,y) \in C \subset D.
$$

易知函数 $F(x(t), y(t))$ 具有 $2n+2$ 个零点 $t = t_0, t_1, \cdots, t_{2n+1}$. 于是, 一方面利用 Rolle 定理, 存在参数 $\tau \in I(t_0, t_1, \cdots, t_{2n+1})$, 使得

$$
\begin{aligned}
&\frac{\mathrm{d}^{2n+1}}{\mathrm{d}t^{2n+1}} F(x(t), y(t))\bigg|_{t=\tau} = 0, \\
\Rightarrow\ &\frac{\mathrm{d}^{2n+1}}{\mathrm{d}t^{2n+1}} f(x(t), y(t))\bigg|_{t=\tau} = \frac{\mathrm{d}^{2n+1}}{\mathrm{d}t^{2n+1}} p_{2n+1}(x(t), y(t))\bigg|_{t=\tau}.
\end{aligned}
$$

另一方面, 直接计算得到

$$
\begin{aligned}
&\frac{\mathrm{d}^{2n+1}}{\mathrm{d}t^{2n+1}} f(t, kt + b) = \left(\frac{\partial}{\partial x} + k\frac{\partial}{\partial y}\right)^{2n+1} f(x,y), \\
&\frac{\mathrm{d}^{2n+1}}{\mathrm{d}t^{2n+1}} p_{2n+1}(t, kt + b) = [x_0, \cdots, x_{2n+1}; y_0, \cdots, y_{2n+1}] \cdot k^{n+1}(2n+1)!,
\end{aligned}
$$

其中

$$
p_{2n+1}(t, kt + b) = [x_0, \cdots, x_{2n+1}; y_0, \cdots, y_{2n+1}](t^{n+1} + \cdots)(k^n t^n + \cdots)
$$

+ 次数 $< 2n+1$ 的多项式.

因此, (4.40) 式得证.   □

推论 4.3.2   设函数 $f(x,y)$ 在区域 $D \supset \Omega_{2n+1}$ 上 $2n+1$ 阶连续可导, 则对 $\forall (x,y) \in C : x(t) = \lambda t + b_0, y(t) = \mu t + b_1, \lambda \mu \neq 0$, 且 $\Omega_{2n+1} \subset C$, 存在参数 $\tau \in I(t_0, t_1, \cdots, t_{2n+1})$, 使得

$$[x_0, \cdots, x_{2n+1}; y_0, \cdots, y_{2n+1}] = \frac{\left(\lambda \dfrac{\partial}{\partial x} + \mu \dfrac{\partial}{\partial y}\right)^{2n+1} f(\xi, \eta)}{(2n+1)! \lambda^{n+1} \mu^n}, \tag{4.41}$$

其中 $\xi = x(\tau), \eta = y(\tau), (\xi, \eta) \in C \subset D$.

4.4   数 值 算 例

本节将利用算法 4.1.1 与算法 4.1.2 计算出非矩形网格上的二元低阶插值多项式. 首先, 给出若干低阶二元插值多项式表达式; 然后, 利用 Matlab 绘出相应的图形.

我们给出一些记号与说明. 记插值节点组 $\Omega_k = \{(x_0, y_0), (x_1, y_1), \cdots, (x_k, y_k)\}$, 其中 $k = 4, 5$. 于是由 (4.1) 式与 (4.2) 式, 给出相应的插值多项式形如

$$\begin{aligned}
p_2(x,y) &= a_0 + a_1(x - x_0) + a_2(y - y_0)(x - x_1), \\
p_3(x,y) &= p_2(x,y) + a_3(x - x_0)(y - y_1)(x - x_2), \\
p_4(x,y) &= p_3(x,y) + a_4(y - y_0)(x - x_1)(y - y_2)(x - x_3), \\
p_5(x,y) &= p_4(x,y) + a_5(x - x_0)(y - y_1)(x - x_2)(y - y_3)(x - x_4).
\end{aligned} \tag{4.42}$$

算例 4.4.1   情形 I: 设 Ω_4 中插值节点为 $P_0(-7.5, -9.5), P_1(-5, -4), P_2(-3, -2), P_3(0.2, -1), P_4(4, 2)$, 如图 4.1 所示, 相应竖坐标分别为 $z_i (i = 0, 1, \cdots, 4)$, 如表 4.2 所示. 由算法 4.1.1, 算出插值系数如表 4.3 所示, 进一步得到插值多项式 $p_4(x,y)$, 如图 4.2 所示, 其中 $(x,y) \in [-8, 8] \times [-10, 10]$.

情形 II: 我们考虑 Ω_4 中插值节点 $P_0(-0.75, -0.95), P_1(-0.5, -0.4), P_2(-0.3, -0.2), P_3(0.02, -0.1), P_4(0.4, 0.2)$, 如图 4.3 所示, 相应竖坐标为 $z_i (i = 0, 1, \cdots, 4)$, 如表 4.2 所示. 按算法 4.1.1 计算出的插值系数列于表 4.3, 由此所得二元插值多项式 $p_4(x,y)$, 如图 4.4 所示, 其中 $(x,y) \in [-0.8, 0.8] \times [-1, 1]$.

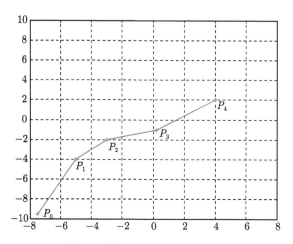

图 4.1　情形 I: 插值节点组 Ω_4

表 **4.2**　算例 **4.4.1** 中竖坐标 $z_i, i = 0, \cdots, 4$

竖坐标	z_0	z_1	z_2	z_3	z_4
情形 I	0.0057	−0.0519	−0.1918	0.8355	−0.1036
情形 II	0.7858	0.9547	0.9848	0.9999	0.9733

表 **4.3**　算例 **4.4.1** 中插值多项式 $p_4(x, y)$ 的诸插值系数

系数	a_0	a_1	a_2	a_3	a_4
情形 I	0.0057	−0.0230	−0.0063	0.0174	−0.0048
情形 II	0.7858	0.6756	−0.7001	0.0453	0.7200

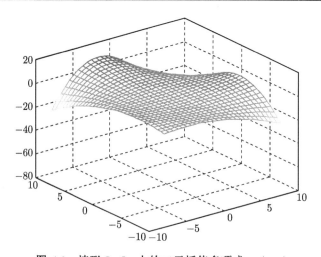

图 4.2　情形 I: Ω_4 上的二元插值多项式 $p_4(x, y)$

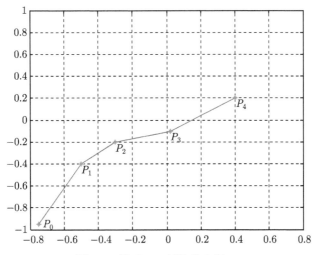

图 4.3 情形 II: 插值节点组 Ω_4

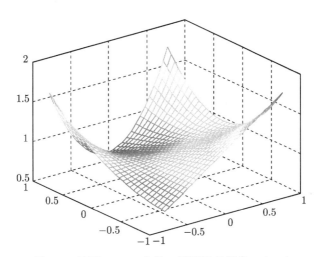

图 4.4 情形 II: Ω_4 上的二元插值多项式 $p_4(x, y)$

算例 4.4.2 情形 I: 设插值节点 $P_0(-0.9, 0.2)$, $P_1(-0.4, 0.6)$, $P_2(0.2, 0.8)$, $P_3(0.8, 0.4)$, $P_4(0.6, -0.4)$, $P_5(-0.6, -0.8)$, 如图 4.5 所示, 相应竖坐标为 $z_i (i=0, 1, \cdots, 5)$, 如表 4.4 所示. 由算法 4.1.2, 我们算出插值系数如表 4.5 所示, 进一步得到插值多项式 $p_5(x, y)$, 如图 4.6 所示, 其中 $(x, y) \in [-1, 1]^2$.

表 4.4 算例 4.4.2 中竖坐标 $z_i, i = 0, \cdots, 4$

竖坐标	z_0	z_1	z_2	z_3	z_4	z_5
情形 I	1.4451	1.2202	1.4020	1.3475	1.1599	1.5059
情形 II	1.0259	1.0472	1.0845	1.0335	1.0244	1.0890

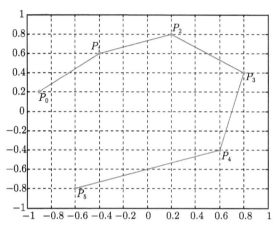

图 4.5   情形 I：插值节点组 Ω_5

表 4.5   算例 4.4.2 中插值多项式 $p_5(x, y)$ 的诸插值系数

插值系数	a_0	a_1	a_2	a_3	a_4	a_5
情形 I	1.4451	−0.4498	1.2548	−1.7941	−0.4573	1.5552
情形 II	1.0259	0.0852	0.1302	2.8474	−18.6358	29.4940

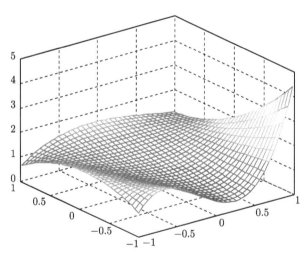

图 4.6   情形 I：Ω_5 上的二元插值多项式 $p_5(x, y)$

情形 II：   我们考虑插值节点 $P_0(-0.45, 0.1)$，$P_1(-0.2, 0.3)$，$P_2(0.1, 0.4)$，$P_3(0.4,$ $0.2)$，$P_4(0.3, -0.2)$，$P_5(-0.3, -0.4)$，如图 4.7 所示，相应竖坐标为 $z_i (i = 0, 1, \cdots, 5)$，如表 4.4 所示. 按算法 4.1.2 计算出的插值系数见表 4.5，由此得到二元插值多项式

$p_5(x, y)$, 如图 4.8 所示, 其中 $(x, y) \in [-0.5, 0.5]^2$.

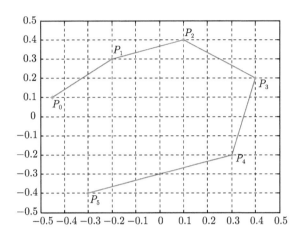

图 4.7 情形 II：插值节点组 Ω_5

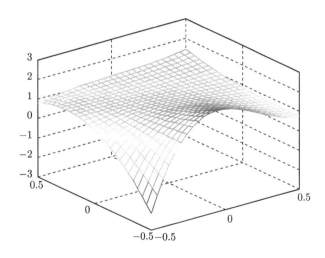

图 4.8 情形 II：Ω_5 上的二元插值多项式 $p_5(x, y)$

算例 4.4.3 情形 I：设插值节点 $P_0(-1.5, 0.8)$, $P_1(-1, -1.6)$, $P_2(0.1, 0.1)$, $P_3(0.4, 1.8)$, $P_4(0.8, -1.6)$, $P_5(1.6, 1.2)$，如图 4.9 所示. 由给定的竖坐标 $z_i (i = 0, 1, \cdots, 5)$ (表 4.6) 与算法 4.1.2, 计算出插值系数如表 4.7 所示, 进一步得到 Ω_5 上的插值多项式, 如图 4.10 所示.

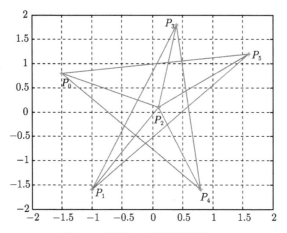

图 4.9　情形 I: 插值节点组 Ω_5

表 4.6　算例 4.4.3 中竖坐标 $z_i, i = 0, \cdots, 4$

竖坐标	z_0	z_1	z_2	z_3	z_4	z_5
情形 I	0.9802	0.9869	−0.0052	0.9856	0.9838	0.9896
情形 II	−0.0052	0.9856	0.9802	0.9869	0.9838	0.9896

表 4.7　算例 4.4.3 中插值多项式 $p_5(x, y)$ 的诸插值系数

插值系数	a_0	a_1	a_2	a_3	a_4	a_5
情形 I	0.9802	0.0135	1.3078	−0.9551	1.9139	−1.3466
情形 II	−0.0052	3.3030	−4.7144	8.4736	14.2483	−1.0152

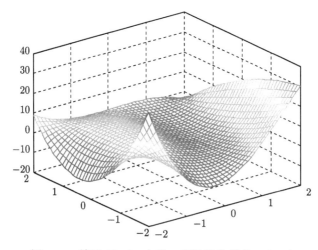

图 4.10　情形 II: Ω_5 上的二元插值多项式 $p_5(x, y)$

情形 II: 改变情形 I 中插值节点顺序为 $P_0(0.1, 0.1), P_1(0.4, 1.8), P_2(-1.5, 0.8),$

$P_3(-1,-1.6), P_4(0.8,-1.6), P_5(1.6,1.2)$, 如图 4.11 所示, 给出相应的竖坐标, 如表 4.6 所示. 从而算出此时插值系数如表 4.7 所示, 得到相应二元插值多项式 $P_5(x,y)$, 如图 4.12 所示.

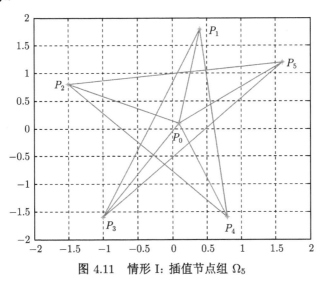

图 4.11　情形 I: 插值节点组 Ω_5

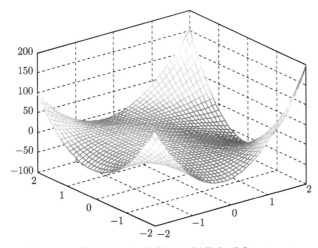

图 4.12　情形 II: Ω_5 上的二元插值多项式 $p_5(x,y)$

注 4.4.1　由算例 4.4.3 的情形 I 与情形 II, 不难得到二元插值多项式随插值节点顺序的改变而改变, 即使基于相同的插值节点组.

4.5　二元多项式插值的计算复杂性

本节将分析所提二元多项式插值的计算复杂性, 并与经典的散乱数据插值方法径向基函数方法作比较.

我们把完成径向基函数插值所需四则运算总次数的结论分别应用于 $2n+1$ 个与 $2n+2$ 个插值节点, 于是得到以下定理.

定理 4.5.1　计算插值节点组 Ω_{2n} 与 Ω_{2n+1} 上径向基函数插值共需四则运算的总次数分别为

$$\text{RBFNUM}_{2n} = \frac{2}{3}(2n+1)^3 + \frac{3}{2}(2n+1)^2 + \frac{5}{6}(2n+1) - 1 \tag{4.43}$$

与

$$\text{RBFNUM}_{2n+1} = \frac{2}{3}(2n+2)^3 + \frac{3}{2}(2n+2)^2 + \frac{5}{6}(2n+2) - 1. \tag{4.44}$$

我们分析所提二元多项式插值的计算复杂性, 得到以下定理.

定理 4.5.2　对于插值节点组 Ω_{2n}, 计算按 (4.1) 式定义的二元插值多项式 $p_{2n}(x,y)$ 共需要四则运算次数为

$$\text{PINUM}_{2n} = 2n^3 + \frac{15}{2}n^2 + \frac{29}{2}n - 4. \tag{4.45}$$

而计算插值节点组 Ω_{2n+1} 上按 (4.2) 式定义的二元插值多项式 $p_{2n+1}(x,y)$ 共需要四则运算次数为

$$\text{PINUM}_{2n+1} = 2n^3 + \frac{21}{2}n^2 + \frac{47}{2}n + 4. \tag{4.46}$$

事实上, 首先, 从两方面分析插值节点组 Ω_{2n} 上按 (4.1) 式定义的二元插值多项式 $p_{2n}(x,y)$ 的计算复杂性.

一方面, 利用定义 4.1.1、算法 4.1.1 以及数学归纳法, 计算插值系数 a_1—a_{2n} 需要的加减法次数为

$$2 \times (2n) + \sum_{k=1}^{n} [2(2n+1-2k) + (2k-1)(n-k+1)]$$

$$+ \sum_{k=1}^{n-1} [2(2n-2k) + 2k(n-k)]$$

$$= \frac{2}{3}n^3 + \frac{9}{2}n^2 + \frac{11}{6}n,$$

乘法次数为

$$\sum_{k=1}^{n} [2(2k-2)+1](n-k+1) + \sum_{k=1}^{n-1} [2(2k-1)+1](n-k) = \frac{3}{4}n^3 - \frac{n}{3},$$

除法次数为

$$2n + \sum_{k=1}^{n}[2(n-k+1)+(n-k)] + \sum_{k=1}^{n-1}[2(n-k)+(n-k)] = 3n^2 + n,$$

故其总次数为 $2n^3 + 7.5n^2 + 2.5n$.

另一方面, 由 (4.1) 式, 得到诸插值系数后, 计算二元插值多项式 $p_{2n}(x,y)$ 还需要加减法与乘法的次数分别为

$$2n + 1 + 2(2n-1) = 6n - 1,$$
$$1 + 2 + 3(2n-2) = 6n - 3.$$

故将上述结果相加得到总次数 (4.45) 式.

其次, 从两方面分析基于插值节点组 Ω_{2n+1} 按 (4.2) 式定义的二元插值多项式 $p_{2n+1}(x,y)$ 的计算复杂性.

一方面, 由定义 4.1.1 与算法 4.1.2, 我们发现计算插值系数 a_1—a_{2n+1} 需要的加减法次数为

$$\left(\frac{2}{3}n^3 + \frac{9}{2}n^2 + \frac{11}{6}n\right) + 2(2n+1) + \sum_{k=1}^{n} 2k = \frac{2}{3}n^3 + \frac{11}{2}n^2 + \frac{41}{6}n + 2,$$

乘法次数为

$$\left(\frac{4}{3}n^3 - \frac{n}{3}\right) + \sum_{k=1}^{n}(4k-1) = \frac{4}{3}n^3 + 2n^2 + \frac{2}{3}n,$$

除法次数为

$$(3n^2 + n) + (1 + n + 2n) = 3n^2 + 4n + 1,$$

故总次数为 $2n^3 + 10.5n^2 + 11.5n + 3$.

另一方面, 由 (4.2) 式, 得到诸插值系数后, 计算二元插值多项式 $p_{2n+1}(x,y)$ 还需要加减法与乘法的次数分别为

$$(6n - 1) + 2 = 6n + 1,$$
$$(6n - 3) + 3 = 6n.$$

故将上述结果相加得到总次数 (4.46) 式. 由此证得定理 4.5.2.

为便于比较, 我们将定理 4.5.1 中径向基函数插值与定理 4.5.2 中二元多项式插值的计算复杂性结果绘之以图, 如图 4.13 — 图 4.17 所示. 进一步, 得到以下定理.

定理 4.5.3   当 n 充分大时, 基于插值节点 Ω_{2n} 或 Ω_{2n+1} 的二元多项式插值与径向基函数插值的计算复杂性之比满足

$$\frac{\text{PINUM}}{\text{RBFNUM}} \approx \frac{3}{8}.$$

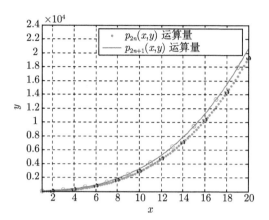

图 4.13　二元多项式 $p_{2n}(x,y)(n=1,2,\cdots,10)$ 与 $p_{2n+1}(x,y)(n=0,1,\cdots,9)$ 的
计算复杂性

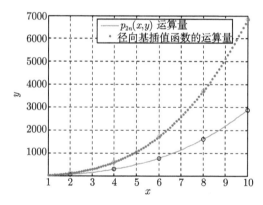

图 4.14　二元多项式 $p_{2n}(x,y)(n=1,2,3,4,5)$ 与径向基插值函数的计算复杂性

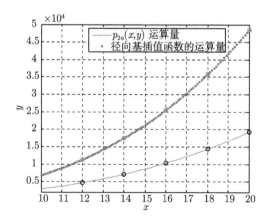

图 4.15　二元多项式 $p_{2n}(x,y)(n=6,7,8,9,10)$ 与径向基插值函数的计算复杂性

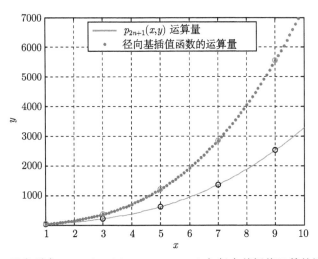

图 4.16 二元多项式 $p_{2n+1}(x,y)(n=0,1,2,3,4)$ 与径向基插值函数的计算复杂性

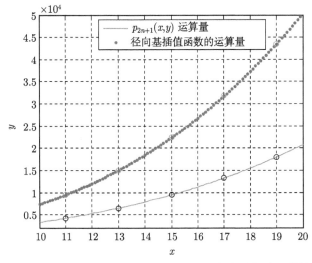

图 4.17 二元多项式 $p_{2n+1}(x,y)(n=5,6,7,8,9)$ 与径向基插值函数的计算复杂性

第5章 基于二元递推多项式的散乱数据插值

本章中, 我们交换第 4 章二元插值多项式中自变量 x, y 顺序来进一步开展研究[21]. 首先, 基于非张量积型二元差商递推算法, 分别研究奇数与偶数个插值节点上的散乱数据插值. 接着, 推导出相应的插值余项, 建立高阶二元差商与高阶偏导数之间的关系. 然后, 分析所提二元多项式插值的计算复杂性, 并与经典的径向基函数插值作比较. 最后, 给出若干数值算例, 以此说明所提二元多项式插值有效可行, 并分析插值节点顺序改变时二元插值多项式的变化.

5.1 基于递推算法的插值系数计算

本节提出新的非张量积型二元差商递推算法, 计算插值系数, 分别建立奇数与偶数个插值节点上的散乱数据插值格式.

首先, 考虑 $2n+1$ 个互异插值节点 $\Xi_{2n} = \{(x_0,y_0),(x_1,y_1),\cdots,(x_{2n},y_{2n})\}$. 本节中, 我们选择能保证计算顺利开展的插值节点, 例如当 $i \neq j$ 时, $x_i \neq x_j, y_i \neq y_j$. 考虑二元插值多项式形如

$$q_{2n}(x,y) = b_0 + b_1(y-y_0) + b_2(x-x_0)(y-y_1) + \cdots$$
$$+ b_{2n-1}(y-y_0)(x-x_1)(y-y_2)(x-x_3)\cdots(y-y_{2n-2})$$
$$+ b_{2n}(x-x_0)(y-y_1)(x-x_2)(y-y_3)\cdots(x-x_{2n-2})(y-y_{2n-1}). \quad (5.1)$$

其次, 考虑 $2n+2$ 个互异插值节点 $\Xi_{2n+1} = \{(x_0,y_0),(x_1,y_1),\cdots,(x_{2n+1}, y_{2n+1})\}$, 其中当 $i \neq j$ 时, $x_i \neq x_j, y_i \neq y_j$. 我们定义具有如下形式的二元插值多项式:

$$q_{2n+1}(x,y) = q_{2n}(x,y) + b_{2n+1}(y-y_0)(x-x_1)\cdots(y-y_{2n}), \quad (5.2)$$

其中 $q_{2n}(x,y)$ 按 (5.1) 式定义.

为了将 (5.1) 式与 (5.2) 式分别应用于插值节点组 $\Omega_{2n}, \Omega_{2n+1}$ 上的散乱数据插值, 我们建立新的非张量积型二元差商算法, 并由此计算出插值系数. 为了节省篇幅, 我们约定记号 $[x_0,\cdots,x_k;y_0,\cdots,y_k]$ 表示 $[x_0,x_1,\cdots,x_{k-1},x_k;y_0,y_0,\cdots, y_{k-1},y_k]$, 且当下标不是逐一递增时, 具体写出之. 我们记插值节点 $P_i(x_i,y_i)$ 处被插函数 $f(x,y)$ 的竖坐标为 $z_i = f(x_i,y_i) \equiv f_i, i = 0,1,\cdots,2n,2n+1$.

定义 5.1.1 设插值节点组 Ξ_{2n+1}, 其中当 $i \neq j$ 时, $x_i \neq x_j, y_i \neq y_j$, 定义非张量积型二元差商如下:

$$f_i \equiv f[x_i; y_i] = f(x_i, y_i), \quad i = 0, 1, \cdots, 2n, 2n+1. \tag{5.3}$$

$$f_{0,1} \equiv f[x_0, x_1; y_0, y_1] = \frac{f_1 - f_0}{y_1 - y_0}. \tag{5.4}$$

$$f_{0,1,2} \equiv f[x_0, x_1, x_2; y_0, y_1, y_2] = \frac{f_{0,2,x} - f_{0,1}\dfrac{y_2 - y_0}{x_2 - x_0}}{y_2 - y_1}, \tag{5.5}$$

其中 $f_{0,1}$ 按 (5.4) 定义, 且

$$f_{0,2,x} \equiv f_x[x_0, x_2; y_0, y_2] = \frac{f_2 - f_0}{x_2 - x_0}.$$

$$f_{0,\cdots,3} \equiv f[x_0, \cdots, x_3; y_0, \cdots, y_3] = \frac{f_{0,1,3,x} - f_{0,1,2}\dfrac{(x_3 - x_0)(y_3 - y_1)}{(y_3 - y_0)(x_3 - x_1)}}{y_3 - y_2}, \tag{5.6}$$

其中 $f_{0,1,2}$ 按 (5.5) 式定义, 且

$$f_{0,3} \equiv f[x_0, x_3; y_0, y_3] = \frac{f_3 - f_0}{y_3 - y_0},$$

$$f_{0,1,3,x} \equiv f_x[x_0, x_1, x_3; y_0, y_1, y_3] = \frac{f_{0,3} - f_{0,1}}{x_3 - x_1}.$$

$$f_{0,\cdots,4} \equiv f[x_0, \cdots, x_4; y_0, \cdots, y_4] \frac{f_{0,1,2,4,x} - f_{0,\cdots,3}\dfrac{(y_4 - y_0)(x_4 - x_1)(y_4 - y_2)}{(x_4 - x_0)(y_4 - y_1)(x_4 - x_2)}}{y_4 - y_3}, \tag{5.7}$$

其中 $f_{0,\cdots,3}$ 按 (5.6) 式定义, 且

$$f_{0,4,x} \equiv f_x[x_0, x_4; y_0, y_4] = \frac{f_4 - f_0}{x_4 - x_0}.$$

$$f_{0,1,4} \equiv f[x_0, x_1, x_4; y_0, y_1, y_4] = \frac{f_{0,4,x} - f_{0,1}\dfrac{y_4 - y_0}{x_4 - x_0}}{y_4 - y_1},$$

$$f_{0,1,2,4,x} \equiv f_x[x_0, x_1, x_2, x_4; y_0, y_1, y_2, y_4] = \frac{f_{0,1,4} - f_{0,1,2}}{x_4 - x_2}.$$

$$\cdots\cdots$$

$$f_{0,\cdots,2n} \equiv f[x_0, \cdots, x_{2n}; y_0, \cdots, y_{2n}]$$

$$= \frac{f_{0,\cdots,2n-2,2n,x} - f_{0,\cdots,2n-1}\dfrac{(y_{2n} - y_0)(x_{2n} - x_1)\cdots(y_{2n} - y_{2n-2})}{(x_{2n} - x_0)(y_{2n} - y_1)\cdots(x_{2n} - x_{2n-2})}}{y_{2n} - y_{2n-1}}, \tag{5.8}$$

其中

$$f_{0,2n,x} \equiv f_x[x_0, x_{2n}; y_0, y_{2n}] = \frac{f_{2n} - f_0}{x_{2n} - x_0},$$

$$f_{0,1,2n} \equiv f[x_0, x_1, x_{2n}; y_0, y_1, y_{2n}] = \frac{f_{0,2n,x} - f_{0,1}\dfrac{y_{2n} - y_0}{x_{2n} - x_0}}{y_{2n} - y_1},$$

$$f_{0,1,2,2n,x} \equiv f_x[x_0, x_1, x_2, x_{2n}; y_0, y_1, y_2, y_{2n}] = \frac{f_{0,1,2n} - f_{0,1,2}}{x_{2n} - x_2},$$

$$f_{0,\cdots,3,2n} \equiv f[x_0, \cdots, x_3, x_{2n}; y_0, \cdots, y_3, y_{2n}]$$

$$= \frac{f_{0,1,2,2n,x} - f_{0,\cdots,3}\dfrac{(y_{2n} - y_0)(x_{2n} - x_1)(y_{2n} - y_2)}{(x_{2n} - x_0)(y_{2n} - y_1)(x_{2n} - x_2)}}{y_{2n} - y_3},$$

$$f_{0,\cdots,4,2n,x} \equiv f_x[x_0, \cdots, x_4, x_{2n}; y_0, \cdots, y_4, y_{2n}] = \frac{f_{0,\cdots,3,2n} - f_{0,\cdots,4}}{x_{2n} - x_4},$$

$$f_{0,\cdots,5,2n} \equiv f[x_0, \cdots, x_5, x_{2n}; y_0, \cdots, y_5, y_{2n}]$$

$$= \frac{f_{0,\cdots,4,2n,x} - f_{0,\cdots,5}\dfrac{(y_{2n} - y_0)(x_{2n} - x_1)\cdots(y_{2n} - y_4)}{(x_{2n} - x_0)(y_{2n} - y_1)\cdots(x_{2n} - x_4)}}{y_{2n} - y_5},$$

$$\cdots\cdots$$

$$f_{0,\cdots,2n-2,2n,x} \equiv f_x[x_0, \cdots, x_{2n-2}, x_{2n}; y_0, \cdots, y_{2n-2}, y_{2n}]$$

$$= \frac{f_{0,\cdots,2n-3,2n} - f_{0,\cdots,2n-2}}{x_{2n} - x_{2n-2}}.$$

$$\cdots\cdots$$

且

$$f_{0,\cdots,2n+1} \equiv f[x_0, \cdots, x_{2n+1}; y_0, \cdots, y_{2n+1}]$$

$$= \frac{f_{0,\cdots,2n-1,2n+1,x} - f_{0,\cdots,2n}\dfrac{(x_{2n+1} - x_0)\cdots(y_{2n+1} - y_{2n-1})}{(y_{2n+1} - y_0)\cdots(x_{2n+1} - x_{2n-1})}}{y_{2n+1} - y_{2n}}, \quad (5.9)$$

其中

$$f_{0,2n+1} \equiv f[x_0, x_{2n+1}; y_0, y_{2n+1}] = \frac{f_{2n+1} - f_0}{y_{2n+1} - y_0},$$

$$f_{0,1,2n+1,x} \equiv f_x[x_0, x_1, x_{2n+1}; y_0, y_1, y_{2n+1}] = \frac{f_{0,2n+1} - f_{0,1}}{x_{2n+1} - x_1},$$

$$f_{0,1,2,2n+1} \equiv f[x_0, x_1, x_2, x_{2n+1}; y_0, y_1, y_2, y_{2n+1}]$$

$$= \frac{f_{0,1,2n+1,x} - f_{0,1,2}\dfrac{(x_{2n+1}-x_0)(y_{2n+1}-y_1)}{(y_{2n+1}-y_0)(x_{2n+1}-x_1)}}{y_{2n+1}-y_2},$$

$$f_{0,\cdots,3,2n+1,x} \equiv f_x[x_0,\cdots,x_3,x_{2n+1};y_0,\cdots,y_3,y_{2n+1}] = \frac{f_{0,1,2,2n+1}-f_{0,\cdots,3}}{x_{2n+1}-x_3},$$

$$f_{0,\cdots,4,2n+1} \equiv f[x_0,\cdots,x_4,x_{2n+1};y_0,\cdots,y_4,y_{2n+1}]$$

$$= \frac{f_{0,\cdots,3,2n+1,x} - f_{0,\cdots,4}\dfrac{(x_{2n+1}-x_0)\cdots(y_{2n+1}-y_3)}{(y_{2n+1}-y_0)\cdots(x_{2n+1}-x_3)}}{y_{2n+1}-y_4},$$

$$\cdots\cdots$$

$$f_{0,\cdots,2n-1,2n+1,x} \equiv f_x[x_0,\cdots,x_{2n-1},x_{2n+1};y_0,\cdots,y_{2n-1},y_{2n+1}]$$

$$= \frac{f_{0,\cdots,2n-2,2n+1}-f_{0,\cdots,2n-1}}{x_{2n+1}-x_{2n-1}}.$$

我们将定义 5.1.1 中的二元差商计算过程概括为插值节点数分别为奇数与偶数情形下的算法 5.1.1 与算法 5.1.2, 其递推过程如表 5.1 所示.

表 5.1　非张量积型二元差商递推计算过程

f_0	f_1	f_2	f_3	f_4	f_5	$\cdots$	f_{2n}	f_{2n+1}
	$f_{0,1}$	$f_{0,2,x}$	$f_{0,3}$	$f_{0,4,x}$	$f_{0,5}$	$\cdots$	$f_{0,2n,x}$	$f_{0,2n+1}$
		$f_{0,1,2}$	$f_{0,1,3,x}$	$f_{0,1,4}$	$f_{0,1,5,x}$	$\cdots$	$f_{0,1,2n}$	$f_{0,1,2n+1,x}$
			$f_{0,\cdots,3}$	$f_{0,1,2,4,x}$	$f_{0,1,2,5}$	$\cdots$	$f_{0,1,2,2n,x}$	$f_{0,1,2,2n+1}$
				$f_{0,\cdots,4}$	$f_{0,\cdots,3,5,x}$	$\cdots$	$f_{0,\cdots,3,2n}$	$f_{0,\cdots,3,2n+1,x}$
					$f_{0,\cdots,5}$	$\cdots$	$f_{0,\cdots,4,2n,x}$	$f_{0,\cdots,4,2n+1}$
						$\ddots$	$\vdots$	$\vdots$
							$f_{0,\cdots,2n}$	$f_{0,\cdots,2n-1,2n+1,x}$
								$f_{0,\cdots,2n+1}$

注 5.1.1　为了保证算法 5.1.1 与算法 5.1.2 中二元差商计算过程能顺利开展, 我们可以选择插值节点位于矩形网格对角线上.

算法 5.1.1

1. 初始化: $f_i = f(x_i, y_i), i = 0, 1, \cdots, 2n$.

2. 递推过程: 利用定义 5.1.1, 计算

$$f_{0,i}(i=1,3,\cdots,2n-1), \quad f_{0,j,x}(j=2,4,\cdots,2n)$$
$$\to f_{0,1,j}(j=2,4,\cdots,2n), \quad f_{0,1,i,x}(i=3,5,\cdots,2n-1)$$

$$\to f_{0,1,2,i}(i=3,5,\cdots,2n-1),\quad f_{0,1,2,j,x}(j=4,6,\cdots,2n)$$
$$\to f_{0,\cdots,3,j}(j=4,6,\cdots,2n),\quad f_{0,\cdots,3,i,x}(i=5,7,\cdots,2n-1)$$
$$\to \cdots$$
$$\to f_{0,\cdots,2n-1},f_{0,\cdots,2n-2,2n,x}.$$

3. 结果：$f_{0,\cdots,2n}$.

算法 5.1.2

1. 初始化：$f_i=f(x_i,y_i),i=0,1,\cdots,2n+1$.

2. 递推过程：利用定义 5.1.1, 计算

$$f_{0,i}(i=1,3,\cdots,2n+1),\quad f_{0,j,x}(j=2,4,\cdots,2n)$$
$$\to f_{0,1,j}(j=2,4,\cdots,2n),\quad f_{0,1,i,x}(i=3,5,\cdots,2n+1)$$
$$\to f_{0,1,2,i}(i=3,5,\cdots,2n+1),\quad f_{0,1,2,j,x}(j=4,6,\cdots,2n)$$
$$\to f_{0,\cdots,3,j}(j=4,6,\cdots,2n),\quad f_{0,\cdots,3,i,x}(i=5,7,\cdots,2n+1)$$
$$\to \cdots$$
$$\to f_{0,\cdots,2n},f_{0,\cdots,2n-1,2n+1,x}.$$

3. 结果：$f_{0,\cdots,2n+1}$.

注 5.1.2　为保证算法 5.1.1 与算法 5.1.2 的计算过程顺利进行, 可以选择位于矩形网格对角线上的插值节点组.

利用算法 5.1.1 与算法 5.1.2, 我们可以得到被插函数与插值函数之间的恒等式, 其中诸插值系数按非张量积型二元差商定义, 且最后一项插值系数为关于自变量 x,y 的二元函数.

定理 5.1.1　对插值节点组 Ξ_{2n}, 成立

$$f(x,y)\equiv q_{2n}(x,y)+b_{2n+1}(x,y)(y-y_0)(x-x_1)(y-y_2)\cdots(x-x_{2n-1})(y-y_{2n}),\ (5.10)$$

其中多项式 $q_{2n}(x,y)$ 按 (5.1) 式定义, 且插值系数可按算法 5.1.1 与算法 5.1.2 确定

$$\begin{cases} b_{2i}=f[x_0,\cdots,x_{2i};y_0,\cdots,y_{2i}], & i=0,1,\cdots,n,\\ b_{2i-1}=f[x_0,\cdots,x_{2i-1};y_0,\cdots,y_{2i-1}], & i=1,2,\cdots,n, \end{cases}\quad(5.11)$$

以及最后一项插值系数为

$$b_{2n+1}(x,y)\equiv f[x_0,\cdots,x_{2n},x;y_0,\cdots,y_{2n},y]$$
$$=\left\{ f_x[x_0,\cdots,x_{2n-1},x;y_0,\cdots,y_{2n-1},y] \right.$$

$$-f_{0,\cdots,2n} \cdot \frac{(x-x_0)(y-y_1)\cdots(x-x_{2n-2})(y-y_{2n-1})}{(y-y_0)(x-x_1)\cdots(y-y_{2n-2})(x-x_{2n-1})}\Bigg\} \Big/ (y-y_{2n}),$$

$$(5.12)$$

其中

$$f[x_0,x;y_0,y] = \frac{f[x;y]-f_0}{y-y_0}, \quad f[x;y]=f(x,y),$$

$$f_x[x_0,x_1,x;y_0,y_1,y] = \frac{f[x_0,x;y_0,y]-f_{0,1}}{x-x_1},$$

$$f[x_0,x_1,x_2,x;y_0,y_1,y_2,y] = \frac{f_x[x_0,x_1,x;y_0,y_1,y] - f_{0,1,2}\dfrac{(x-x_0)(y-y_1)}{(y-y_0)(x-x_1)}}{y-y_2},$$

$$f_x[x_0,\cdots,x_3,x;y_0,\cdots,y_3,y] = \frac{f[x_0,x_1,x_2,x;y_0,y_1,y_2,y]-f_{0,\cdots,3}}{x-x_3},$$

$$f[x_0,\cdots,x_4,x;y_0,\cdots,y_4,y]$$

$$=\frac{f_x[x_0,\cdots,x_3,x;y_0,\cdots,y_3,y] - f_{0,\cdots,4}\dfrac{(x-x_0)\cdots(y-y_3)}{(y-y_0)\cdots(x-x_3)}}{y-y_4},$$

$$\cdots\cdots$$

$$f_x[x_0,\cdots,x_{2n-1},x;y_0,\cdots,y_{2n-1},y]$$

$$=\frac{f[x_0,\cdots,x_{2n-2},x;y_0,\cdots,y_{2n-2},y]-f_{0,\cdots,2n-1}}{x-x_{2n-1}}.$$

定理 5.1.2 基于插值节点组 Ξ_{2n+1}, 有

$$f(x,y) \equiv q_{2n+1}(x,y) + b_{2n+2}(x,y)(x-x_0)(y-y_1)\cdots(x-x_{2n})(y-y_{2n+1}), \quad (5.13)$$

其中二元多项式 $q_{2n+1}(x,y)$ 按 (5.2) 式定义, 且插值系数与最后一项系数可按算法 5.1.1 与算法 5.1.2 递推得到, 即

$$\begin{cases} b_{2i} = f[x_0,\cdots,x_{2i};y_0,\cdots,y_{2i}], \\ b_{2i+1} = [x_0,\cdots,x_{2i+1};y_0,\cdots,y_{2i+1}], \end{cases} \quad i=1,\cdots,n, \quad (5.14)$$

$$b_{2n+2}(x,y) \equiv f[x_0,\cdots,x_{2n+1},x;y_0,\cdots,y_{2n+1},y]$$

$$= \Bigg\{ f_x[x_0,\cdots,x_{2n},x;y_0,\cdots,y_{2n},y]$$

$$-f_{0,\cdots,2n+1}\cdot\frac{(y-y_0)(x-x_1)\cdots(y-y_{2n})}{(x-x_0)(y-y_1)\cdots(x-x_{2n})}\Bigg\}\Big/(y-y_{2n+1}), \quad (5.15)$$

其中

$$f_x[x_0, x, x; y_0, y] = \frac{f[x; y] - f_0}{x - x_0}, \quad f[x; y] = f(x, y).$$

$$f[x_0, x_1, x; y_0, y_1, y] = \frac{f_x[x_0, x; y_0, y] - f_{0,1}\dfrac{(y - y_0)}{(x - x_0)}}{y - y_1},$$

$$f_x[x_0, x_1, x_2, x; y_0, y_1, y_2, y] = \frac{f[x_0, x_1, x; y_0, y_1, y] - f_{0,1,2}}{x - x_2},$$

$$f[x_0, \cdots, x_3, x; y_0, \cdots, y_3, y]$$
$$= \frac{f_x[x_0, x_1, x_2, x; y_0, y_1, y_2, y] - f_{0,\cdots,3}\dfrac{(y - y_0)(x - x_1)(y - y_2)}{(x - x_0)(y - y_1)(x - x_2)}}{y - y_3},$$

$$f_x[x_0, \cdots, x_4, x; y_0, \cdots, y_4, y] = \frac{f[x_0, \cdots, x_3, x; y_0, \cdots, y_3, y] - f_{0,\cdots,4}}{x - x_4},$$

$$f[x_0, \cdots, x_5, x; y_0, \cdots, y_5, y]$$
$$= \frac{f_x[x_0, \cdots, x_4, x; y_0, \cdots, y_4, y] - f_{0,\cdots,5}\dfrac{(y - y_0)(x - x_1) \cdots (y - y_4)}{(x - x_0)(y - y_1) \cdots (x - x_4)}}{y - y_5},$$
$$\cdots \cdots$$
$$f_x[x_0, \cdots, x_{2n}, x; y_0, \cdots, y_{2n}, y] = \frac{f[x_0, \cdots, x_{2n-1}, x; y_0, \cdots, y_{2n-1}, y] - f_{0,\cdots,2n}}{x - x_{2n}}.$$

定理 5.1.1 与定理 5.1.2 的证明　关于 n 同时由数学归纳法证明定理 5.1.1 与定理 5.1.2.

对 $n = 0, \Xi_0 = \{(x_0, y_0)\}$, 有

$$f(x, y) = q_0(x, y) + b_1(x, y)(y - y_0) = b_0 + b_1(x, y)(y - y_0).$$

由 Ξ_0 上插值性, 得到

$$b_0 = f(x_0, y_0) = f_0,$$
$$b_1(x, y) = \frac{f(x, y) - f_0}{y - y_0} = f[x_0, x; y_0; y].$$

对 $n = 1, \Xi_1 = \{(x_0, y_0), (x_1, y_1)\}$, 考虑

$$f(x, y) \equiv q_1(x, y) + b_2(x, y)(x - x_0)(y - y_1)$$
$$= b_0 + b_1(y - y_0) + b_2(x, y)(x - x_0)(y - y_1).$$

于是利用 Ω_1 上的插值性, 不难证明

$$b_1 = \frac{f_1 - f_0}{y_1 - y_0} = f[x_0, x_1; y_0, y_1],$$

$$a_2(x,y) = \frac{f(x,y) - a_0 - a_1(y-y_0)}{(x-x_0)(y-y_1)} = \frac{\dfrac{f(x,y)-f_0}{x-x_0} - f[x_0,x_1;y_0,y_1]\dfrac{y-y_0}{x-x_0}}{y-y_1}$$

$$= \frac{f_x[x_0,x;y_0,y] - f[x_0,x_1;y_0,y_1]\dfrac{y-y_0}{x-x_0}}{y-y_1} = f[x_0,x_1,x;y_0,y_1,y].$$

对 $n=2, \Xi_2 = \{(x_i,y_i), i=0,1,2\}$, 有

$$f(x,y) \equiv q_2(x,y) + b_3(x,y)(y-y_0)(x-x_1)(y-y_2)$$
$$= b_0 + b_1(y-y_0) + b_2(x-x_0)(y-y_1) + b_3(x,y)(y-y_0)(x-x_1)(y-y_2).$$

故由 Ξ_2 上的插值性, 推得

$$b_2 = \frac{f(x_2,y_2) - b_0 - b_1(y-y_0)}{(x-x_0)(y-y_1)} = \frac{\dfrac{f_2-f_0}{x_2-x_0} - f[x_0,x_1;y_0,y_1]\dfrac{y_2-y_0}{x_2-x_0}}{y_2-y_1}$$

$$= \frac{f_x[x_0,x_2;y_0,y_2] - f[x_0,x_1;y_0,y_1]\dfrac{y_2-y_0}{x_2-x_0}}{y_2-y_1} = f[x_0,x_1,x_2;y_0,y_1,y_2].$$

$$b_3(x,y) = \frac{f(x,y) - b_0 - b_1(y-y_0) - b_2(x-x_0)(y-y_1)}{(y-y_0)(x-x_1)(y-y_2)}$$

$$= \frac{\dfrac{\dfrac{f(x,y)-f_0}{y-y_0} - f_{0,1}}{x-x_1} - f_{0,1,2}\dfrac{(x-x_0)(y-y_1)}{(y-y_0)(x-x_1)}}{y-y_2}$$

$$= \frac{f_x[x_0,x_1,x;y_0,y_1,y] - f_{0,1,2}\dfrac{(x-x_0)(y-y_1)}{(y-y_0)(x-x_1)}}{y-y_2}$$

$$= f[x_0,x_1,x_2,x;y_0,y_1,y_2,y].$$

对 $n=3, \Xi_3 = \{(x_i,y_i), i=0,\cdots,3\}$, 考虑

$$f(x,y) \equiv q_3(x,y) + b_4(x,y)(x-x_0)(y-y_1)(x-x_2)(y-y_3)$$
$$= b_0 + b_1(y-y_0) + b_2(x-x_0)(y-y_1) + b_3(y-y_0)(x-x_1)(y-y_2)$$
$$+ b_4(x,y)(x-x_0)(y-y_1)(x-x_2)(y-y_3).$$

因此根据 Ξ_3 上的插值性, 得到

$$b_3 = \frac{f(x_3,y_3) - b_0 - b_1(y_3-y_0) - b_2(x_3-x_0)(y_3-y_1)}{(y_3-y_0)(x_3-x_1)(y_3-y_2)}$$

$$=\cfrac{\cfrac{\frac{f_3-f_0}{y_3-y_0}-f_{0,1}}{x_3-x_1}-f_{0,1,2}\frac{(x_3-x_0)(y_3-y_1)}{(y_3-y_0)(x_3-x_1)}}{y_3-y_2}$$

$$=\cfrac{f_x[x_0,x_1,x_3;y_0,y_1,y_3]-f_{0,1,2}\frac{(x_3-x_0)(y_3-y_1)}{(y_3-y_0)(x_3-x_1)}}{y_3-y_2}$$

$$=f[x_0,x_1,x_2,x_3;y_0,y_1,y_2,y_3],$$

$$b_4(x,y)=\frac{f(x,y)-b_0-b_1(y-y_0)-b_2(x-x_0)(y-y_1)-b_3(y-y_0)(x-x_1)(y-y_2)}{(x-x_0)(y-y_1)(x-x_2)(y-y_3)}$$

$$=\cfrac{\cfrac{f[x_0,x_1,x;y_0,y_1,y]-f_{0,1,2}}{x-x_2}-f_{0,\cdots,3}\frac{(y-y_0)(x-x_1)(y-y_2)}{(x-x_0)(y-y_1)(x-x_2)}}{y-y_3}$$

$$=\cfrac{f_x[x_0,x_1,x_2,x;y_0,y_1,y_2,y]-f_{0,\cdots,3}\frac{(y-y_0)(x-x_1)(y-y_2)}{(x-x_0)(y-y_1)(x-x_2)}}{y-y_3}$$

$$=f[x_0,\cdots,x_3,x;y_0,\cdots,y_3,y].$$

因此, 当 $n=0,1,2,3$ 时, 定理 5.1.1 与定理 5.1.2 成立.

假设结论对 $\Xi_i, i=0,1,\cdots,2n-1$ 成立, 即相应的诸插值系数 b_i 可以由算法 5.1.1 与算法 5.1.2 递推算出, 另外, 最后一项系数 $b_i(x,y)$ 当 i 为奇数时按定理 5.1.1 给出, 当 i 为偶数时按定理 5.1.2 给出. 于是, 一方面, 对 $i=2n$, 有

$$b_{2n}(x,y)$$
$$=\frac{f(x,y)-b_0-b_1(y-y_0)-b_2(x-x_0)(y-y_1)-\cdots-b_{2n-1}(y-y_0)(x-x_1)\cdots(y-y_{2n-2})}{(x-x_0)\cdots(y-y_{2n-1})}$$

$$=\cfrac{\cfrac{f[x_0,\cdots,x_{2n-3},x;y_0,\cdots,y_{2n-3},y]-f_{0,\cdots,2n-2}}{x-x_{2n-2}}-f_{0,\cdots,2n-1}\frac{(y-y_0)(x-x_1)\cdots(y-y_{2n-2})}{(x-x_0)(y-y_1)\cdots(x-x_{2n-2})}}{y-y_{2n-1}}$$

$$=\cfrac{f_x[x_0,\cdots,x_{2n-2},x;y_0,\cdots,y_{2n-2},y]-f_{0,\cdots,2n-1}\frac{(y-y_0)(x-x_1)\cdots(y-y_{2n-2})}{(x-x_0)(y-y_1)\cdots(x-x_{2n-2})}}{y-y_{2n-1}}$$

$$=f[x_0,\cdots,x_{2n-1},x;y_0,\cdots,y_{2n-1},y].$$

另一方面, 当 $i=2n+1$ 时, 推得

$$b_{2n+1}(x,y)$$

$$= \frac{f(x,y) - b_0 - b_1(y-y_0) - b_2(x-x_0)(y-y_1) - \cdots - b_{2n}(x-x_0)\cdots(y-y_{2n-1})}{(y-y_0)(x-x_1)\cdots(y-y_{2n})}$$

$$= \frac{\dfrac{f[x_0,\cdots,x_{2n-2},x;y_0,\cdots,y_{2n-2},y] - f_{0,\cdots,2n-1}}{x - x_{2n-1}} - f_{0,\cdots,2n}\dfrac{(x-x_0)(y-y_1)\cdots(x-x_{2n-1})}{(y-y_0)(x-x_1)\cdots(y-y_{2n-1})}}{y - y_{2n}}$$

$$= \frac{f_x[x_0,\cdots,x_{2n-1},x;y_0,\cdots,y_{2n-1},y] - f_{0,\cdots,2n}\dfrac{(x-x_0)(y-y_1)\cdots(x-x_{2n-1})}{(y-y_0)(x-x_1)\cdots(y-y_{2n-1})}}{y - y_{2n}}$$

$$= f[x_0,\cdots,x_{2n},x;y_0,\cdots,y_{2n},y].$$

综上所述, 利用数学归纳法证得 (5.10)—(5.15) 式. □

由定理 5.1.1 与定理 5.1.2 中的恒等式, 分别按 (5.1) 式与 (5.2) 式定义的二元多项式 $q_{2n}(x,y)$ 与 $q_{2n+1}(x,y)$ 插值问题便可迎刃而解, 故而我们得到如下结论.

定理 5.1.3 对 $i = 0, 1, \cdots, 2n$, 按 (5.1) 式定义的二元插值多项式 $q_{2n}(x,y)$ 满足插值条件

$$q_{2n}(x_i, y_i) = f(x_i, y_i) = f_i, \tag{5.16}$$

其中诸插值系数按算法 5.1.1 与算法 5.1.2 确定, 即

$$b_i = f[x_0, \cdots, x_i; y_0, \cdots, y_i], \qquad i = 0, 1, \cdots, 2n. \tag{5.17}$$

定理 5.1.4 形如 (5.2) 式的二元多项式 $q_{2n+1}(x,y)$ 在插值节点组 Ξ_{2n+1} 上满足插值条件

$$p_{2n+1}(x_i, y_i) = f(x_i, y_i) = f_{i,i}, \quad i = 0, 1, \cdots, 2n + 1, \tag{5.18}$$

其中相应的插值系数为

$$b_i = f[x_0, \cdots, x_i; y_0, \cdots, y_i], \qquad i = 0, 1, \cdots, 2n + 1. \tag{5.19}$$

因此, 利用算法 5.1.1 与算法 5.1.2 递推地计算出插值系数, 并由此建立基于散乱数据的二元多项式插值方法. 为便于说明, 我们提前给出若干具体插值系数计算公式, 如 (5.3)—(5.7) 式.

现在分析插值多项式空间的维数与基函数. 我们用 $\mathbf{P}_{n,n}$ 与 $\mathbf{P}_{n+1,n}$ 分别表示张量积型二元多项式空间

$$\mathbf{P}_{n,n} = \mathrm{span}\{1, x, \cdots, x^n\} \otimes \{1, y, \cdots, y^n\},$$
$$\mathbf{P}_{n,n+1} = \mathrm{span}\{1, x, \cdots, x^n\} \otimes \{1, y, \cdots, y^{n+1}\}.$$

不难发现, 按 (5.1) 式与 (5.2) 式定义的二元多项式项数分别等于插值节点组 Ξ_{2n} 与 Ξ_{2n+1} 上的插值条件数目, 且插值条件相互独立. 另外, 所提二元插值多项式的各项线性无关. 故而基于插值节点组分别按 (5.1) 式与 (5.2) 式定义的二元插值多项式唯一存在.

定理 5.1.5　基于散乱数据 Ξ_{2n} 按 (5.1) 式定义的二元插值多项式 $q_{2n}(x,y)$ 唯一存在, 且插值多项式空间维数为 $2n+1$, 即

$$q_{2n}(x,y) \in \text{span}\,\{1, y-y_0, (x-x_0)(y-y_1), (y-y_0)(x-x_1)(y-y_2), \cdots,$$
$$(x-x_0)(y-y_1)\cdots(x-x_{2n-2})(y-y_{2n-1})\} \subset \mathbf{P}_{n,n}. \qquad (5.20)$$

定理 5.1.6　散乱数据 Ξ_{2n+1} 上按 (5.2) 式定义的二元插值多项式 $q_{2n+1}(x,y)$ 唯一存在, 即插值系数可由算法 5.1.1 与算法 5.1.2 唯一确定, 且插值多项式空间维数为 $2n+2$, 即

$$q_{2n+1}(x,y) \in \text{span}\,\{1, y-y_0, (x-x_0)(y-y_1), (y-y_0)(x-x_1)(y-y_2), \cdots,$$
$$(x-x_0)(y-y_1)\cdots(x-x_{2n-2})(y-y_{2n-1}),$$
$$(y-y_0)(x-x_1)\cdots(y-y_{2n}) \subset \mathbf{P}_{n,n+1}.$$
$$(5.21)$$

注 5.1.3　散乱数据 Ξ_{2n} 上的二元插值多项式空间维数为 $2n+1$, 而散乱数据 $\{(x_i,y_i)\}_{i,j=0}^{2n}$ 上的张量积型 Lagrange 插值多项式空间维数为 $(2n+1)^2$. 同理, 散乱数据 Ξ_{2n+1} 上的二元插值多项式空间维数为 $2n+2$, 而散乱数据 $\{(x_i,y_i)\}_{i,j=0}^{2n+1}$ 上的张量积型 Lagrange 插值多项式空间维数为 $(2n+2)^2$.

5.2　二元多项式插值的误差估计

本节利用定理 5.1.1 与定理 5.1.2, 进一步研究散乱数据 Ω_{2n} 与 Ω_{2n+1} 上二元多项式插值余项, 同时建立高阶偏导数与非张量积型二元差商之间的关系式.

设存在一一映射, 使得

$$u \leftrightarrow (x(u), y(u)), u \in [\alpha, \beta], \quad u_i \leftrightarrow (x(u_i), y(u_i)) \equiv (x_i, y_i), \quad i = 0, 1, \cdots, 2n.$$

定理 5.2.1　设函数 $f(x,y)$ 在区域 $D \supset \Xi_{2n}$ 上 $2n+1$ 阶连续可导, 且 $x(u), y(u)$ 均 $2n+1$ 阶连续可导, 则对 $\forall (x,y) \in C : x = x(u), y = y(u), \Xi_{2n} \subset C \subset D$, 存在参数 $\tau \in I(u, u_0, u_1, \cdots, u_{2n})$, 使得

$$E[f] = f(x,y) - q_{2n}(x,y) = k(x,y) \prod_{i=1}^{n}(x-x_{2i-1}) \prod_{j=0}^{n}(y-y_{2j}), \qquad (5.22)$$

其中 $I(u, u_0, u_1, \cdots, u_{2n})$ 表示包含的最小开区间, 且

$$k(x, y) = \left.\frac{\dfrac{\mathrm{d}^{2n+1}}{\mathrm{d}t^{2n+1}}(f - q_{2n})(x(t), y(t))}{\dfrac{\mathrm{d}^{2n+1}}{\mathrm{d}t^{2n+1}}\left(\displaystyle\prod_{i=1}^{n}(x(t) - x_{2i-1})\prod_{j=0}^{n}(y(t) - y_{2j})\right)}\right|_{t=\tau}. \tag{5.23}$$

证明 由定理 5.1.1 易知

$$k(x, y) = f[x_0, \cdots, x_{2n}, x; y_0, \cdots, y_{2n}, y].$$

为了计算出上式中二元差商 $k(x, y)$, 构造辅助函数

$$\Psi(t) = (f - q_{2n})\left((x(t), y(t)) - k(x, y)\prod_{i=1}^{n}(x(t) - x_{2i-1})\prod_{j=0}^{n}(y(t) - y_{2j})\right). \tag{5.24}$$

不难验证, 函数 $\Psi(t)$ 具有 $2n + 2$ 个零点 $t = u, u_i(i = 0, 1, \cdots, 2n)$, 于是利用 Rolle 定理, 得到

$$\Psi^{(2n+1)}(\tau) = 0, \qquad \tau \in I(u, u_0, u_1, \cdots, u_{2n}),$$

即

$$\left.\begin{aligned}&\frac{\mathrm{d}^{2n+1}}{\mathrm{d}t^{2n+1}}(f - q_{2n})(x(t), y(t))\\&\quad - k(x, y)\frac{\mathrm{d}^{2n+1}}{\mathrm{d}t^{2n+1}}\left(\prod_{i=1}^{n}(x(t) - x_{2i-1})\prod_{j=0}^{n}(y(t) - y_{2j})\right)\end{aligned}\right|_{t=\tau} = 0$$

$$\Rightarrow k(x, y) = \left.\frac{\dfrac{\mathrm{d}^{2n+1}}{\mathrm{d}t^{2n+1}}(f - q_{2n})(x(t), y(t))}{\dfrac{\mathrm{d}^{2n+1}}{\mathrm{d}t^{2n+1}}\left(\displaystyle\prod_{i=1}^{n}(x(t) - x_{2i-1})\prod_{j=0}^{n}(y(t) - y_{2j})\right)}\right|_{t=\tau}.$$

因此, 由 Ξ_{2n} 上二元插值多项式, 对 $\forall (x, y) \in C : x = x(t), y = y(t), \Omega_{2n} \subset C \subset D$, 得到插值余项

$$E[f] = f(x, y) - q_{2n}(x, y) = k(x, y)\prod_{i=1}^{n}(x - x_{2i-1})\prod_{j=0}^{n}(y - y_{2j}),$$

其中 $k(x, y)$ 按 (5.23) 式定义. 定理得证. □

类似于定理 5.2.1, 设存在一一映射, 使得

$$u \leftrightarrow (x(u), y(u)), u \in [\alpha, \beta], \quad u_i \leftrightarrow (x(u_i), y(u_i)) \equiv (x_i, y_i), i = 0, 1, \cdots, 2n+1,$$

则有以下定理.

定理 5.2.2   设二元函数 $f(x, y)$ 在区域 $D \supset \Xi_{2n+1}$ 上 $2n+2$ 阶连续可导, 且函数 $x(u), y(u)$ 均 $2n+2$ 阶连续可导, 则对 $\forall (x, y) \in C : x = x(u), y = y(u), \Xi_{2n+1} \subset C \subset D$, 存在参数 $\theta \in I(u, u_0, u_1, \cdots, u_{2n+1})$, 使得

$$E[f] = f(x, y) - q_{2n+1}(x, y) = m(x, y) \prod_{i=0}^{n} (x - x_{2i})(y - y_{2i+1}), \tag{5.25}$$

其中 $I(u, u_0, u_1, \cdots, u_{2n+1})$ 表示包含 $u, u_0, u_1, \cdots, u_{2n+1}$ 的最小开区间, 且

$$m(x, y) = \frac{\dfrac{\mathrm{d}^{2n+2}}{\mathrm{d}t^{2n+2}}(f - q_{2n+1})(x(t), y(t))}{\dfrac{\mathrm{d}^{2n+2}}{\mathrm{d}t^{2n+2}}\left(\prod_{i=0}^{n}(x(t) - x_{2i})(y(t) - y_{2i+1})\right)}\Bigg|_{t=\theta}. \tag{5.26}$$

证明   为方便起见, 记

$$m(x, y) = f[x_0, \cdots, x_{2n+1}, x; y_0, \cdots, y_{2n+1}, y].$$

为了计算非张量积型二元差商 $m(x, y)$, 构造辅助函数

$$\Psi(t) = (f - q_{2n+1})(x(t), y(t)) - m(x, y) \prod_{i=0}^{n}(x(t) - x_{2i})(y(t) - y_{2i+1}). \tag{5.27}$$

易知函数 $\Psi(s)$ 具有 $2n+3$ 个零点 $t = u, u_i (i = 0, 1, \cdots, 2n+1)$, 于是利用 Rolle 定理, 得到

$$\Psi^{(2n+2)}(\theta) = 0, \quad \theta \in I(u, u_0, u_1, \cdots, u_{2n+1}),$$

即

$$\frac{\mathrm{d}^{2n+2}}{\mathrm{d}t^{2n+2}}(f - q_{2n+1})(x(t), y(t))$$
$$-m(x, y)\frac{\mathrm{d}^{2n+2}}{\mathrm{d}t^{2n+2}}\left(\prod_{i=0}^{n}(x(t) - x_{2i})(y(t) - y_{2i+1})\right)\Bigg|_{t=\theta} = 0$$

$$\Rightarrow m(x, y) = \frac{\dfrac{\mathrm{d}^{2n+2}}{\mathrm{d}t^{2n+2}}(f - q_{2n+1})(x(t), y(t))}{\dfrac{\mathrm{d}^{2n+2}}{\mathrm{d}t^{2n+2}}\left(\prod_{i=0}^{n}(x(t) - x_{2i})(y(t) - y_{2i+1})\right)}\Bigg|_{t=\theta}.$$

因此, 由二元插值多项式 (5.2), 对 $\forall (x,y) \in C : x = x(t), y = y(t), \Omega_{2n+1} \subset C \subset D$, 推导出 Ξ_{2n+1} 上二元多项式插值余项

$$E[f] = f(x,y) - q_{2n+1}(x,y) = m(x,y)\prod_{i=0}^{n}(x - x_{2i})(y - y_{2i+1}),$$

其中 $m(x,y)$ 按 (5.26) 式定义. 定理得证. □

为了给出按 (5.23) 式定义的二元差商 $k(x,y)$ 的具体表达式, 我们考虑位于直线上的插值节点组, 即 $\Xi_{2n} \subset C : x(u) = \lambda t + a_0, y(t) = \mu u + a_1, \lambda\mu \neq 0$, 推出插值余项.

定理 5.2.3 设函数 $f(x,y)$ 在区域 $D \supset \Xi_{2n}$ 上 $2n+1$ 阶连续可导, 则对 $\forall (x,y) \in C : x(u) = \lambda u + a_0, y(u) = \mu u + a_1, \lambda\mu \neq 0$, 且 $\Omega_{2n} \subset C$, 存在参数 $\tau \in I(u, u_0, u_1, \cdots, u_{2n})$, 使得

$$\begin{aligned}
E[f] &= f(x,y) - q_{2n}(x,y) \\
&= \frac{\left(\lambda\dfrac{\partial}{\partial x} + \mu\dfrac{\partial}{\partial y}\right)^{2n+1} f(\xi,\eta)}{(2n+1)!\lambda^n\mu^{n+1}} \prod_{i=1}^{n}(x - x_{2i-1})\prod_{j=0}^{n}(y - y_{2j}),
\end{aligned} \tag{5.28}$$

其中 $\xi = x(\tau), \eta = y(\tau), (\xi,\eta) \in C \subset D$.

证明 证明过程类似于定理 5.2.1 的证明. 首先, 直接计算表明二元插值多项式具有形式

$$q_{2n}(x(t), y(t)) = b_{2n} \cdot (\lambda^n t^n + \cdots)(\mu^n t^n + \cdots) + 次数 < 2n的多项式,$$

这意味着

$$\frac{\mathrm{d}^{2n+1}}{\mathrm{d}t^{2n+1}} q_{2n}(x(t), y(t)) = 0. \tag{5.29}$$

于是得到

$$\frac{\mathrm{d}^{2n+1}}{\mathrm{d}t^{2n+1}}\left(\prod_{i=1}^{n}(\lambda t + a_0 - x_{2i-1})\prod_{j=0}^{n}(\mu t + a_1 - y_{2j})\right) = (2n+1)!\lambda^n\mu^{n+1}. \tag{5.30}$$

其次, 可以归纳证明得到

$$\frac{\mathrm{d}^{2n+1}}{\mathrm{d}t^{2n+1}}f(\lambda t + a_0, \mu t + a_1) = \left(\lambda\frac{\partial}{\partial x} + \mu\frac{\partial}{\partial y}\right)^{2n+1} f(x,y), \tag{5.31}$$

故而利用定理 5.2.1, (5.29)—(5.31) 式, 有

$$k(x,y) = \frac{\left(\lambda\dfrac{\partial}{\partial x} + \mu\dfrac{\partial}{\partial y}\right)^{2n+1} f(\xi,\eta)}{(2n+1)!\lambda^n\mu^{n+1}}, \tag{5.32}$$

其中 $\xi = x(\tau), \eta = y(\tau), (\xi, \eta) \in C \subset D$. 定理得证.　　　　　　　　□

特别地, 我们有以下推论.

推论 5.2.1　设二元函数 $f(x, y)$ 在区域 $D \supset \Xi_{2n}$ 上 $2n+1$ 阶连续可导, 则对 $\forall (x, y) \in C : x(t) = t, y(t) = at + b, a \neq 0$, 且 $\Xi_{2n} \subset C$, 存在参数 $\tau \in I(t, t_0, t_1, \cdots, t_{2n})$, 使得

$$E[f] = f(x, y) - q_{2n}(x, y)$$

$$= \frac{\left(\frac{\partial}{\partial x} + a\frac{\partial}{\partial y}\right)^{2n+1} f(\xi, \eta)}{(2n+1)! a^n} \prod_{i=1}^{n}(x - x_{2i-1}) \prod_{j=0}^{n}(y - y_{2j}), \quad (5.33)$$

其中 $\xi = x(\tau), \eta = y(\tau), (\xi, \eta) \in C \subset D$.

类似于插值节点 Ξ_{2n} 上的二元多项式插值余项, 我们考虑位于直线上的插值节点 Ξ_{2n+1} 的情形.

定理 5.2.4　设函数 $f(x, y)$ 在区域 $D \supset \Xi_{2n+1}$ 上 $2n+2$ 阶连续可导, 则对 $\forall (x, y) \in C : x(t) = t, y(t) = \mu t + b, \mu \neq 0$, 且 $\Xi_{2n+1} \subset C$, 存在 $\tau \in I(u, u_0, u_1, \cdots, u_{2n+1})$, 使得

$$E[f] = f(x, y) - q_{2n+1}(x, y)$$

$$= \frac{\left(\frac{\partial}{\partial x} + \mu\frac{\partial}{\partial y}\right)^{2n+2} f(\xi, \eta)}{(2n+2)! \mu^{n+1}} \prod_{i=0}^{n}(x - x_{2i})(y - y_{2i+1}), \quad (5.34)$$

其中 $\xi = x(\tau), \eta = y(\tau), (\xi, \eta) \in C \subset D$.

证明　证明过程类似于定理 5.2.2 的证明. 首先, 直接计算得到二元插值多项式具有如下形式:

$$q_{2n+1}(x(t), y(t)) = a_{2n} \cdot (t^n + \cdots)(\mu^{n+1} t^{n+1} + \cdots) + 次数 < 2n+1 的多项式,$$

这意味着

$$\frac{\mathrm{d}^{2n+2}}{\mathrm{d}t^{2n+2}} q_{2n+1}(x(t), y(t)) = 0. \quad (5.35)$$

类似地, 有

$$\frac{\mathrm{d}^{2n+2}}{\mathrm{d}t^{2n+2}} \left(\prod_{i=0}^{n}(t - x_{2i})(\mu t + b - y_{2i+1}) \right) = (2n+2)! \mu^{n+1}. \quad (5.36)$$

其次, 可以归纳证得

$$\frac{\mathrm{d}^{2n+2}}{\mathrm{d}t^{2n+2}} f(t, \mu t + b) = \left(\frac{\partial}{\partial x} + \mu \frac{\partial}{\partial y} \right)^{2n+2} f(x, y), \tag{5.37}$$

故而利用定理 5.2.2, (5.2.5)—(5.2.6) 式, 推得

$$m(x, y) = \frac{\left(\dfrac{\partial}{\partial x} + \mu \dfrac{\partial}{\partial y} \right)^{2n+2} f(\xi, \eta)}{(2n+2)! \mu^{n+1}}, \tag{5.38}$$

其中 $\xi = x(\tau), \eta = y(\tau), (\xi, \eta) \in C \subset D$. 定理得证.   □

类似于定理 5.2.4 的证明过程, 我们得到如下推论.

推论 5.2.2 设函数 $f(x, y)$ 在区域 $D \supset \Xi_{2n+2}$ 上 $2n + 2$ 阶连续可导, 则对 $\forall (x, y) \in C : x(u) = \lambda u + a_0, y(u) = \mu u + a_1, \lambda \mu \neq 0$, 且 $\Xi_{2n+1} \subset C$, 存在 $\theta \in I(u, u_0, u_1, \cdots, u_{2n+1})$, 使得

$$E[f] = f(x, y) - q_{2n+1}(x, y)$$

$$= \frac{\left(\lambda \dfrac{\partial}{\partial x} + \mu \dfrac{\partial}{\partial y} \right)^{2n+2} f(\xi, \eta)}{(2n+2)! \lambda^{n+1} \mu^{n+1}} \prod_{i=0}^{n} (x - x_{2i})(y - y_{2i+1}), \tag{5.39}$$

其中 $\xi = x(\theta), \eta = y(\theta), (\xi, \eta) \in C \subset D$.

上述插值余项的分析过程有助于我们建立高阶偏导数与所提非张量积型二元差商之间的关系式.

定理 5.2.5 设二元函数 $f(x, y)$ 在区域 $D \supset \Xi_{2n}$ 上 $2n$ 阶连续可导, 则对 $\forall (x, y) \in C : x(t) = \lambda t + a_0, y(t) = \mu t + a_1, \lambda \mu \neq 0$, 且 $\Xi_{2n} \subset C$, 存在参数 $\tau \in I(u_0, u_1, \cdots, u_{2n})$, 使得

$$f[x_0, \cdots, x_{2n}; y_0, \cdots, y_{2n}] = \frac{\left(\lambda \dfrac{\partial}{\partial x} + \mu \dfrac{\partial}{\partial y} \right)^{2n} f(\xi, \eta)}{(2n)! \lambda^n \mu^n}, \tag{5.40}$$

其中 $\xi = x(\tau), \eta = y(\tau), (\xi, \eta) \in C \subset D$.

事实上, 构造辅助函数

$$F(x, y) = f(x, y) - q_{2n}(x, y), \quad (x, y) \in C \subset D.$$

不难验证函数 $F(x(u), y(u))$ 具有 $2n + 1$ 个零点 $u = u_0, u_1, \cdots, u_{2n}$. 于是, 一方面利用 Rolle 定理, 存在参数 $\tau \in I(u_0, u_1, \cdots, u_{2n})$, 使得

$$\frac{\mathrm{d}^{2n}}{\mathrm{d}u^{2n}} F(x(u), y(u)) \Big|_{u=\tau} = 0$$

$$\Rightarrow \frac{\mathrm{d}^{2n}}{\mathrm{d}u^{2n}} f(x(u), y(u)) \Big|_{u=\tau} = \frac{\mathrm{d}^{2n}}{\mathrm{d}u^{2n}} p_{2n}(x(u), y(u)) \Big|_{u=\tau}.$$

另一方面, 直接计算得到

$$\frac{\mathrm{d}^{2n}}{\mathrm{d}u^{2n}} f(\lambda u + a_0, \mu u + a_1) = \left(\lambda \frac{\partial}{\partial x} + \mu \frac{\partial}{\partial y} \right)^{2n} f(x, y),$$

$$\frac{\mathrm{d}^{2n}}{\mathrm{d}u^{2n}} q_{2n}(x(u), y(u)) = f[x_0, \cdots, x_{2n}; y_0, \cdots, y_{2n}] \lambda^n \mu^n (2n)!,$$

其中

$$q_{2n}(x(u), y(u))$$
$$= f[x_0, \cdots, x_{2n}; y_0, \cdots, y_{2n}] (\lambda^n u^n + \cdots)(\mu^n u^n + \cdots)$$
$$+ \text{次数} < 2n \text{的多项式}.$$

因此, (5.40) 式得证.

推论 5.2.3　设二元函数 $f(x, y)$ 在区域 $D \supset \Xi_{2n}$ 上 $2n$ 阶连续可导, 则对 $\forall (x, y) \in C : x(u) = u, y(u) = au + b, a \neq 0$, 且 $\Xi_{2n} \subset C$, 存在参数 $\tau \in I(u_0, u_1, \cdots, u_{2n})$, 使得

$$f[x_0, \cdots, x_{2n}; y_0, \cdots, y_{2n}] = \frac{\left(\dfrac{\partial}{\partial x} + a \dfrac{\partial}{\partial y} \right)^{2n} f(\xi, \eta)}{(2n)! a^n}, \tag{5.41}$$

其中 $\xi = x(\tau), \eta = y(\tau), (\xi, \eta) \in C \subset D$.

类似于上述插值节点组 Ξ_{2n} 上高阶偏导数与二元差商的关系式, 我们继续分析插值节点组 Ξ_{2n+1} 上的相应结论.

定理 5.2.6　设二元函数 $f(x, y)$ 在区域 $D \supset \Xi_{2n+1}$ 上 $2n + 1$ 阶连续可导, 则对 $\forall (x, y) \in C : x(u) = u, y(u) = \mu u + b, \mu \neq 0$, 且 $\Xi_{2n+1} \subset C$, 存在参数 $\theta \in I(u_0, u_1, \cdots, u_{2n+1})$, 使得

$$f[x_0, \cdots, x_{2n+1}; y_0, \cdots, y_{2n+1}] = \frac{\left(\dfrac{\partial}{\partial x} + \mu \dfrac{\partial}{\partial y} \right)^{2n+1} f(\xi, \eta)}{(2n+1)! \mu^{n+1}}, \tag{5.42}$$

其中 $\xi = x(\theta), \eta = y(\theta), (\xi, \eta) \in C \subset D$.

证明 首先, 定义函数

$$Q(x,y) = f(x,y) - q_{2n+1}(x,y), \quad (x,y) \in C \subset D.$$

易知函数 $Q(x(u),y(u))$ 具有 $2n+2$ 个零点 $u = u_0, u_1, \cdots, u_{2n+1}$. 于是, 一方面利用 Rolle 定理, 存在参数 $\theta \in I(u_0, u_1, \cdots, u_{2n+1})$, 使得

$$\left. \frac{\mathrm{d}^{2n+1}}{\mathrm{d}u^{2n+1}} Q(x(u),y(u)) \right|_{u=\theta} = 0$$

$$\Rightarrow \left. \frac{\mathrm{d}^{2n+1}}{\mathrm{d}u^{2n+1}} f(x(u),y(u)) \right|_{u=\theta} = \left. \frac{\mathrm{d}^{2n+1}}{\mathrm{d}u^{2n+1}} q_{2n+1}(x(u),y(u)) \right|_{u=\theta}.$$

另一方面, 直接计算得到

$$\frac{\mathrm{d}^{2n+1}}{\mathrm{d}u^{2n+1}} f(u, \mu u + b) = \left(\frac{\partial}{\partial x} + \mu \frac{\partial}{\partial y} \right)^{2n+1} f(x,y),$$

$$\frac{\mathrm{d}^{2n+1}}{\mathrm{d}u^{2n+1}} q_{2n+1}(x(u),y(u)) = f[x_0, \cdots, x_{2n+1}; y_0, \cdots, y_{2n+1}] \mu^{n+1} (2n+1)!,$$

其中

$$q_{2n+1}(x(u),y(u))$$

$$= f[x_0, \cdots, x_{2n+1}; y_0, \cdots, y_{2n+1}](u^n + \cdots)(\mu^{n+1} u^{n+1} + \cdots)$$

$$+ \text{次数} < 2n+1\text{的多项式}.$$

因此, (5.42) 式得证. □

推论 5.2.4 设函数 $f(x,y)$ 在区域 $D \supset \Xi_{2n+1}$ 上 $2n+1$ 阶连续可导, 则对 $\forall (x,y) \in C : x(u) = \lambda u + a_0, y(u) = \mu u + a_1, \lambda \mu \neq 0$, 且 $\Xi_{2n+1} \subset C$, 存在参数 $\theta \in I(u_0, u_1, \cdots, u_{2n+1})$, 使得

$$f[x_0, \cdots, x_{2n+1}; y_0, \cdots, y_{2n+1}] = \frac{\left(\lambda \dfrac{\partial}{\partial x} + \mu \dfrac{\partial}{\partial y} \right)^{2n+1} f(\xi, \eta)}{(2n+1)! \lambda^n \mu^{n+1}}, \quad (5.43)$$

其中 $\xi = x(\tau), \eta = y(\tau), (\xi, \eta) \in C \subset D$.

5.3 二元多项式插值的计算复杂性

本节将分析所提散乱数据上二元多项式插值的计算复杂性, 并与经典的散乱数据插值方法径向基函数方法作比较.

我们把完成径向基函数插值所需四则运算总次数的结论分别应用于 $2n+1$ 与 $2n+2$ 个插值节点, 于是得到以下定理.

定理 5.3.1   计算散乱数据 Ξ_{2n} 与 Ξ_{2n+1} 上径向基函数插值共需四则运算的总次数分别为

$$\mathrm{RBFOPR}_{2n} = \frac{2}{3}(2n+1)^3 + \frac{3}{2}(2n+1)^2 + \frac{5}{6}(2n+1) - 1 \tag{5.44}$$

与

$$\mathrm{RBFOPR}_{2n+1} = \frac{2}{3}(2n+2)^3 + \frac{3}{2}(2n+2)^2 + \frac{5}{6}(2n+2) - 1. \tag{5.45}$$

我们分析所提二元多项式插值的计算复杂性, 得到以下定理.

定理 5.3.2   对于散乱数据 Ξ_{2n}, 计算按 (5.1) 式定义的二元插值多项式 $q_{2n}(x,y)$ 共需要四则运算次数为

$$\mathrm{PIOPR}_{2n} = 13n^2 + 10n - 3. \tag{5.46}$$

而计算散乱数据 Ξ_{2n+1} 上按 (5.2) 式定义的二元插值多项式 $q_{2n+1}(x,y)$ 共需要四则运算次数为

$$\mathrm{PIOPR}_{2n+1} = 13n^2 + 23n + 4. \tag{5.47}$$

证明   首先, 从两方面分析散乱数据 Ω_{2n} 上按 (5.1) 式定义的二元插值多项式 $q_{2n}(x,y)$ 的计算复杂性.

一方面, 利用定义 5.1.1、算法 5.1.1 以及数学归纳法, 计算插值系数 b_1—b_{2n} 需要四则运算次数如表 5.2 所示, 其总次数为

$$\sum_{j=2}^{n-1}[10(n-j+1) + 16(n-j)] + 6n + (9n-3) + 12(n-1) + 10 = 13n^2 - 2n + 1.$$

另一方面, 由 (5.1) 式, 得到诸插值系数后, 计算二元插值多项式 $q_{2n}(x,y)$ 还需要加减法与乘法的次数分别为

$$2n + 1 + 2(2n-1) = 6n - 1,$$
$$1 + 2 + 3(2n-2) = 6n - 3.$$

故将上述结果相加得到总次数

$$\mathrm{PIOPR}_{2n} = (13n^2 - 2n + 1) + (12n - 4) = 13n^2 + 10n - 3.$$

表 5.2 二元差商 (BDD) 的计算复杂性

BDD	加减法次数	乘法次数	除法次数	k 的取值
$f_{0,2k-1}$	2	0	1	$1,2,\cdots,n$
$f_{0,2k,x}$	2	0	1	$1,2,\cdots,n$
$f_{0,1,2k}$	3	1	2	$1,2,\cdots,n$
$f_{0,1,2k+1,x}$	2	0	1	$1,2,\cdots,n-1$
$f_{0,1,2,2k+1}$	4	3	2	$1,2,\cdots,n-1$
$f_{0,1,2,2k+2,x}$	2	0	1	$1,2,\cdots,n-1$
$f_{0,\cdots,3,2k}$	4	4	2	$2,3,\cdots,n$
$f_{0,\cdots,3,2k+1,x}$	2	0	1	$2,3,\cdots,n-1$
$f_{0,\cdots,4,2k+1}$	4	4	2	$2,3,\cdots,n-1$
$f_{0,\cdots,4,2k+2,x}$	2	0	1	$2,3\cdots,n-1$
$\vdots$	$\vdots$	$\vdots$	$\vdots$	$\vdots$
$f_{0,\cdots,2j-1,2k}$	4	4	2	$j,j+1,\cdots,n$
$f_{0,\cdots,2j-1,2k+1,x}$	2	0	1	$j,j+1,\cdots,n-1$
$f_{0,\cdots,2j,2k+1}$	4	4	2	$j,j+1,\cdots,n-1$
$f_{0,\cdots,2j,2k+2,x}$	2	0	1	$j,j+1,\cdots,n-1$
$\vdots$	$\vdots$	$\vdots$	$\cdots$	$\vdots$
$f_{0,\cdots,2n-3,2k}$	4	4	2	$n-1,n$
$f_{0,\cdots,2n-3,2k+1,x}$	2	0	1	$n-1$
$f_{0,\cdots,2n-2,2k+1}$	4	4	2	$n-1$
$f_{0,\cdots,2n-2,2k+2,x}$	2	0	1	$n-1$
$f_{0,\cdots,2n}$	4	4	2	$n-1$

其次, 从两方面分析基于散乱数据 Ξ_{2n+1} 按 (5.2) 式定义的二元插值多项式 $q_{2n+1}(x,y)$ 的计算复杂性.

一方面, 由定义 5.1.1 与算法 5.1.2, 发现计算完插值系数 b_1—b_{2n} 之后, 计算插值系数 b_{2n+1} 还需要四则运算的次数如表 5.3 所示.

表 5.3 单独计算二元差商 (BDD)$f_{0,\cdots,2n+1}$ 的计算复杂性

BDD	加减法次数	乘法次数	除法次数
$f_{0,2n+1}$	2	0	1
$f_{0,1,2n+1,x}$	2	0	1
$f_{0,1,2,2n+1}$	4	3	2
$f_{0,\cdots,3,2n+1,x}$	2	0	1
$f_{0,\cdots,4,2n+1}$	4	4	2
$\vdots$	$\vdots$	$\vdots$	$\vdots$
$f_{0,\cdots,2n-1,2n+1,x}$	2	0	1
$f_{0,\cdots,2n+1}$	4	4	2

因此, 计算插值系数 b_{2n+1} 所需四则运算的总次数为

$$(13n^2 - 2n + 1) + (13n + 2) = 13n^2 + 11n + 3.$$

另一方面, 由 (5.2) 式, 得到诸插值系数后, 二元插值多项式 $q_{2n+1}(x,y)$ 的计算还需要加减法与乘法的次数分别为

$$(6n - 1) + 2 = 6n + 1,$$
$$(6n - 3) + 3 = 6n.$$

故将上述结果相加得到总次数

$$\text{PIOPR}_{2n+1} = (13n^2 + 11n + 3) + (12n + 1) = 13n^2 + 23n + 4. \qquad \square$$

定理 5.3.3　对充分大 n, 计算散乱数据 Ξ_{2n} 或 Ξ_{2n+1} 上的二元多项式插值共需四则运算次数接近 $O(n^2)$, 而计算径向基函数插值的次数接近 $O(n^3)$.

5.4　数 值 算 例

本节由算法 5.1.1 与算法 5.1.2, 计算出散乱数据上的二元低阶插值多项式. 我们给出一些记号与说明. 记散乱数据 $\Xi_k = \{(x_0,y_0),(x_1,y_1),\cdots,(x_k,y_k)\}$, 其中 $k = 2,3,4,5$, 且当 $i \neq j$ 时, $x_i \neq x_j, y_i \neq y_j$. 于是由 (5.1) 式与 (5.2) 式, 给出如下形式的插值多项式

$$\begin{aligned}
q_2(x,y) &= b_0 + b_1(y - y_0) + b_2(x - x_0)(y - y_1), \\
q_3(x,y) &= q_2(x,y) + b_3(y - y_0)(x - x_1)(y - y_2), \\
q_4(x,y) &= q_3(x,y) + b_4(x - x_0)(y - y_1)(x - x_2)(y - y_3), \\
q_5(x,y) &= q_4(x,y) + b_5(y - y_0)(x - x_1)(y - y_2)(x - x_3)(y - y_4).
\end{aligned} \tag{5.48}$$

算例 5.4.1　设插值节点 $P_i(x_i, y_i)(i = 0, 1, \cdots, 5)$ 如图 5.1 所示, 相应竖坐标为 $z_i(i = 0, 1, \cdots, 5)$, 如表 5.4 所示. 由算法 5.1.1, 我们递推地算出插值系数如表 5.5 所示, 进一步得到插值多项式 $q_i(x,y)(i = 2,3,4,5)$, 分别如图 5.2—图 5.5 所示.

表 5.4　算例 5.4.1: 6 个插值节点及其相应竖坐标

i	x_i	y_i	z_i
0	-7.5	-9.5	-0.0369
1	-5	-4	0.0187
2	-3	-2	-0.1241
3	0.2	-1	0.8355
4	4	2	-0.2172
5	7.5	9.5	-0.0369

表 5.5　算例 5.4.1: 插值多项式 $q_5(x, y)$ 的插值系数

插值系数	b_0	b_1	b_2	b_3	b_4	b_5
值	-0.0369	0.0101	-0.0181	0.0273	-0.0071	0.0006

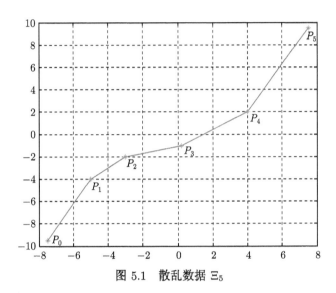

图 5.1　散乱数据 Ξ_5

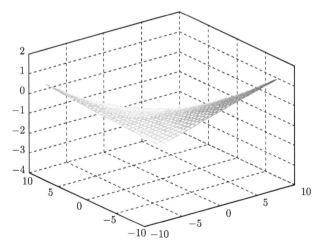

图 5.2　散乱数据 Ξ_2 上插值多项式 $q_2(x, y)$

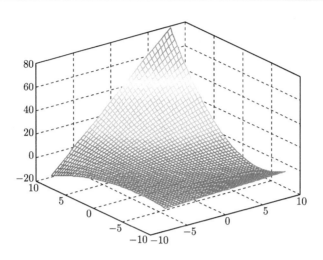

图 5.3　散乱数据 Ξ_3 上插值多项式 $q_3(x,y)$

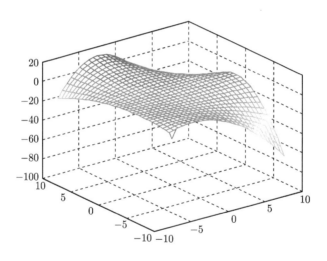

图 5.4　散乱数据 Ξ_4 上插值多项式 $q_4(x,y)$

算例 5.4.2　情形 I: 设 Ξ_5 中插值节点 $P_i(x_i, y_i)(i = 0, 1, \cdots, 5)$ 如图 5.6 所示, 相应竖坐标为 $z_i(i = 0, 1, \cdots, 5)$, 如表 5.6 所示. 递推地算出插值系数如表 5.7 所示之后, 我们得到插值多项式 $q_5(x, y)$, 如图 5.8 所示. 在情形 II 中, 设插值节点 $P_i(x_i, y_i)(i = 0, 1, \cdots, 5)$ 如图 5.7 所示, 相应竖坐标分别为 $z_i(i = 0, 1, \cdots, 5)$, 如表 5.6 所示. 我们递推地算出插值系数如表 5.7 所示, 进一步得到插值多项式 $q_5(x, y)$, 如图 5.9 所示.

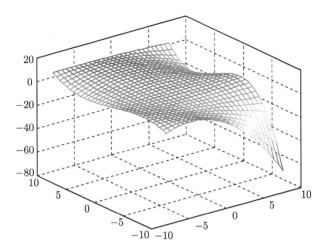

图 5.5 散乱数据 Ξ_5 上插值多项式 $q_5(x, y)$

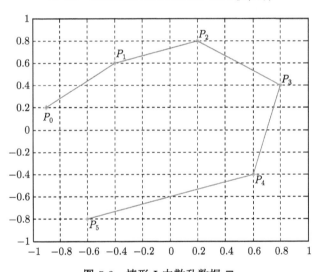

图 5.6 情形 I 中散乱数据 Ξ_5

表 5.6 算例 5.4.2: 情形 I 与情形 II 中 6 个插值节点及其相应竖坐标

	情形 I				情形 II		
i	x_i	y_i	z_i	i	x_i	y_i	z_i
0	-0.9	0.2	1.5761	0	-0.9	0.2	1.5761
1	-0.4	0.6	1.3116	0	0.8	0.4	1.5319
2	0.2	0.8	1.4322	2	-0.6	-0.8	1.7183
3	0.8	0.4	1.5319	3	-0.4	0.6	1.3116
4	0.6	-0.4	1.3116	4	0.6	-0.4	1.3116
5	-0.6	-0.8	1.7183	5	0.2	0.8	1.4322

表 5.7　算例 5.4.2：情形 I 与情形 II 中插值多项式 $q_5(x,y)$ 的插值系数

插值系数	b_0	b_1	b_2	b_3	b_4	b_5
情形I值	1.5761	−0.6612	1.1492	−4.9876	9.6952	−12.7051
情形II值	1.5761	−0.2206	0.2178	0.2946	−0.1039	−0.1680

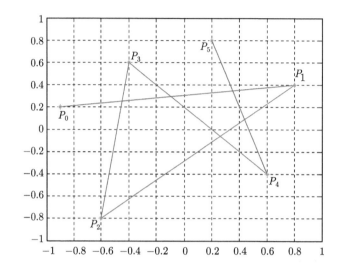

图 5.7　情形 II 中散乱数据 Ξ_5

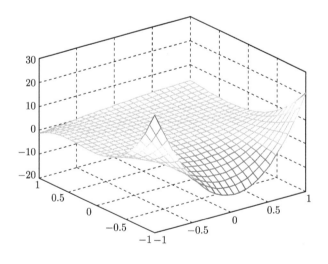

图 5.8　情形 I 中 Ξ_5 上插值多项式 $q_5(x,y)$

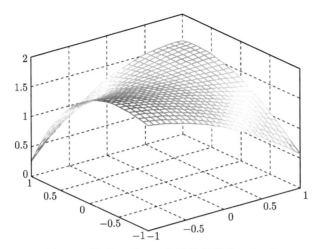

图 5.9 情形 II 中 Ξ_5 上插值多项式 $q_5(x,y)$

注 5.4.1 二元插值多项式 $q_{2n}(x,y)$ 或 $q_{2n+1}(x,y)$ 的表达式分别随着插值节点顺序的不同而不同.

第6章 基于二元连分式的散乱数据插值递推格式

本章在第 4 章二元多项式插值的基础上, 进一步研究相应的二元连分式插值[22]. 首先, 利用新的非张量积型二元逆差商递推算法, 构造分别基于奇数与偶数个插值节点的散乱数据插值格式, 并得到二元被插函数与二元连分式之间的恒等关系式. 接着, 利用二元连分式的三项递推关系式, 得到特征定理, 揭示二元插值连分式渐近式的分子分母次数. 然后, 若干数值算例表明, 所提二元连分式插值方法有效可行, 并将其与二元 Thiele 型连分式进行比较. 最后, 比较研究所提二元连分式插值与径向基函数插值的计算复杂性.

6.1 二元连分式递推算法

本节将提出一类新的非张量积型二元逆差商递推算法, 由此计算插值系数, 并构造分别基于奇数与偶数个插值节点的连分式插值格式.

首先, 考虑 $2n+1$ 个互异插值节点 $\Pi_{2n+1} = \{(x_0, y_0), (x_1, y_1), \cdots, (x_{2n}, y_{2n})\}$. 本节中, 我们选择能保证计算顺利开展的插值节点, 例如, 当 $i \neq j$ 时, $x_i \neq x_j$, $y_i \neq y_j$, 即插值节点不位于同一条水平线或垂直线上. 考虑具有如下形式的二元连分式:

$$R_{2n+1}(x, y) = c_0 + \frac{x - x_0|}{|c_1} + \frac{(y - y_0)(x - x_1)|}{|c_2} + \frac{(y - y_1)(x - x_2)|}{|c_3} + \cdots$$
$$+ \frac{(y - y_{2n-3})(x - x_{2n-2})|}{|c_{2n-1}} + \frac{(y - y_{2n-2})(x - x_{2n-1})|}{|c_{2n}}$$
$$\equiv c_0 + \frac{x - x_0|}{|c_1} + \overset{2n-2}{\underset{i=0}{K}} \frac{(y - y_i)(x - x_{i+1})|}{|c_{i+2}}. \tag{6.1}$$

其次, 由 (6.1) 式定义二元连分式 $R_{2n+2}(x, y)$, 其中 $\Pi_{2n+2} = \{(x_0, y_0), (x_1, y_1), \cdots, (x_{2n+1}, y_{2n+1})\}$, 当 $i \neq j$ 时, $x_i \neq x_j, y_i \neq y_j$.

$$R_{2n+2}(x, y) = R_{2n+1}(x, y) + \frac{(y - y_{2n-1})(x - x_{2n})|}{|c_{2n+1}}, \tag{6.2}$$

其中 $R_{2n+1}(x, y)$ 按 (6.1) 式定义.

现在将分别按 (6.1) 式与 (6.2) 式定义二元连分式 $R_{2n+1}(x, y)$ 与 $R_{2n+2}(x, y)$, 并分别应用于 Π_{2n+1} 与 Π_{2n+2} 上的散乱数据插值, 建立新的非张量积型二元逆差商算法, 并由此计算出插值系数. 我们约定二元逆差商 $\varphi[x_0,\cdots,x_k;y_0,\cdots,y_k]$, 即 $\varphi_{0,\cdots,k}$ 表示 $\varphi[x_0,x_1,\cdots,x_{k-1},x_k;y_0,y_0,\cdots,y_{k-1},y_k]$, 否则, 具体写出下标. 我们记插值节点 $P_i(x_i,y_i)$ 处被插函数竖坐标为 $f(x_i,y_i)\equiv f_i, i=0,1,\cdots,2n,2n+1$.

定义 6.1.1 设插值节点组 Π_{2n+2}, 其中当 $i\neq j$ 时, $x_i\neq x_j, y_i\neq y_j$, 定义非张量积型二元逆差商如下:

$$\varphi_i\equiv\varphi[x_i;y_i]=f(x_i,y_i)=f_i,\quad i=0,1,\cdots,2n,2n+1, \tag{6.3}$$

$$\varphi_{0,1}\equiv\varphi[x_0,x_1;y_0,y_1]=\frac{x_1-x_0}{f_1-f_0}, \tag{6.4}$$

$$\varphi_{0,1,2}\equiv\varphi[x_0,x_1,x_2;y_0,y_1,y_2]=\frac{(y_2-y_0)(x_2-x_1)}{\varphi_{0,2}-\varphi_{0,1}}, \tag{6.5}$$

其中 $\varphi_{0,1}$ 按 (6.4) 定义, 且

$$\varphi_{0,2}\equiv\varphi[x_0,x_2;y_0,y_2]=\frac{x_2-x_0}{f_2-f_0}.$$

$$\varphi_{0,\cdots,3}\equiv\varphi[x_0,\cdots,x_3;y_0,\cdots,y_3]=\frac{(y_3-y_1)(x_3-x_2)}{\varphi_{0,1,3}-\varphi_{0,1,2}}, \tag{6.6}$$

其中 $\varphi_{0,1,2}$ 按 (6.5) 式定义, 且

$$\varphi_{0,1,3}\equiv\varphi[x_0,x_1,x_3;y_0,y_1,y_3]=\frac{(y_3-y_0)(x_3-x_1)}{\varphi_{0,3}-\varphi_{0,1}},$$

$$\varphi_{0,3}\equiv\varphi[x_0,x_3;y_0,y_3]=\frac{x_3-x_0}{f_3-f_0}.$$

$$\varphi_{0,\cdots,4}\equiv\varphi[x_0,\cdots,x_4;y_0,\cdots,y_4]=\frac{(y_4-y_2)(x_4-x_3)}{\varphi_{0,1,2,4}-\varphi_{0,\cdots,3}}, \tag{6.7}$$

其中 $\varphi_{0,\cdots,3}$ 按 (6.6) 式定义, 且

$$\varphi_{0,1,2,4}\equiv\varphi[x_0,x_1,x_2,x_4;y_0,y_1,y_2,y_4]=\frac{(y_4-y_1)(x_4-x_2)}{\varphi_{0,1,4}-\varphi_{0,1,2}}.$$

$$\varphi_{0,1,4}\equiv\varphi[x_0,x_1,x_4;y_0,y_1,y_4]=\frac{(y_4-y_0)(x_4-x_1)}{\varphi_{0,4}-\varphi_{0,1}},$$

$$\varphi_{0,4}\equiv\varphi[x_0,x_4;y_0,y_4]=\frac{x_4-x_0}{f_4-f_0}.$$
$$\cdots\cdots$$
$$\varphi_{0,\cdots,2n}\equiv\varphi[x_0,\cdots,x_{2n};y_0,\cdots,y_{2n}]=\frac{(y_{2n}-y_{2n-2})(x_{2n}-x_{2n-1})}{\varphi_{0,\cdots,2n-2,2n}-\varphi_{0,\cdots,2n-1}}, \tag{6.8}$$

其中

$$\varphi_{0,\cdots,2n-2,2n} \equiv \varphi[x_0,\cdots,x_{2n-2},x_{2n};y_0,\cdots,y_{2n-2},y_{2n}] = \frac{(y_{2n}-y_{2n-3})(x_{2n}-x_{2n-2})}{\varphi_{0,\cdots,2n-3,2n}-\varphi_{0,\cdots,2n-2}},$$

$$\cdots\cdots$$

$$\varphi_{0,\cdots,5,2n} \equiv \varphi[x_0,\cdots,x_5,x_{2n};y_0,\cdots,y_5,y_{2n}] = \frac{(y_{2n}-y_4)(x_{2n}-x_5)}{\varphi_{0,\cdots,4,2n}-\varphi_{0,\cdots,5}},$$

$$\varphi_{0,\cdots,4,2n} \equiv \varphi[x_0,\cdots,x_4,x_{2n};y_0,\cdots,y_4,y_{2n}] = \frac{(y_{2n}-y_3)(x_{2n}-x_4)}{\varphi_{0,\cdots,3,2n}-\varphi_{0,\cdots,4}},$$

$$\varphi_{0,\cdots,3,2n} \equiv \varphi[x_0,\cdots,x_3,x_{2n};y_0,\cdots,y_3,y_{2n}] = \frac{(y_{2n}-y_2)(x_{2n}-x_3)}{\varphi_{0,\cdots,2,2n}-\varphi_{0,\cdots,3}},$$

$$\varphi_{0,1,2,2n} \equiv \varphi[x_0,x_1,x_2,x_{2n};y_0,y_1,y_2,y_{2n}] = \frac{(y_{2n}-y_1)(x_{2n}-x_2)}{\varphi_{0,1,2n}-\varphi_{0,1,2}},$$

$$\varphi_{0,1,2n} \equiv \varphi[x_0,x_1,x_{2n};y_0,y_1,y_{2n}] = \frac{(y_{2n}-y_0)(x_{2n}-x_1)}{\varphi_{0,2n}-\varphi_{0,1}},$$

$$\varphi_{0,2n} \equiv \varphi[x_0,x_{2n};y_0,y_{2n}] = \frac{x_{2n}-x_0}{f_{2n}-f_0},$$

且

$$\varphi_{0,\cdots,2n+1} \equiv \varphi[x_0,\cdots,x_{2n+1};y_0,\cdots,y_{2n+1}] = \frac{(y_{2n+1}-y_{2n-1})(x_{2n+1}-x_{2n})}{\varphi_{0,\cdots,2n-1,2n+1}-\varphi_{0,\cdots,2n}}, \quad (6.9)$$

其中

$$\varphi_{0,\cdots,2n-1,2n+1} \equiv \varphi[x_0,\cdots,x_{2n-1},x_{2n+1};y_0,\cdots,y_{2n-1},y_{2n+1}]$$

$$= \frac{(y_{2n+1}-y_{2n-2})(x_{2n+1}-x_{2n-1})}{\varphi_{0,\cdots,2n-2,2n+1}-\varphi_{0,\cdots,2n-1}},$$

$$\cdots\cdots$$

$$\varphi_{0,\cdots,4,2n+1} \equiv \varphi[x_0,\cdots,x_4,x_{2n+1};y_0,\cdots,y_4,y_{2n+1}] = \frac{(y_{2n+1}-y_3)(x_{2n+1}-x_4)}{\varphi_{0,\cdots,3,2n+1}-\varphi_{0,\cdots,4}},$$

$$\varphi_{0,\cdots,3,2n+1} \equiv \varphi[x_0,\cdots,x_3,x_{2n+1};y_0,\cdots,y_3,y_{2n+1}] = \frac{(y_{2n+1}-y_2)(x_{2n+1}-x_3)}{\varphi_{0,\cdots,2,2n+1}-\varphi_{0,\cdots,3}},$$

$$\varphi_{0,1,2,2n+1} \equiv \varphi[x_0,x_1,x_2,x_{2n+1};y_0,y_1,y_2,y_{2n+1}] = \frac{(y_{2n+1}-y_1)(x_{2n+1}-x_2)}{\varphi_{0,1,2n+1}-\varphi_{0,1,2}},$$

$$\varphi_{0,1,2n+1} \equiv \varphi[x_0,x_1,x_{2n+1};y_0,y_1,y_{2n+1}] = \frac{(y_{2n+1}-y_0)(x_{2n+1}-x_1)}{\varphi_{0,2n+1}-\varphi_{0,1}},$$

$$\varphi_{0,2n+1} \equiv \varphi[x_0,x_{2n+1};y_0,y_{2n+1}] = \frac{x_{2n+1}-x_0}{f_{2n+1}-f_0}.$$

我们将定义 6.1.1 中的二元逆差商计算过程概括为插值节点数分别为奇数与偶数情形下的算法, 其递推过程如表 6.1 所示.

表 6.1　非张量积型二元逆差商递推计算过程

φ_0	φ_1	φ_2	φ_3	φ_4	φ_5	$\cdots$	φ_{2n}	φ_{2n+1}
	$\varphi_{0,1}$	$\varphi_{0,2}$	$\varphi_{0,3}$	$\varphi_{0,4}$	$\varphi_{0,5}$	$\cdots$	$\varphi_{0,2n}$	$\varphi_{0,2n+1}$
		$\varphi_{0,1,2}$	$\varphi_{0,1,3}$	$\varphi_{0,1,4}$	$\varphi_{0,1,5}$	$\cdots$	$\varphi_{0,1,2n}$	$\varphi_{0,1,2n+1}$
			$\varphi_{0,\cdots,3}$	$\varphi_{0,1,2,4}$	$\varphi_{0,1,2,5}$	$\cdots$	$\varphi_{0,1,2,2n}$	$\varphi_{0,1,2,2n+1}$
				$\varphi_{0,\cdots,4}$	$\varphi_{0,\cdots,3,5}$	$\cdots$	$\varphi_{0,\cdots,3,2n}$	$\varphi_{0,\cdots,3,2n+1}$
					$\varphi_{0,\cdots,5}$	$\cdots$	$\varphi_{0,\cdots,4,2n}$	$\varphi_{0,\cdots,4,2n+1}$
						$\ddots$	$\vdots$	$\vdots$
							$\varphi_{0,\cdots,2n}$	$\varphi_{0,\cdots,2n-1,2n+1}$
								$\varphi_{0,\cdots,2n+1}$

算法 6.1.1

1. 初始化: $\varphi_i = f(x_i, y_i), i = 0, 1, \cdots, 2n.$
2. 递推过程: 利用定义 6.1.1, 计算

$$\varphi_{0,i}(i = 1, 2, \cdots, 2n) \rightarrow \varphi_{0,1,i}(i = 2, 3, \cdots, 2n)$$
$$\rightarrow \varphi_{0,1,2,i}(j = 3, 4, \cdots, 2n)$$
$$\rightarrow \varphi_{0,\cdots,3,i}(i = 4, 5, \cdots, 2n)$$
$$\rightarrow \cdots \rightarrow f_{0,\cdots,2n-2,i}(i = 2n - 1, 2n),$$

3. 结果: $\varphi_{0,\cdots,2n}.$

算法 6.1.2

1. 初始化: $\varphi_i = f(x_i, y_i), i = 0, 1, \cdots, 2n + 1.$
2. 递推过程: 利用定义 6.1.1, 计算

$$\varphi_{0,i}(i = 1, 2, \cdots, 2n + 1) \rightarrow \varphi_{0,1,i}(i = 2, 3, \cdots, 2n + 1)$$
$$\rightarrow \varphi_{0,1,2,i}(j = 3, 4, \cdots, 2n + 1)$$
$$\rightarrow \varphi_{0,\cdots,3,i}(i = 4, 5, \cdots, 2n + 1)$$
$$\rightarrow \cdots \rightarrow f_{0,\cdots,2n-1,i}(i = 2n, 2n + 1),$$

3. 结果: $\varphi_{0,\cdots,2n+1}.$

注 6.1.1　为保证算法 6.1.1 与算法 6.1.2 的计算过程顺利进行, 可以选择位于矩形网格对角线上的值节点组.

注 6.1.2　对于插值节点位于同一条水平线或垂直线的情形, 研究了直角三点组上的二元连分式插值.

利用算法 6.1.1 与算法 6.1.2, 计算插值系数, 由此分别建立散乱数据 Π_{2n+1} 与 Π_{2n+2} 上的二元连分式插值.

定理 6.1.1   对于诸 $(x_i, y_i) \in \Pi_{2n+1}$, 按 (6.1) 式定义的二元插值连分式 $R_{2n+1}(x, y)$ 满足插值条件

$$R_{2n+1}(x_i, y_i) = f(x_i, y_i) = f_i, \tag{6.10}$$

其中插值系数

$$c_i = \varphi[x_0, \cdots, x_i; y_0, \cdots, y_i], \qquad i = 0, 1, \cdots, 2n. \tag{6.11}$$

定理 6.1.2   形如 (6.2) 式的二元多项式 $R_{2n+2}(x, y)$ 于插值节点组 Π_{2n+2} 上满足插值条件

$$R_{2n+2}(x_i, y_i) = f(x_i, y_i) = f_i, \quad i = 0, 1, \cdots, 2n + 1, \tag{6.12}$$

其中插值系数为

$$c_i = \varphi[x_0, \cdots, x_i; y_0, \cdots, y_i], \qquad i = 0, 1, \cdots, 2n + 1. \tag{6.13}$$

定理 6.1.1 与定理 6.1.2 的证明   我们利用数学归纳法同时证明定理 6.1.1 与定理 6.1.2.

对 $\Pi_1 = \{(x_0, y_0), (x_1, y_1)\}$,

$$R_2(x, y) = c_0 + \frac{x - x_0}{c_1}$$

满足插值条件 $R_{2n+1}(x_i, y_i) = f_i, i = 0, 1.$ 于是

$$c_0 = f_0, \quad c_1 = \frac{x_1 - x_0}{f_1 - f_0} \equiv \varphi[x_0, x_1; y_0, y_1].$$

对 $\Pi_2 = \{(x_i, y_i), i = 0, 1, 2\}$, 考虑

$$R_3(x, y) = c_0 + \frac{x - x_0|}{|c_1} + \frac{(y - y_0)(x - x_1)|}{|c_2}.$$

于是进一步利用 (x_2, y_2) 上的插值性, 不难证明

$$c_1 + \frac{(y_2 - y_0)(x_2 - x_1)}{c_2} = \frac{x_2 - x_0}{f_2 - f_0} \equiv \varphi[x_0, x_1; y_0, y_1]$$

$$\Rightarrow c_2 = a_2(x, y) = \frac{(y_2 - y_0)(x_2 - x_1)}{\varphi[x_0, x_2; y_0, y_2] - \varphi[x_0, x_1; y_0, y_1]} \equiv \varphi[x_0, x_1, x_2; y_0, y_1, y_2].$$

对 $\Pi_4 = \{(x_i, y_i), i = 0, 1, 2, 3\}$,

$$R_4(x, y) = c_0 + \frac{x - x_0|}{|c_1} + \frac{(y - y_0)(x - x_1)|}{|c_2.} + \frac{(y - y_1)(x - x_2)|}{|c_3}.$$

故进一步由 (x_3, y_3) 上的插值性, 推得

$$c_1 + \frac{(y_3 - y_0)(x_3 - x_1)|}{|c_2} + \frac{(y_3 - y_1)(x_3 - x_2)|}{|c_2} = \frac{x_3 - x_0}{f_3 - f_0} \equiv \varphi[x_0, x_3; y_0; y_3]$$

$$\Rightarrow c_2 + \frac{(y_3 - y_1)(x_3 - x_2)}{c_3} = \frac{(y_3 - y_0)(x_3 - x_1)}{\varphi[x_0, x_3; y_0, y_3] - \varphi[x_0, x_1; y_0, y_1]}$$

$$\equiv \varphi[x_0, x_1, x_3; y_0, y_1, y_3]$$

$$\Rightarrow c_3 = \frac{(y_3 - y_1)(x_3 - x_2)}{\varphi[x_0, x_1, x_3; y_0, y_1, y_3] - \varphi[x_0, x_1, x_2; y_0, y_1, y_2]}$$

$$\equiv \varphi[x_0, \cdots, x_3; y_0, \cdots, y_3].$$

对 $\Pi_5 = \{(x_i, y_i), i = 0, \cdots, 4\}$, 考虑二元连分式

$$R_5(x, y) = R_4(x, y) + \frac{(y - y_2)(x - x_3)|}{|c_4}.$$

故进一步将插值节点 (x_4, y_4) 代入 $R_5(x, y)$, 得到

$$c_1 + \frac{(y_4 - y_0)(x_4 - x_1)|}{|c_2} + \frac{(y_4 - y_1)(x_4 - x_2)|}{|c_3} + \frac{(y_4 - y_2)(x_4 - x_3)|}{|c_4}$$

$$= \frac{x_4 - x_0}{f_4 - f_0} \equiv \varphi[x_0, x_4; y_0, y_4]$$

$$\Rightarrow c_2 + \frac{(y_4 - y_1)(x_4 - x_2)|}{|c_3} + \frac{(y_4 - y_2)(x_4 - x_3)|}{|c_4}$$

$$= \frac{(y_4 - y_0)(x_4 - x_1)}{\varphi[x_0, x_4; y_0, y_4] - \varphi[x_0, x_1; y_0, y_1]} \equiv \varphi[x_0, x_1, x_4; y_0, y_1, y_4]$$

$$\Rightarrow c_3 + \frac{(y_4 - y_2)(x_4 - x_3)}{c_4} = \frac{(y_4 - y_1)(x_4 - x_2)}{\varphi[x_0, x_1, x_4; y_0, y_1, y_4] - \varphi[x_0, x_1, x_2; y_0, y_1, y_2]}$$

$$\equiv \varphi[x_0, x_1, x_2, x_4; y_0, y_1, y_2, y_4]$$

$$\Rightarrow c_4 = \frac{(y_4 - y_2)(x_4 - x_3)}{\varphi[x_0, x_1, x_2, x_4; y_0, y_1, y_2, y_4] - \varphi[x_0, \cdots, x_3; y_0, \cdots, y_3]}$$

$$\equiv \varphi[x_0, \cdots, x_4; y_0, \cdots, y_4].$$

于是对散乱数据 $\Pi_i (i = 2, 3, 4, 5)$ 结论成立.

进一步, 假设结论对 $\Pi_i(i = 1, 2, \cdots, 2n)$ 成立, 且记算法 6.1.1 与算法 6.1.2 中相应的插值系数为诸 c_i, 于是, 一方面, 对 $\Pi_i(i = 1, 2, \cdots, 2n)$, 有

$$R_{2n+1}(x, y) = c_0 + \frac{x - x_0|}{|c_1} + \overset{2n-2}{\underset{i=0}{K}} \frac{(y - y_i)(x - x_{i+1})|}{|c_{i+2}}.$$

考虑到 $R_{2n+1}(x, y)$ 插值于点 (x_{2n}, y_{2n}), 有

$$c_1 + \frac{(y_{2n} - y_0)(x_{2n} - x_1)|}{|c_2} + \cdots + \frac{(y_{2n} - y_{2n-2})(x_{2n} - x_{2n-1})|}{|c_{2n}}$$

$$= \frac{x_{2n} - x_0}{f_{2n} - f_0} \equiv \varphi[x_0, x_{2n}; y_0, y_{2n}]$$

$$\Rightarrow c_2 + \frac{(y_{2n} - y_1)(x_{2n} - x_2)|}{|c_3} + \cdots + \frac{(y_{2n} - y_{2n-2})(x_{2n} - x_{2n-1})|}{|c_{2n}}$$

$$= \frac{(y_{2n} - y_0)(x_{2n} - x_1)}{\varphi[x_0, x_{2n}; y_0, y_{2n}] - \varphi[x_0, x_1; y_0, y_1]} \equiv \varphi[x_0, x_1, x_{2n}; y_0, y_1, y_{2n}]$$

$$\Rightarrow c_3 + \frac{(y_{2n} - y_2)(x_{2n} - x_3)|}{|c_4} + \cdots + \frac{(y_{2n} - y_{2n-2})(x_{2n} - x_{2n-1})|}{|c_{2n}}$$

$$= \frac{(y_{2n} - y_1)(x_{2n} - x_2)}{\varphi[x_0, x_1, x_{2n}; y_0, y_1, y_{2n}] - \varphi[x_0, x_1, x_2; y_0, y_1, y_2]} \equiv \varphi_{0,1,2,2n}$$

$$\Rightarrow c_4 + \frac{(y_{2n} - y_3)(x_{2n} - x_4)|}{|c_5} + \cdots + \frac{(y_{2n} - y_{2n-2})(x_{2n} - x_{2n-1})|}{|c_{2n}}$$

$$= \frac{(y_{2n} - y_2)(x_{2n} - x_3)}{\varphi_{0,1,2,2n} - \varphi_{0,\cdots,3}} \equiv \varphi_{0,\cdots,3,2n}$$

$$\Rightarrow \cdots$$

$$\Rightarrow c_{2n-1} + \frac{(y_{2n} - y_{2n-2})(x_{2n} - x_{2n-1})|}{|c_{2n}}$$

$$= \frac{(y_{2n} - y_{2n-3})(x_{2n} - x_{2n-2})}{\varphi_{0,\cdots,2n-3,2n} - \varphi_{0,\cdots,2n-2}} \equiv \varphi_{0,\cdots,2n-2,2n}$$

$$\Rightarrow c_{2n} = \frac{(y_{2n} - y_{2n-2})(x_{2n} - x_{2n-1})}{\varphi_{0,\cdots,2n-2,2n} - \varphi_{0,\cdots,2n-1}} \equiv \varphi_{0,\cdots,2n}.$$

另一方面, 对 $i = 2n + 2$, 推得

$$R_{2n+2}(x, y) = c_0 + \frac{x - x_0|}{|c_1} + \overset{2n-1}{\underset{i=0}{K}} \frac{(y - y_i)(x - x_{i+1})|}{|c_{i+2}}$$

插值于点 (x_{2n+1}, y_{2n+1}), 有

$$c_1 + \cfrac{(y_{2n+1}-y_0)(x_{2n+1}-x_1)|}{|c_2} + \cdots + \cfrac{(y_{2n+1}-y_{2n-1})(x_{2n+1}-x_{2n})|}{|c_{2n+1}}$$

$$= \frac{x_{2n+1}-x_0}{f_{2n+1}-f_0} \equiv \varphi[x_0, x_{2n+1}; y_0, y_{2n+1}]$$

$$\Rightarrow c_2 + \cfrac{(y_{2n+1}-y_1)(x_{2n+1}-x_2)|}{|c_3} + \cdots + \cfrac{(y_{2n+1}-y_{2n-1})(x_{2n+1}-x_{2n})|}{|c_{2n+1}}$$

$$= \frac{(y_{2n+1}-y_0)(x_{2n+1}-x_1)}{\varphi[x_0, x_{2n+1}; y_0, y_{2n+1}] - \varphi[x_0, x_1; y_0, y_1]} \equiv \varphi[x_0, x_1, x_{2n+1}; y_0, y_1, y_{2n+1}]$$

$$\Rightarrow c_3 + \cfrac{(y_{2n+1}-y_2)(x_{2n+1}-x_3)|}{|c_4} + \cdots + \cfrac{(y_{2n+1}-y_{2n-1})(x_{2n+1}-x_{2n})|}{|c_{2n+1}}$$

$$= \frac{(y_{2n+1}-y_1)(x_{2n+1}-x_2)}{\varphi[x_0, x_1, x_{2n+1}; y_0, y_1, y_{2n+1}] - \varphi[x_0, x_1, x_2; y_0, y_1, y_2]} \equiv \varphi_{0,1,2,2n+1}$$

$$\Rightarrow c_4 + \cfrac{(y_{2n+1}-y_3)(x_{2n+1}-x_4)|}{|c_5} + \cdots + \cfrac{(y_{2n+1}-y_{2n-1})(x_{2n+1}-x_{2n})|}{|c_{2n+1}}$$

$$= \frac{(y_{2n+1}-y_2)(x_{2n+1}-x_3)}{\varphi_{0,1,2,2n+1} - \varphi_{0,\cdots,3}} \equiv \varphi_{0,\cdots,3,2n+1}$$

$$\Rightarrow \cdots$$

$$\Rightarrow c_{2n} + \cfrac{(y_{2n+1}-y_{2n-1})(x_{2n+1}-x_{2n})|}{|c_{2n+1}} = \frac{(y_{2n+1}-y_{2n-2})(x_{2n+1}-x_{2n-1})}{\varphi_{0,\cdots,2n-2,2n+1} - \varphi_{0,\cdots,2n-1}}$$

$$\equiv \varphi_{0,\cdots,2n-1,2n+1}$$

$$\Rightarrow c_{2n+1} = \frac{(y_{2n+1}-y_{2n-1})(x_{2n+1}-x_{2n})}{\varphi_{0,\cdots,2n-1,2n+1} - \varphi_{0,\cdots,2n}} \equiv \varphi_{0,\cdots,2n+1}.$$

故我们归纳证得 (6.10)—(6.13) 式成立. □

我们已经建立了散乱数据上的二元连分式插值格式, 下面将进一步研究二元连分式与被插函数之间的恒等关系式. 首先, 按定义 6.1.2 给出若干关于自变量 x 与 y 的非张量积型二元逆差商.

定义 6.1.2 对散乱数据 Π_{2n+2}, 其中当 $i \neq j$ 时, $x_i \neq x_j, y_i \neq y_j$, 基于定义 6.1.1, 定义关于自变量 x 与 y 的非张量积型二元逆差商.

$$\varphi[x_0, x; y_0, y] = \frac{x-x_0}{f(x, y) - f_0}.$$

$$\varphi[x_0, x_1, x; y_0, y_1, y] = \frac{(y-y_0)(x-x_1)}{\varphi[x_0, x; y_0, y] - \varphi_{0,1}}.$$

$$\varphi[x_0, x_1, x_2, x; y_0, y_1, y_2, y] = \frac{(y - y_1)(x - x_2)}{\varphi[x_0, x_1, x; y_0, y_1, y] - \varphi_{0,1,2}}.$$

$$\varphi[x_0, \cdots, x_3, x; y_0, \cdots, y_3, y] = \frac{(y - y_2)(x - x_3)}{\varphi[x_0, x_1, x_2, x; y_0, y_1, y_2, y] - \varphi_{0,\cdots,3}}.$$

$$\varphi[x_0, \cdots, x_4, x; y_0, \cdots, y_4, y] = \frac{(y - y_3)(x - x_4)}{\varphi[x_0, \cdots, x_3, x; y_0, \cdots, y_3, y] - \varphi_{0,\cdots,4}}.$$

$$\cdots\cdots$$

$$\varphi[x_0, \cdots, x_{2n-1}, x; y_0, \cdots, y_{2n-1}, y]$$
$$= \frac{(y - y_{2n-2})(x - x_{2n-1})}{\varphi[x_0, \cdots, x_{2n-2}, x; y_0, \cdots, y_{2n-2}, y] - \varphi_{0,\cdots,2n-1}}.$$

$$\varphi[x_0, \cdots, x_{2n}, x; y_0, \cdots, y_{2n}, y] = \frac{(y - y_{2n-1})(x - x_{2n})}{\varphi[x_0, \cdots, x_{2n-1}, x; y_0, \cdots, y_{2n-1}, y] - \varphi_{0,\cdots,2n}}.$$

$$\varphi[x_0, \cdots, x_{2n+1}, x; y_0, \cdots, y_{2n+1}, y] = \frac{(y - y_{2n})(x - x_{2n+1})}{\varphi[x_0, \cdots, x_{2n}, x; y_0, \cdots, y_{2n}, y] - \varphi_{0,\cdots,2n+1}}.$$

定理 6.1.3　设插值节点 (x_i, y_i), $i = 0, 1, \cdots, 2n$, 有如下恒等式:

$$f(x, y) \equiv c_0 + \frac{x - x_0|}{|c_1} + \overset{2n-2}{\underset{i=0}{K}} \frac{(y - y_i)(x - x_{i+1})|}{|c_{i+2}} + \frac{(y - y_{2n-1})(x - x_{2n})|}{|c_{2n+1}(x, y)}, \quad (6.14)$$

其中诸插值系数按下式计算:

$$c_i = \varphi[x_0, \cdots, x_i; y_0, \cdots, y_i], \quad i = 0, 1, \cdots, 2n, \quad\quad\quad (6.15)$$

且连分式最后一个分叉项为

$$c_{2n+1} = \varphi[x_0, \cdots, x_{2n}, x; y_0, \cdots, y_{2n}, y]. \quad\quad\quad (6.16)$$

定理 6.1.4　给定插值节点 (x_i, y_i), $i = 0, 1, \cdots, 2n + 1$, 有恒等式

$$f(x, y) \equiv c_0 + \frac{x - x_0|}{|c_1} + \overset{2n-1}{\underset{i=0}{K}} \frac{(y - y_i)(x - x_{i+1})|}{|c_{i+2}} + \frac{(y - y_{2n})(x - x_{2n+1})|}{|c_{2n+2}(x, y)}, \quad (6.17)$$

其中诸插值系数按下式计算:

$$c_i = \varphi[x_0, \cdots, x_i; y_0, \cdots, y_i], \quad i = 0, 1, \cdots, 2n, \quad\quad\quad (6.18)$$

且连分式最后一个分叉项为

$$c_{2n+1} = \varphi[x_0, \cdots, x_{2n}, x; y_0, \cdots, y_{2n}, y]. \quad\quad\quad (6.19)$$

6.2 特 征 定 理

本节将利用所提二元连分式 $R_{2n+1}(x,y)$ 与 $R_{2n+2}(x,y)$ 的三项递推关系式, 确定其渐近式分子分母的次数, 为此, 先做一些预备工作. 记按 (6.1) 式定义的二元插值连分式 $R_{2n+1}(x,y)$ 渐近式的分子分母分别为 $P_{2n+1}(x,y), Q_{2n+1}(x,y)$, 其次数分别为 $\deg P_{2n+1}, \deg Q_{2n+1}$, 且称二元有理函数 $R_{2n+1}(x,y)$ 为 $(\deg P_{2n+1})/(\deg Q_{2n+1})$ 型. 类似地, 记按 (6.2) 式定义的二元连分式 $R_{2n+2}(x,y)$ 渐近式的分子分母分别为 $\deg P_{2n+2}, \deg Q_{2n+2}$, 其次数分别为 $\deg P_{2n+2}, \deg Q_{2n+2}$, 称为 $(\deg P_{2n+2})/(\deg Q_{2n+2})$ 型.

引理 6.2.1 设连分式

$$b_0 + \frac{a_1|}{|b_1} + \frac{a_2|}{|b_2} + \cdots = b_0 + \overset{\infty}{\underset{i=1}{K}} \frac{a_i}{b_i}, \tag{6.20}$$

以及其渐近式

$$R_n = b_0 + \overset{n}{\underset{i=1}{K}} \frac{a_i}{b_i} \equiv \frac{P_n}{Q_n}, \tag{6.21}$$

则成立三项递推关系式

$$P_n = b_n P_{n-1} + a_n P_{n-2}, \quad Q_n = b_n Q_{n-1} + a_n Q_{n-2}, \tag{6.22}$$

其中 $P_{-1} = 1, P_0 = b_0, Q_{-1} = 0, Q_0 = 1, n = 1, 2, \cdots$.

引理 6.2.2 设一元 Thiele 型连分式

$$R_n(x) = b_0(x) + \overset{n}{\underset{i=1}{K}} \frac{x - x_{i-1}}{b_i} \equiv \frac{P_n(x)}{Q_n(x)}, \tag{6.23}$$

则 $\deg P_n(x) = [(n+1)/2], \deg Q_n(x) = [n/2]$, 换言之, 连分式 $R_n(x)$ 为 $[(n+1)/2]/[n/2]$ 型, 其中 $[n/2]$ 表示 $n/2$ 的取整.

另外, 全书中, 我们将 $\mathbf{P}_{n,n}$ 与 $\mathbf{P}_{n+1,n}$ 分别表示为如下二元张量积型多项式空间:

$$\mathbf{P}_{n,n} = \mathrm{span}\{1, x, \cdots, x^n\} \otimes \{1, y, \cdots, y^n\},$$
$$\mathbf{P}_{n+1,n} = \mathrm{span}\{1, x, \cdots, x^{n+1}\} \otimes \{1, y, \cdots, y^n\}.$$

故由引理 6.2.1, 分别推得二元非张量积型插值连分式三项递推关系式.

定理 6.2.1 设按 (6.1) 式定义的二元连分式为

$$R_{2n+1}(x,y) \equiv \frac{P_{2n+1}(x,y)}{Q_{2n+1}(x,y)}, \tag{6.24}$$

则成立三项递推关系式为

$$P_{2n+1}(x,y) = c_{2n}P_{2n}(x,y) + (y - y_{2n-2})(x - x_{2n-1})P_{2n-1}(x,y),$$
$$Q_{2n+1}(x,y) = c_{2n}Q_{2n}(x,y) + (y - y_{2n-2})(x - x_{2n-1})Q_{2n-1}(x,y), \tag{6.25}$$

其中对 $n = 1, 2, \cdots$, 有

$$P_1 = c_0, \quad Q_1 = 1, \quad P_2 = c_0 c_1 + x - x_0, \quad Q_2 = c_1. \tag{6.26}$$

定理 6.2.2　设按 (6.2) 式定义的二元连分式为

$$R_{2n+2}(x,y) \equiv \frac{P_{2n+2}(x,y)}{Q_{2n+2}(x,y)}, \tag{6.27}$$

则对 $n = 0, 1, 2, \cdots$, 成立三项递推关系式为

$$P_{2n+2}(x,y) = c_{2n+1}P_{2n+1}(x,y) + (y - y_{2n-1})(x - x_{2n})P_{2n}(x,y),$$
$$Q_{2n+2}(x,y) = c_{2n+1}Q_{2n+1}(x,y) + (y - y_{2n-1})(x - x_{2n})Q_{2n}(x,y), \tag{6.28}$$

其中

$$P_0 = 1, \quad P_1 = 1, \quad Q_0 = 0, \quad Q_1 = 1, \quad y - y_{-1} = 1. \tag{6.29}$$

算法 6.2.1　设 $2n + 1$ 个插值节点 (x_i, y_i), 以及相应被插函数值 $f_i(i = 0, 1, \cdots, 2n)$.

1. 初始化: 对 $i = 0, 1, \cdots, 2n$, 计算出诸插值系数

$$c_i = \varphi[x_0, \cdots, x_i; y_0, \cdots, y_i].$$

2. 递推过程:

$$
\begin{aligned}
&\text{for} \quad k = 1, 2, \cdots, n \\
&\qquad P_0 = 1; \quad Q_0 = 0; \\
&\qquad P_1 = c_0; \quad Q_1 = 1; \\
&\qquad P_{2k} = c_{2k-1}P_{2k-1} + (y - y_{2k-3})(x - x_{2k-2})P_{2k-2}; \\
&\qquad Q_{2k} = c_{2k-1}Q_{2k-1} + (y - y_{2k-3})(x - x_{2k-2})Q_{2k-2}; \\
&\qquad P_{2k+1} = c_{2k}P_{2k} + (y - y_{2k-2})(x - x_{2k-1})P_{2k-1}; \\
&\qquad Q_{2k+1} = c_{2k}Q_{2k} + (y - y_{2k-2})(x - x_{2k-1})Q_{2k-1}; \\
&\text{end}
\end{aligned}
$$

3. 输出结果:

$$P_{2n+1}(x,y), \quad Q_{2n+1}(x,y) \to R_{2n+1}(x,y) = \frac{P_{2n+1}(x,y)}{Q_{2n+1}(x,y)}.$$

算法 6.2.2 设 $2n+2$ 个插值节点 (x_i, y_i), 相应被插函数值 $f_i(i = 0, 1, \cdots, 2n+1)$.

1. 初始化: 对 $i = 0, 1, \cdots, 2n+1$, 计算出诸插值系数

$$c_i = \varphi[x_0, \cdots, x_i; y_0, \cdots, y_i].$$

2. 递推过程:

$$
\begin{aligned}
&\text{for} \quad k = 1, 2, \cdots, n \\
&\quad P_1 = c_0; \quad Q_1 = 1; \\
&\quad P_2 = c_0 c_1 + x - x_0; \quad Q_2 = c_1; \\
&\quad P_{2k+1} = c_{2k} P_{2k} + (y - y_{2k-2})(x - x_{2k-1}) P_{2k-1}; \\
&\quad Q_{2k+1} = c_{2k} Q_{2k} + (y - y_{2k-2})(x - x_{2k-1}) Q_{2k-1}; \\
&\quad P_{2k+2} = c_{2k+1} P_{2k+1} + (y - y_{2k-1})(x - x_{2k}) P_{2k}; \\
&\quad Q_{2k+2} = c_{2k+1} Q_{2k+1} + (y - y_{2k-1})(x - x_{2k}) Q_{2k}; \\
&\text{end}
\end{aligned}
$$

3. 输出结果:

$$P_{2n+2}(x, y), \quad Q_{2n+2}(x, y) \to R_{2n+2}(x, y) = \frac{P_{2n+2}(x, y)}{Q_{2n+2}(x, y)}.$$

利用定理 6.2.1 中连分式 $R_{2n+1}(x, y)$ 与定理 6.2.2 中连分式 $R_{2n+2}(x, y)$ 的三项递推关系式, 确定相应分子分母 $P_{2n+1}(x, y), Q_{2n+1}(x, y)$ 与 $P_{2n+2}(x, y), Q_{2n+2}(x, y)$ 的次数, 此结论也称为特征定理.

定理 6.2.3 (1) 二元连分式 $R_{2n+1}(x, y)$ 是 $(2n)/(2n)$ 型, 且

$$P_{2n+1}(x, y) \in \mathbf{P}_{n,n}, \quad Q_{2n+1}(x, y) \in \mathbf{P}_{n,n}, \quad n = 0, 1, 2, \cdots.$$

(2) 二元连分式 $R_{2n+2}(x, y)$ 是 $(2n+1)/(2n)$ 型, 且

$$P_{2n+2}(x, y) \in \mathbf{P}_{n+1,n}, \quad Q_{2n+2}(x, y) \in \mathbf{P}_{n,n}, \quad n = 0, 1, 2, \cdots.$$

证明 我们对结论关于 n 利用数学归纳法证明.

当 $n = 0$ 时, 直接计算表明插值于两个节点的二元连分式 $R_2(x, y)$ 是 $1/0$ 型, 且

$$P_2(x, y) \in \text{span}\{1, x\} \otimes \{1\} \equiv \mathbf{P}_{1,0}, \quad Q_2(x, y) \in \text{span}\{1\} \otimes \{1\} \equiv \mathbf{P}_{0,0}.$$

当 $n = 1$ 时, 基于 3 个插值节点的二元插值连分式 $R_3(x, y)$ 是 $2/2$ 型, 且

$$P_3(x, y) \in \text{span}\{1, x\} \otimes \{1, y\} \equiv \mathbf{P}_{1,1}, \quad Q_3(x, y) \in \text{span}\{1, x\} \otimes \{1, y\} \equiv \mathbf{P}_{1,1}.$$

当 $n = 2$ 时, 通过计算, 得知插值于 4 个节点的连分式 $R_4(x, y)$ 是 3/2 型, 且

$$P_4(x, y) \in \text{span}\{1, x, x^2\} \otimes \{1, y\} \equiv \mathbf{P}_{2,1},$$
$$Q_4(x, y) \in \text{span}\{1, x\} \otimes \{1, y\} \equiv \mathbf{P}_{1,1}.$$

进而, 假设结论对 Π_{2n-1} 上的二元插值连分式 $R_{2n-1}(x, y)$ 与 Π_{2n} 上的二元插值连分式 $R_{2n}(x, y)$ 同时成立, 则一方面, 对 Π_{2n+1} 上的二元连分式 $R_{2n+1}(x, y)$, 有

$$\deg P_{2n+1}(x, y) = \max\{c_{2n}P_{2n}(x, y), (y - y_{2n-2})(x - x_{2n-1})P_{2n-1}(x, y)\}$$
$$= \max\{2n - 1, 2n - 2 + 2\} = 2n,$$
$$\deg Q_{2n+1}(x, y) = \max\{c_{2n}Q_{2n}(x, y), (y - y_{2n-2})(x - x_{2n-1})Q_{2n-1}(x, y)\}$$
$$= \max\{2n - 2, 2n - 2 + 2\} = 2n,$$

且

$$P_{2n-1}(x, y) \in \mathbf{P}_{n-1,n-1}, P_{2n}(x, y) \in \mathbf{P}_{n,n-1} \Rightarrow P_{2n+1}(x, y) \in \mathbf{P}_{n,n},$$
$$Q_{2n-1}(x, y) \in \mathbf{P}_{n-1,n-1}, Q_{2n}(x, y) \in \mathbf{P}_{n-1,n-1} \Rightarrow Q_{2n+1}(x, y) \in \mathbf{P}_{n,n}.$$

另一方面, 对于插值于散乱数据 Π_{2n+2} 的二元连分式 $R_{2n+2}(x, y)$, 成立

$$\deg P_{2n+2}(x, y) = \max\{c_{2n+1}P_{2n+1}(x, y), (y - y_{2n-1})(x - x_{2n})P_{2n}(x, y)\}$$
$$= \max\{2n, 2n - 1 + 2\} = 2n + 1,$$
$$\deg Q_{2n+2}(x, y) = \max\{c_{2n+1}Q_{2n+1}(x, y), (y - y_{2n-1})(x - x_{2n})Q_{2n}(x, y)\}$$
$$= \max\{2n, 2n - 2 + 2\} = 2n,$$

且

$$P_{2n+1}(x, y) \in \mathbf{P}_{n,n}, P_{2n}(x, y) \in \mathbf{P}_{n,n-1} \Rightarrow P_{2n+2}(x, y) \in \mathbf{P}_{n+1,n},$$
$$Q_{2n+1}(x, y) \in \mathbf{P}_{n,n}, Q_{2n}(x, y) \in \mathbf{P}_{n-1,n-1} \Rightarrow Q_{2n+2}(x, y) \in \mathbf{P}_{n,n}.$$

故结论得证.　　　　　　　　　　　　　　　　　　　　　　　　　　□

注 6.2.1　为方便起见, 我们将散乱数据点、二元连分式分子分母次数, 以及二元连分式分子分母所属于的二元多项式空间列于表 6.2.

注 6.2.2　二元 Thiele 型插值连分式 $\tilde{R}_{2n+1}(x, y) \equiv \dfrac{\tilde{P}_{2n+1}(x, y)}{\tilde{Q}_{2n+1}(x, y)}$ 须建立于矩形网格 $\tilde{\Pi}_{2n+1} = \{(x_i, y_i), i, j = 0, 1, \cdots, 2n\}$ 上, 其中当 $i \neq j$ 时, $x_i \neq x_j, y_i \neq y_j$. 于是由引理 6.2.2, 不难得到

$$\tilde{P}_{2n+1}(x, y) \in \mathbf{P}_{n+1,n+1}, \quad \tilde{Q}_{2n+1}(x, y) \in \mathbf{P}_{n,n}, \quad n = 0, 1, 2, \cdots.$$

显然, 二元连分式 $\tilde{R}_{2n+1}(x,y)$ 分子 $\tilde{P}_{2n+1}(x,y)$ 次数大于定理 6.2.3(1) 中二元插值连分式 $R_{2n+1}(x,y)$ 分子 $P_{2n+1}(x,y)$ 的次数.

表 6.2 基于散乱数据 Π_k 的二元插值多项式的特征

散乱数据Π_k	$R_k(x,y)$型	$P_k(x,y)$所属多项式空间	$Q_k(x,y)$所属多项式空间
Π_2	1/0	$\mathbf{P}_{1,0}$	$\mathbf{P}_{0,0}$
Π_3	2/2	$\mathbf{P}_{1,1}$	$\mathbf{P}_{1,1}$
Π_4	3/2	$\mathbf{P}_{2,1}$	$\mathbf{P}_{1,1}$
Π_5	4/4	$\mathbf{P}_{2,2}$	$\mathbf{P}_{2,2}$
Π_6	5/4	$\mathbf{P}_{3,2}$	$\mathbf{P}_{2,2}$
$\vdots$	$\vdots$	$\vdots$	$\vdots$
Π_{2n-1}	$(2n-2)/(2n-2)$	$\mathbf{P}_{n-1,n-1}$	$\mathbf{P}_{n-1,n-1}$
Π_{2n}	$(2n-1)/(2n-2)$	$\mathbf{P}_{n,n-1}$	$\mathbf{P}_{n-1,n-1}$
Π_{2n+1}	$(2n)/(2n)$	$\mathbf{P}_{n,n}$	$\mathbf{P}_{n,n}$
Π_{2n+2}	$(2n+1)/(2n)$	$\mathbf{P}_{n+1,n}$	$\mathbf{P}_{n,n}$

注 6.2.3 类似于注 6.2.2, 基于矩形网格 $\tilde{\Pi}_{2n+2} = \{(x_i,y_i), i,j = 0,1,\cdots,2n+1\}$ 的二元 Thiele 型插值连分式 $\tilde{R}_{2n+2}(x,y) \equiv \dfrac{\tilde{P}_{2n+2}(x,y)}{\tilde{Q}_{2n+2}(x,y)}$ 的分子分母分别为

$$\tilde{P}_{2n+2}(x,y) \in \mathbf{P}_{n+1,n+1}, \quad \tilde{Q}_{2n+2}(x,y) \in \mathbf{P}_{n+1,n+1}, \quad n = 0,1,2,\cdots.$$

因此, 二元 Thiele 型连分式 $\tilde{R}_{2n+1}(x,y)$ 分子分母的次数分别大于定理 6.2.3(2) 中二元插值连分式 $R_{2n+1}(x,y)$ 分子分母的次数.

6.3 数值算例

利用算法 6.1.1、算法 6.1.2、算法 6.2.1 及算法 6.2.2, 我们给出散乱数据上若干二元连分式插值的数值算例, 计算出分子分母表达式, 绘出相应的二元连分式曲面图形.

记散乱数据点集为 $\Pi_{k+1} = \{(x_0,y_0),(x_1,y_1),\cdots,(x_k,y_k)\}$, 其中 $k = 2,3,4,5$, 且当 $i \neq j$ 时, $x_i \neq x_j, y_i \neq y_j$, 于是, 利用 (6.1) 与 (6.2), 给出相应的二元插值连分式表达式如下:

$$R_3(x,y) \equiv \frac{P_3(x,y)}{Q_3(x,y)} = c_0 + \frac{x-x_0|}{|c_1} + \frac{(y-y_0)(x-x_1)|}{|c_2}, \tag{6.30}$$

$$R_4(x,y) \equiv \frac{P_4(x,y)}{Q_4(x,y)} = c_0 + \frac{x-x_0|}{|c_1} + \frac{(y-y_0)(x-x_1)|}{|c_2} + \frac{(y-y_1)(x-x_2)|}{|c_3}, \tag{6.31}$$

$$R_5(x,y) \equiv \frac{P_5(x,y)}{Q_5(x,y)}$$

$$= c_0 + \frac{x-x_0|}{|c_1} + \frac{(y-y_0)(x-x_1)|}{|c_2} + \frac{(y-y_1)(x-x_2)|}{|c_3} + \frac{(y-y_2)(x-x_3)|}{|c_4},$$

(6.32)

$$R_6(x,y) \equiv \frac{P_6(x,y)}{Q_6(x,y)}$$

$$= c_0 + \frac{x-x_0|}{|c_1} + \frac{(y-y_0)(x-x_1)|}{|c_2} + \frac{(y-y_1)(x-x_2)|}{|c_3}$$

$$+ \frac{(y-y_2)(x-x_3)|}{|c_4} + \frac{(y-y_3)(x-x_4)|}{|c_5}.$$

(6.33)

算例 6.3.1　设插值节点 $P_0(-7,-9.5), P_1(-5,-4), P_2(-3,-2), P_3(0.2,-1),$ $P_4(4,2), P_5(7.8,8)$, 记按此顺序相应的插值节点组为 $\Pi_{k+1}(k=2,3,4,5)$, 如图 6.1 所示, 并给出节点 P_i 处的竖坐标为 $\{f_i|i=0,\cdots,5\}$, 如表 6.3 所示. 因此, 利用算法 6.1.1 与算法 6.1.2, 计算出 6 个插值系数 $c_i(i=0,\cdots,5)$, 如表 6.4 所示. 进一步, 我们分别得到 $\Pi_{k+1}(k=2,3,4,5)$ 上的二元插值连分式 $R_i(x,y)(i=3,4,5,6)$ 的具体表达式. 即由算法 6.2.1 得到 $R_3(x,y), R_5(x,y)$, 而由算法 6.2.2 得到 $R_4(x,y), R_6(x,y)$. 最后, 绘出上述有理插值函数的部分曲面图形, 如图 6.2—图 6.5 所示.

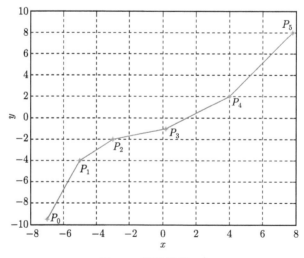

图 6.1　散乱数据 Π_6

表 6.3　插值节点 $P_i(x_i, y_i)(i = 0, \cdots, 5)$ 处的竖坐标

f_0	f_1	f_2	f_3	f_4	f_5
-0.058745	0.018686	-0.124112	0.835460	-0.217184	-0.088092

表 6.4　算例 6.3.1 中 $R_i(x, y)(i = 2, 3, 4, 5)$ 的插值系数

c_0	c_1	c_2	c_3	c_4	c_5
-0.058745	25.829193	-0.172369	-4.148767	-0.363684	158.478514

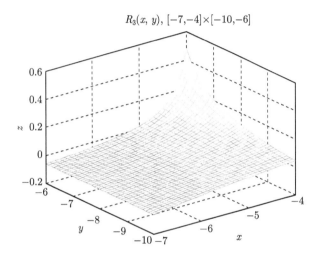

图 6.2　Π_3 上插值连分式 $R_3(x, y)$ 的部分曲面

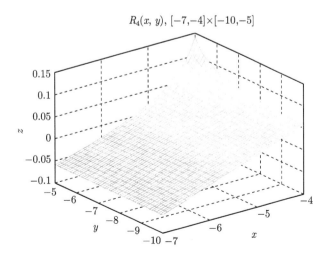

图 6.3　Π_4 上插值连分式 $R_4(x, y)$ 的部分曲面

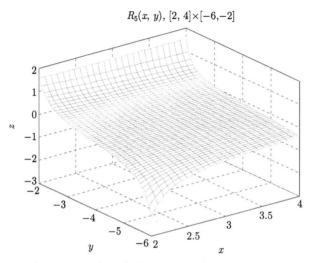

图 6.4 Π_5 上插值连分式 $R_5(x, y)$ 的部分曲面

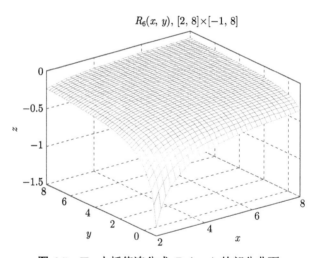

图 6.5 Π_6 上插值连分式 $R_6(x, y)$ 的部分曲面

$$P_3(x, y) = -0.730450x - 0.293727y - 0.058745xy - 3.735443,$$

$$Q_3(x, y) = xy + 5.0y + 9.5x + 43.047846,$$

$$R_3(x, y) = \frac{P_3(x, y)}{Q_3(x, y)}.$$

$$P_4(x, y) = 36.961088x + 17.666570y + 8.726376xy + x^2 y + 4.0x^2 + 81.289351,$$

$$Q_4(x, y) = 63.903487x + 56.743745y + 21.680426xy + 131.354841,$$

$$R_4(x, y) = \frac{P_4(x, y)}{Q_4(x, y)}.$$

$$P_5(x,y) = -0.058745x^2y^2 - 1.211624x^2y - 2.915635x^2 - 0.281978xy^2$$
$$- 7.326952xy - 20.620862x + 0.058745y^2 - 5.560469y - 28.069457,$$
$$Q_5(x,y) = x^2y^2 + 11.5x^2y + 19.0x^2 + 4.8xy^2 + 42.863022xy + 59.055017x$$
$$- 1.0y^2 - 31.246360y - 64.990789,$$
$$R_5(x,y) = \frac{P_5(x,y)}{Q_5(x,y)}.$$
$$P_6(x,y) = 3.155002x^3y^2 + 15.775009x^3y + 12.620007x^3 - 14.460938x^2y^2$$
$$- 524.7681670x^2y - 1391.685375x^2 - 195.377658xy^2 - 3927.845914xy$$
$$- 10520.412261x - 193.579579y^2 - 4029.058999y - 15060.600628,$$
$$Q_6(x,y) = 568.401784x^2y^2 + 6020.017403x^2y + 9701.615619x^2$$
$$+ 2305.419482xy^2 + 20944.892838xy + 29135.470886x - 1216.106476y^2$$
$$- 17996.985482y - 34153.093667,$$
$$R_6(x,y) = \frac{P_6(x,y)}{Q_6(x,y)}.$$

算例 6.3.2 考虑散乱数据点 $P_0(-0.9, 0.2), P_1(-0.4, 0.6), P_2(0.2, 0.8), P_3(0.8,$ $0.4), P_4(0.6, -0.4), P_5(-0.6, -0.8)$, 并记 $\Pi_{k+1} = \{P_0, \cdots, P_k\}, k = 2, 3, 4, 5$, 如图 6.6 所示. 利用表 6.5 所示的数据点 P_i 处的竖坐标 f_i, 递推地算出表 6.6 中的插值系数 c_i. 于是利用算法 6.2.1, 得到有理插值函数 $R_3(x,y)$ 与 $R_5(x,y)$, 而利用算法 6.2.2, 算出有理插值系数 $R_4(x,y)$ 与 $R_6(x,y)$, 再绘出这些有理插值函数部分曲面, 分别如图 6.7—图 6.10 所示.

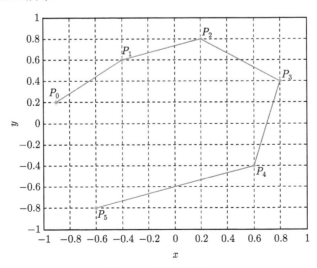

图 6.6 散乱数据 Π_6

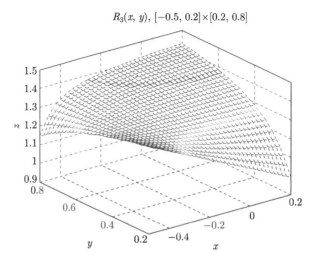

图 6.7　Π_3 上插值连分式 $R_3(x,y)$ 的部分曲面

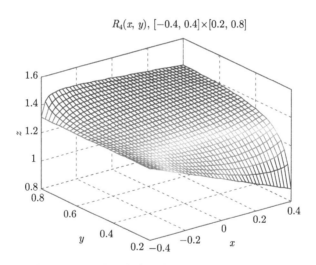

图 6.8　Π_4 上插值连分式 $R_4(x,y)$ 的部分曲面

表 6.5　算例 6.3.2 中诸插值节点 $P_i(x_i,y_i)$ 处相应的竖坐标 f_i

f_0	f_1	f_2	f_3	f_4	f_5
1.576055	1.311592	1.432173	1.531926	1.311592	1.718282

表 6.6　算例 6.3.2 中诸二元连分式插值函数 $R_i(x,y)$ 的插值系数

c_0	c_1	c_2	c_3	c_4	c_5
1.576055	-1.890620	-0.062559	-2.142556	0.717394	-2.705955

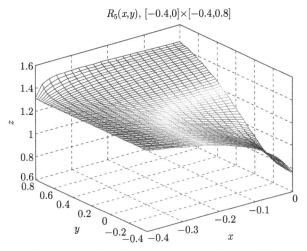

图 6.9　Π_5 上插值连分式 $R_5(x,y)$ 的部分曲面

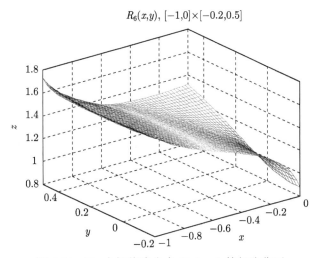

图 6.10　Π_6 上插值连分式 $R_6(x,y)$ 的部分曲面

$P_3(x,y) = 0.630442y - 0.377770x + 1.576055xy + 0.004022,$

$Q_3(x,y) = xy + 0.4y - 0.2x + 0.038276,$

$R_3(x,y) = \dfrac{P_3(x,y)}{Q_3(x,y)}.$

$P_4(x,y) = 2.177227x - 0.934770y - 5.656508xy + x^2y - 0.600000x^2 - 0.258183,$

$Q_4(x,y) = 1.562883x - 0.478898y - 4.033176xy - 0.308883,$

$$R_4(x,y) = \frac{P_4(x,y)}{Q_4(x,y)}.$$

$$P_5(x,y) = 1.576055x^2y^2 - 0.921220x^2y - 0.128220x^2 - 0.630422xy^2$$
$$- 3.247370xy + 1.316940x - 0.504338y^2 - 0.270346y - 0.182645,$$

$$Q_5(x,y) = x^2y^2 - 1.0x^2y + 0.16x^2 - 0.400000xy^2 - 2.375101xy + 0.962582x$$
$$- 0.320000y^2 - 0.118180y - 0.197094,$$

$$R_5(x,y) = \frac{P_5(x,y)}{Q_5(x,y)}.$$

$$P_6(x,y) = 2.309720x^3y^2 - 2.309720x^3y + 0.554333x^3 - 24.301130x^2y^2$$
$$+ 17.398228x^2y - 1.542739x^2 + 9.620051xy^2 + 14.410494xy$$
$$- 6.785431x + 4.447545y^2 + 1.529287y + 0.998413,$$

$$Q_6(x,y) = -15.565510x^2y^2 + 13.586028x^2y - 2.443929x^2 + 6.983185xy^2$$
$$+ 10.171779xy - 4.864409x + 2.663673y^2 + 0.901214y + 1.060614,$$

$$R_6(x,y) = \frac{P_6(x,y)}{Q_6(x,y)}.$$

算例 6.3.3　考虑 33 个互异空间点 (x_i, y_i, z_i), 其中

$$x_i = -10 + \frac{20}{33}(i+1), \quad y_i = \sin(i+1),$$
$$z_i = y_i + \sin\sqrt{x_i^2 + y_i^2}, \quad i = 0, 1, \cdots, 32.$$

这些点在 xOy 面上的投影点, 即插值节点 (x_i, y_i), 如图 6.11 所示, 于是我们表示二元连分式插值函数为

$$R_{33}(x,y) = c_0 + \frac{x - x_0|}{|c_1} + \frac{(y - y_0)(x - x_1)|}{|c_2} + \frac{(y - y_1)(x - x_2)|}{|c_3} + \cdots$$
$$+ \frac{(y - y_{29})(x - x_{30})|}{|c_{31}} + \frac{(y - y_{30})(x - x_{31})|}{|c_{32}}.$$

为方便起见, 我们将 33 个横、纵、竖坐标分别列于表 6.7, 进一步利用算法 6.1.1 递推地计算出插值系数如表 6.8 所示.

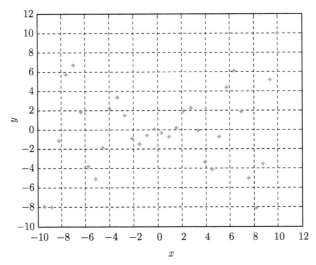

图 6.11 散乱数据 Π_{33}

表 6.7 算例 6.3.3 中诸点横、纵、竖坐标

i	x_i	y_i	z_i	i	x_i	y_i	z_i
0	−9.3939	−7.9047	−8.1898	17	0.9091	−0.6827	0.2246
1	−8.7879	−7.9908	−8.6263	18	1.5152	0.2271	1.2263
2	−8.1818	−1.1546	−0.2371	19	2.1212	1.9366	2.2027
3	−7.5758	5.7334	5.6575	20	2.7273	2.2818	1.8792
4	−6.9697	6.6834	6.4539	21	3.3333	−0.0295	−0.2202
5	−6.3636	1.7781	2.0966	22	3.9394	−3.3336	−4.2348
6	−5.7576	−3.7827	−3.2132	23	4.5455	−4.1163	−4.2666
7	−5.1515	−5.0967	−4.2755	24	5.1515	−0.6818	−1.5669
8	−4.5455	−1.8733	−2.8525	25	5.7576	4.3905	5.2082
9	−3.9394	2.1431	1.1689	26	6.3636	6.0860	6.6665
10	−3.3333	3.3333	2.3333	27	6.9697	1.8881	2.6944
11	−2.7273	1.4634	1.5099	28	7.5758	−5.0275	−4.7011
12	−2.1212	−0.8913	−0.1461	29	8.1818	−8.0839	−8.9585
13	−1.5152	−1.5009	−0.6547	30	8.7879	−3.5506	−3.6039
14	−0.9091	−0.5912	0.2929	31	9.3939	5.1801	4.2158
15	−0.3030	0.0872	0.3974	32	10	9.9991	10.9991
16	0.3030	−0.2913	0.1168				

表 6.8 算例 6.3.3 中 33 个插值系数

i	c_i	i	c_i	i	c_i	i	c_i
0	-8.1898	9	5.3770	18	0.2729	27	8.5241
1	0.0625	10	-3.2423	19	4.4127	28	-0.4977
2	16.7667	11	-1.7277	20	-23.0042	29	168.3309
3	-0.4023	12	7.0914	21	-0.1554	30	0.0034
4	24.1140	13	4.8380	22	26.3680	31	-151.2422
5	0.3717	14	-0.1681	23	321.7954	32	4.4141
6	-52.5315	15	-6.8490	24	-0.0150		
7	-0.8585	16	-0.4013	25	-360.5940		
8	13.8632	17	-3.3552	26	0.4162		

6.4 二元有理函数插值的计算复杂性

本节将分析所提散乱数据上二元连分式插值的计算复杂性, 并与经典的径向基函数插值方法作比较.

按 (1.61) 式, 基于 $N+1$ 个插值节点 $\Pi_{N+1} = \{\boldsymbol{x}_0, \cdots, \boldsymbol{x}_N\} \subset R^2$, 计算径向基函数插值共需要 $\frac{2}{3}(N+1)^3 + \frac{3}{2}(N+1)^2 - \frac{7}{6}(N+1)$ 次四则运算. 我们分析所提二元连分式插值的计算复杂性, 得到以下定理.

定理 6.4.1 计算散乱数据 Π_{N+1} 上所提二元连分式插值共需四则运算次数为

$$\mathrm{BCF}_{N+1} = \frac{5}{2}N^2 + \frac{13}{2}N - 3, \quad N \geqslant 1. \tag{6.34}$$

我们将从两方面加以说明. 一方面, 基于 $N+1$ 个插值节点 Π_{N+1}, 计算二元非张量积型逆差商 $\varphi_{0,\cdots,N}(N \geqslant 1)$ 共需要 $\frac{5}{2}N^2 + \frac{1}{2}N$ 次四则运算. 事实上, 我们可以归纳证明此结论. 由定义 6.1.1、算法 6.1.1 及算法 6.1.2, 首先计算二元逆差商 $\varphi_{0,1}$ 需要的加减法、乘法、除法的次数分别为 2, 0, 1, 而计算 $\varphi_{0,1,2}$ 所需要的相应次数分别为 $2 \times 2 + 3, 1, 2+1$. 接着, 计算 $\varphi_{0,1,2,3}$ 所需要的加减法、乘法、除法的次数分别为 $2 \times 3 + 3 \times 2 + 3, 2+1, 3+2+1$. 而计算 $\varphi_{0,\cdots,4}$ 所需相应次数分别为 $2 \times 4 + 3 \times 3 + 3 \times 2 + 3, 3+2+1, 4+3+2+1$. 由此归纳得到, 计算二元非张量积型逆差商 $\varphi_{0,\cdots,N}$ 所需要的加减法、乘法、除法的次数分别为

$$2N + 3(N-1) + 3(N-2) + \cdots + 3 \times 2 + 3 \times 1 = \frac{3}{2}N^2 + \frac{1}{2}N,$$
$$(N-1) + (N-2) + \cdots + 2 + 1 = \frac{1}{2}N(N-1),$$
$$N + (N-1) + \cdots + 2 + 1 = \frac{1}{2}N(N+1),$$

其总和为 $\dfrac{5}{2}N^2 + \dfrac{1}{2}N(N \geqslant 1)$.

另一方面, 对基于插值节点组 $\Pi_{N+1} = \{x_0, \cdots, x_N\}$ 上的所提二元有理插值函数 $R_{N+1}(x, y)$, 利用算法 6.2.1 与算法 6.2.2, 计算其分子 $P_{N+1}(x, y)$ 与分母 $Q_{N+1}(x, y)$ 所需要的四则运算总次数分别为 $3(N-1)+2$ 与 $3(N-1)+1$.

综上所述, 当插值节点数 $N+1 \to \infty$ 时, 计算所提二元插值连分式 $R_{N+1}(x, y)$ 所需要的四则运算总次数约为 $O(N^2)$, 这小于计算径向基插值函数所需要的计算量 $O(N^3)$.

第7章 非张量积型二元连分式插值

本章基于第 5 章二元多项式插值方法, 交换第 6 章二元插值连分式表达式中自变量 x 与 y 的顺序, 建立二元非张量积型连分式插值[23]. 首先, 基于新的二元非张量积型逆差商递推算法, 分别建立奇数与偶数个插值节点上的二元连分式插值格式, 并得到被插函数的两类恒等式. 接着由连分式三项递推关系式, 分别确定渐近式分子分母次数, 即特征定理, 并给出推导分子分母的递推算法. 同时研究连分式分子分母次数. 然后从计算复杂性角度而言, 分析所提二元有理函数插值的计算量. 最后给出数值算例.

7.1 二元连分式插值系数的递推计算

本节将提出一种新的非张量积型二元逆差商的递推算法, 利用此算法, 计算连分式插值系数, 并建立连分式与被插函数之间的恒等式. 进一步, 分别建立奇数与偶数个插值节点上的二元连分式插值格式.

设 $2n+1$ 个互异插值节点 $\Omega_{2n+1} = \{(x_i, y_i), i = 0, 1, \cdots, 2n\}$. 本节约定插值节点的选择可以保证计算过程顺利开展, 例如当 $i \neq j$ 时, $x_i \neq x_j, y_i \neq y_j$, 这意味着这些插值节点既不位于水平线上, 也不位于垂直线上. 于是定义如下形式的二元连分式:

$$
\begin{aligned}
r_{2n+1}(x, y) &= c_0 + \frac{y - y_0|}{|c_1} + \frac{(x - x_0)(y - y_1)|}{|c_2} + \frac{(x - x_1)(y - y_2)|}{|c_3} + \cdots \\
&\quad + \frac{(x - x_{2n-3})(y - y_{2n-2})|}{|c_{2n-1}} + \frac{(x - x_{2n-2})(y - y_{2n-1})|}{|c_{2n}} \\
&\equiv c_0 + \frac{y - y_0|}{|c_1} + \overset{2n-2}{\underset{i=0}{K}} \frac{(x - x_i)(y - y_{i+1})|}{|c_{i+2}}.
\end{aligned}
\tag{7.1}
$$

同时, 利用上述函数 $r_{2n+1}(x, y)$, 定义二元连分式函数

$$
r_{2n+2}(x, y) = r_{2n+1}(x, y) + \frac{(x - x_{2n-1})(y - y_{2n})|}{|c_{2n+1}},
\tag{7.2}
$$

其中 $2n+2$ 个互异插值节点 $\Omega_{2n+2} = \{(x_i, y_i), i = 0, 1, \cdots, 2n+1\}$ 互异, 且这些插值节点的选择可以保证计算顺利进行.

为了将 (7.1) 式与 (7.2) 式分别应用于散乱数据插值, 需要提前建立新的非张量积型二元逆差商算法. 约定: 二元逆差商 $\psi[x_0, \cdots, x_k; y_0, \cdots, y_k]$ 简记为 $\psi[x_0, x_1,$

$\cdots, x_{k-1}, x_k; y_0, y_0, \cdots, y_{k-1}, y_k]$, 即 $\psi_{0,\cdots,k}$, 当下标不是逐一递增时, 我们特别写出. 另外诸插值节点处的竖坐标记为 $f(x_i, y_i) \equiv f_i, i = 0, 1, \cdots, 2n, 2n+1$.

定义 7.1.1 对插值节点 $\Omega_{2n+1}, \Omega_{2n+2}$, 当 $i \neq j$ 时, $x_i \neq x_j, y_i \neq y_j$, 我们定义如下形式的二元逆差商:

$$\psi_i \equiv \psi[x_i; y_i] = f(x_i, y_i) = f_i, \quad i = 0, 1, \cdots, 2n+1. \tag{7.3}$$

$$\psi_{0,1} \equiv \psi[x_0, x_1; y_0, y_1] = \frac{y_1 - y_0}{f_1 - f_0}. \tag{7.4}$$

$$\psi_{0,1,2} \equiv \psi[x_0, x_1, x_2; y_0, y_1, y_2] = \frac{(x_2 - x_0)(y_2 - y_1)}{\psi_{0,2} - \psi_{0,1}}, \tag{7.5}$$

其中 $\psi_{0,1}$ 按 (7.4) 定义, 且

$$\psi_{0,2} \equiv \psi[x_0, x_2; y_0, y_2] = \frac{y_2 - y_0}{f_2 - f_0}.$$

$$\psi_{0,\cdots,3} \equiv \psi[x_0, \cdots, x_3; y_0, \cdots, y_3] = \frac{(x_3 - x_1)(y_3 - y_2)}{\psi_{0,1,3} - \psi_{0,1,2}}, \tag{7.6}$$

其中 $\psi_{0,1,2}$ 按 (7.5) 式定义, 且

$$\psi_{0,1,3} \equiv \psi[x_0, x_1, x_3; y_0, y_1, y_3] = \frac{(x_3 - x_0)(y_3 - y_1)}{\psi_{0,3} - \psi_{0,1}},$$

$$\psi_{0,3} \equiv \psi[x_0, x_3; y_0, y_3] = \frac{y_3 - y_0}{f_3 - f_0}.$$

$$\psi_{0,\cdots,4} \equiv \psi[x_0, \cdots, x_4; y_0, \cdots, y_4] \frac{(x_4 - x_2)(y_4 - y_3)}{\psi_{0,1,2,4} - \psi_{0,\cdots,3}}, \tag{7.7}$$

其中 $\psi_{0,\cdots,3}$ 按 (7.6) 式定义, 且

$$\psi_{0,1,2,4} \equiv \psi[x_0, x_1, x_2, x_4; y_0, y_1, y_2, y_4] = \frac{(x_4 - x_1)(y_4 - y_2)}{\psi_{0,1,4} - \psi_{0,1,2}},$$

$$\psi_{0,1,4} \equiv \psi[x_0, x_1, x_4; y_0, y_1, y_4] = \frac{(x_4 - x_0)(y_4 - y_1)}{\psi_{0,4} - \psi_{0,1}},$$

$$\psi_{0,4} \equiv \psi[x_0, x_4; y_0, y_4] = \frac{y_4 - y_0}{f_4 - f_0}.$$

$$\cdots\cdots$$

$$\psi_{0,\cdots,2n} \equiv \psi[x_0, \cdots, x_{2n}; y_0, \cdots, y_{2n}] = \frac{(x_{2n} - x_{2n-2})(y_{2n} - y_{2n-1})}{\psi_{0,\cdots,2n-2,2n} - \psi_{0,\cdots,2n-1}}, \tag{7.8}$$

其中

$$\psi_{0,\cdots,2n-2,2n} \equiv \psi[x_0,\cdots,x_{2n-2},x_{2n};y_0,\cdots,y_{2n-2},y_{2n}]$$

$$= \frac{(x_{2n}-x_{2n-3})(y_{2n}-y_{2n-2})}{\psi_{0,\cdots,2n-3,2n}-\psi_{0,\cdots,2n-2}},$$

$$\cdots\cdots$$

$$\psi_{0,\cdots,5,2n} \equiv \psi[x_0,\cdots,x_5,x_{2n};y_0,\cdots,y_5,y_{2n}] = \frac{(x_{2n}-x_4)(y_{2n}-y_5)}{\psi_{0,\cdots,4,2n}-\psi_{0,\cdots,5}},$$

$$\psi_{0,\cdots,4,2n} \equiv \psi[x_0,\cdots,x_4,x_{2n};y_0,\cdots,y_4,y_{2n}] = \frac{(x_{2n}-x_3)(y_{2n}-y_4)}{\psi_{0,\cdots,3,2n}-\psi_{0,\cdots,4}},$$

$$\psi_{0,\cdots,3,2n} \equiv \psi[x_0,\cdots,x_3,x_{2n};y_0,\cdots,y_3,y_{2n}] = \frac{(x_{2n}-x_2)(y_{2n}-y_3)}{\psi_{0,\cdots,2,2n}-\psi_{0,\cdots,3}},$$

$$\psi_{0,1,2,2n} \equiv \psi[x_0,x_1,x_2,x_{2n};y_0,y_1,y_2,y_{2n}] = \frac{(x_{2n}-x_1)(y_{2n}-y_2)}{\psi_{0,1,2n}-\psi_{0,1,2}},$$

$$\psi_{0,1,2n} \equiv \psi[x_0,x_1,x_{2n};y_0,y_1,y_{2n}] = \frac{(x_{2n}-x_0)(y_{2n}-y_1)}{\psi_{0,2n}-\psi_{0,1}},$$

$$\psi_{0,2n} \equiv \psi[x_0,x_{2n};y_0,y_{2n}] = \frac{y_{2n}-y_0}{f_{2n}-f_0}.$$

且

$$\psi_{0,\cdots,2n+1} \equiv \psi[x_0,\cdots,x_{2n+1};y_0,\cdots,y_{2n+1}] = \frac{(x_{2n+1}-x_{2n-1})(y_{2n+1}-y_{2n})}{\psi_{0,\cdots,2n-1,2n+1}-\psi_{0,\cdots,2n}}, \quad (7.9)$$

其中 $\psi_{0,\cdots,2n}$ 按 (7.8) 式定义, 且

$$\psi_{0,\cdots,2n-1,2n+1} \equiv \psi[x_0,\cdots,x_{2n-1},x_{2n+1};y_0,\cdots,y_{2n-1},y_{2n+1}]$$

$$= \frac{(x_{2n+1}-x_{2n-2})(y_{2n+1}-y_{2n-1})}{\psi_{0,\cdots,2n-2,2n+1}-\psi_{0,\cdots,2n-1}},$$

$$\cdots\cdots$$

$$\psi_{0,\cdots,4,2n+1} \equiv \psi[x_0,\cdots,x_4,x_{2n+1};y_0,\cdots,y_4,y_{2n+1}] = \frac{(x_{2n+1}-x_3)(y_{2n+1}-y_4)}{\psi_{0,\cdots,3,2n+1}-\psi_{0,\cdots,4}},$$

$$\psi_{0,\cdots,3,2n+1} \equiv \psi[x_0,\cdots,x_3,x_{2n+1};y_0,\cdots,y_3,y_{2n+1}] = \frac{(x_{2n+1}-x_2)(y_{2n+1}-y_3)}{\psi_{0,\cdots,2,2n+1}-\psi_{0,\cdots,3}},$$

$$\psi_{0,1,2,2n+1} \equiv \psi[x_0,x_1,x_2,x_{2n+1};y_0,y_1,y_2,y_{2n+1}] = \frac{(x_{2n+1}-x_1)(y_{2n+1}-y_2)}{\psi_{0,1,2n+1}-\psi_{0,1,2}},$$

$$\psi_{0,1,2n+1} \equiv \psi[x_0,x_1,x_{2n+1};y_0,y_1,y_{2n+1}] = \frac{(x_{2n+1}-x_0)(y_{2n+1}-y_1)}{\psi_{0,2n+1}-\psi_{0,1}},$$

$$\psi_{0,2n+1} \equiv \psi[x_0,x_{2n+1};y_0,y_{2n+1}] = \frac{y_{2n+1}-y_0}{f_{2n+1}-f_0}.$$

为了更好地计算上述二元非张量积型逆差商, 我们将定义 7.1.1 中的递推过程归结为算法, 如表 7.1 所示.

算法 7.1.1

1. 初始化: $\psi_i = f(x_i, y_i) = f_i, i = 0, 1, \cdots, 2n$.
2. 递推过程: 利用定义 7.1.1, 计算

$$\psi_{0,i}(i = 1, 2, \cdots, 2n) \to \psi_{0,1,i}(i = 2, 3, \cdots, 2n) \to \psi_{0,1,2,i}(j = 3, 4, \cdots, 2n)$$
$$\to \psi_{0,\cdots,3,i}(i = 4, 5, \cdots, 2n),$$
$$\to \cdots \to \psi_{0,\cdots,2n-2,i}(i = 2n - 1, 2n).$$

3. 结果: $\psi_{0,\cdots,2n}$.

算法 7.1.2

1. 初始化: $\psi_i = f(x_i, y_i) = f_i, i = 0, 1, \cdots, 2n + 1$.
2. 递推过程: 利用定义 7.1.1, 计算

$$\psi_{0,i}(i = 1, 2, \cdots, 2n + 1) \to \psi_{0,1,i}(i = 2, 3, \cdots, 2n + 1)$$
$$\to \psi_{0,1,2,i}(j = 3, 4, \cdots, 2n + 1)$$
$$\to \psi_{0,\cdots,3,i}(i = 4, 5, \cdots, 2n + 1),$$
$$\to \cdots \to \psi_{0,\cdots,2n-1,i}(i = 2n, 2n + 1).$$

3. 结果: $\psi_{0,\cdots,2n+1}$.

表 7.1 二元非张量积型逆差商的递推计算过程

ψ_0	ψ_1	ψ_2	ψ_3	ψ_4	ψ_5	$\cdots$	ψ_{2n}	ψ_{2n+1}
	$\psi_{0,1}$	$\psi_{0,2}$	$\psi_{0,3}$	$\psi_{0,4}$	$\psi_{0,5}$	$\cdots$	$\psi_{0,2n}$	$\psi_{0,2n+1}$
		$\psi_{0,1,2}$	$\psi_{0,1,3}$	$\psi_{0,1,4}$	$\psi_{0,1,5}$	$\cdots$	$\psi_{0,1,2n}$	$\psi_{0,1,2n+1}$
			$\psi_{0,\cdots,3}$	$\psi_{0,1,2,4}$	$\psi_{0,1,2,5}$	$\cdots$	$\psi_{0,1,2,2n}$	$\psi_{0,1,2,2n+1}$
				$\psi_{0,\cdots,4}$	$\psi_{0,\cdots,3,5}$	$\cdots$	$\psi_{0,\cdots,3,2n}$	$\psi_{0,\cdots,3,2n+1}$
					$\psi_{0,\cdots,5}$	$\cdots$	$\psi_{0,\cdots,4,2n}$	$\psi_{0,\cdots,4,2n+1}$
						$\ddots$	$\vdots$	$\vdots$
							$\psi_{0,\cdots,2n}$	$\psi_{0,\cdots,2n-1,2n+1}$
								$\psi_{0,\cdots,2n+1}$

注 7.1.1 当插值节点呈直角三点组分布时, 所构造的二元连分式插值可见文献 [18,19].

利用算法 7.1.1 与算法 7.1.2, 可建立被插函数与二元连分式之间的恒等式. 为节约篇幅, 将关于 x 与 y 的二元逆差商 $\psi[x_0, x_1, \cdots, x_{i-1}, x_i, x; y_0, y_1, \cdots, y_{i-1}, y_i, y]$

简记为 $\psi[x_0, \cdots, x_i, x; y_0, \cdots, y_i, y]$, 即 $\psi_{0,\cdots,i}(x, y)$, 而当下标数字不是逐一递增时, 我们特别写出.

定理 7.1.1　设插值节点 $(x_i, y_i), i = 0, 1, \cdots, 2n-1$, 成立恒等式

$$f(x, y) \equiv c_0 + \frac{y - y_0|}{|c_1} + \mathop{K}_{i=0}^{2n-3} \frac{(x - x_i)(y - y_{i+1})|}{|c_{i+2}} + \frac{(x - x_{2n-2})(y - y_{2n-1})|}{|c_{2n}(x, y)}, \quad (7.10)$$

其中诸插值系数满足

$$c_i = \psi[x_0, \cdots, x_i; y_0, \cdots, y_i], \quad i = 0, 1, \cdots, 2n-1,$$

且最后一项中二元函数

$$
\begin{aligned}
c_{2n}(x, y) &= \frac{(x - x_{2n})(y - y_{2n-1})}{\psi_{0,\cdots,2n-2}(x, y) - \psi_{0,\cdots,2n-1}} \\
&\equiv \psi[x_0, \cdots, x_{2n-1}, x; y_0, \cdots, y_{2n-1}, y] \equiv \psi_{0,\cdots,2n-1}(x, y), \quad (7.11)
\end{aligned}
$$

其中将 (7.9) 式中 n 换成 $n-1$ 即得到 $\psi_{0,\cdots,2n-1}$, 且

$$
\begin{aligned}
\psi_{0,\cdots,2n-2}(x, y) &\equiv \psi[x_0, \cdots, x_{2n-2}, x; y_0, \cdots, y_{2n-2}, y] \\
&= \frac{(x - x_{2n-3})(y - y_{2n-2})}{\psi_{0,\cdots,2n-3}(x, y) - \psi_{0,\cdots,2n-2}},
\end{aligned}
$$

$$\cdots\cdots$$

$$\psi_{0,\cdots,4}(x, y) \equiv \psi[x_0, \cdots, x_4, x; y_0, \cdots, y_4, y] = \frac{(x - x_3)(y - y_4)}{\psi_{0,\cdots,3}(x, y) - \psi_{0,\cdots,4}},$$

$$\psi_{0,\cdots,3}(x, y) \equiv \psi[x_0, \cdots, x_3, x; y_0, \cdots, y_3, y] = \frac{(x - x_2)(y - y_3)}{\psi_{0,1,2}(x, y) - \psi_{0,\cdots,3}},$$

$$\psi_{0,1,2}(x, y) \equiv \psi[x_0, x_1, x_2, x; y_0, y_1, y_2, y] = \frac{(x - x_1)(y - y_2)}{\psi_{0,1}(x, y) - \psi_{0,1,2}},$$

$$\psi_{0,1}(x, y) \equiv \psi[x_0, x_1, x; y_0, y_1, y] = \frac{(x - x_0)(y - y_1)}{\psi_0(x, y) - \psi_{0,1}},$$

$$\psi_0(x, y) \equiv \psi[x_0, x; y_0, y] = \frac{y - y_0}{f(x, y) - f_0}.$$

定理 7.1.2　设插值节点 $(x_i, y_i), i = 0, 1, \cdots, 2n$, 成立

$$f(x, y) \equiv c_0 + \frac{y - y_0|}{|c_1} + \mathop{K}_{i=0}^{2n-2} \frac{(x - x_i)(y - y_{i+1})|}{|c_{i+2}} + \frac{(x - x_{2n-1})(y - y_{2n})|}{|c_{2n+1}(x, y)}, \quad (7.12)$$

其中诸插值系数满足

$$c_i = \psi[x_0, \cdots, x_i; y_0, \cdots, y_i], \quad i = 0, 1, \cdots, 2n, \quad (7.13)$$

且最后一项中二元函数

$$c_{2n+1}(x,y) = \frac{(x-x_{2n-1})(y-y_{2n})}{\psi_{0,\cdots,2n-1}(x,y) - \psi_{0,\cdots,2n}}$$
$$\equiv \psi[x_0,\cdots,x_{2n},x;y_0,\cdots,y_{2n},y] \equiv \psi_{0,\cdots,2n}(x,y), \qquad (7.14)$$

其中 $\psi_{0,\cdots,2n}$ 按 (7.8) 式定义, 且

$$\psi_{0,\cdots,2n-1}(x,y) \equiv \psi[x_0,\cdots,x_{2n-1},x;y_0,\cdots,y_{2n-1},y] \qquad (7.15)$$

按 (7.11) 递推计算.

定理 7.1.1 与定理 7.1.2 的证明　我们同时对定理 7.1.1 与定理 7.1.2 利用数学归纳法证明.

对一个插值节点 $\Omega_1 = \{(x_0,y_0)\}$, 若成立

$$f(x,y) \equiv c_0 + \frac{y-y_0}{c_1(x,y)},$$

则有

$$c_0 = f_0, \quad c_1(x,y) = \frac{y-y_0}{f(x,y)-f_0} \equiv \psi[x_0,x;y_0,y] \equiv \psi_0(x,y).$$

对两个插值节点 $\Omega_2 = \{(x_i,y_i), i=0,1\}$, 若成立

$$f(x,y) \equiv c_0 + \frac{y-y_0|}{|c_1} + \frac{(x-x_0)(y-y_1)|}{|c_2(x,y)},$$

则得到

$$c_1 + \frac{(x-x_0)(y-y_1)}{c_2(x,y)} = \frac{y-y_0}{f(x,y)-f_0} \equiv \psi_0(x,y)$$
$$\Rightarrow c_2(x,y) = \frac{(x-x_0)(y-y_1)}{\psi_0(x,y) - \psi_{0,1}} \equiv \psi_{0,1}(x,y).$$

对三个插值节点 $\Omega_3 = \{(x_i,y_i), i=0,1,2\}$, 若成立

$$f(x,y) \equiv c_0 + \frac{y-y_0|}{|c_1} + \frac{(x-x_0)(y-y_1)|}{|c_2} + \frac{(x-x_1)(y-y_2)|}{|c_3(x,y)},$$

则由计算得到

$$c_1 + \frac{(x-x_0)(y-y_1)|}{|c_2} + \frac{(x-x_1)(y-y_2)|}{|c_3(x,y)} \equiv \psi_0(x,y)$$
$$\Rightarrow c_2 + \frac{(x-x_1)(y-y_2)}{c_3(x,y)} = \frac{(x-x_0)(y-y_1)}{\psi_0(x,y)-\psi_{0,1}} \equiv \psi_{0,1}(x,y)$$
$$\Rightarrow c_3(x,y) = \frac{(x-x_1)(y-y_2)}{\psi_{0,1}(x,y)-\psi_{0,1,2}} \equiv \psi_{0,1,2}(x,y).$$

因此, 结论对插值节点 $\Omega_i(i = 1, 2, 3)$ 成立. 假设结论对插值节点 $\Omega_i(i = 1, 2, \cdots, 2n - 1)$ 都成立, 则当 $i = 2n$ 时, 若成立

$$f(x, y) \equiv c_0 + \frac{y - y_0|}{|c_1} + \mathop{K}\limits_{i=0}^{2n-3} \frac{(x - x_i)(y - y_{i+1})|}{|c_{i+2}} + \frac{(x - x_{2n-2})(y - y_{2n-1})|}{|c_{2n}(x, y)},$$

则有

$$c_1 + \mathop{K}\limits_{i=0}^{2n-3} \frac{(x - x_i)(y - y_{i+1})|}{|c_{i+2}} + \frac{(x - x_{2n-2})(y - y_{2n-1})|}{|c_{2n}(x, y)}$$

$$= \frac{y - y_0}{f(x, y) - f_0} \equiv \psi_0(x, y)$$

$$\Rightarrow c_2 + \mathop{K}\limits_{i=1}^{2n-3} \frac{(x - x_i)(y - y_{i+1})|}{|c_{i+2}} + \frac{(x - x_{2n-2})(y - y_{2n-1})|}{|c_{2n}(x, y)}$$

$$= \frac{(x - x_0)(y - y_1)}{\psi_0(x, y) - \psi_{0,1}} \equiv \psi_{0,1}(x, y)$$

$$\Rightarrow c_3 + \mathop{K}\limits_{i=2}^{2n-3} \frac{(x - x_i)(y - y_{i+1})|}{|c_{i+2}} + \frac{(x - x_{2n-2})(y - y_{2n-1})|}{|c_{2n}(x, y)}$$

$$= \frac{(x - x_1)(y - y_2)}{\psi_{0,1}(x, y) - \psi_{0,1,2}} \equiv \psi_{0,1,2}(x, y)$$

$$\Rightarrow \cdots$$

$$\Rightarrow c_{2n-1} + \frac{(x - x_{2n-2})(y - y_{2n-1})|}{|c_{2n}(x, y)}$$

$$= \frac{(x - x_{2n-3})(y - y_{2n-2})}{\psi_{0,\cdots,2n-3}(x, y) - \psi_{0,\cdots,2n-2}} \equiv \psi_{0,\cdots,2n-2}(x, y)$$

$$\Rightarrow c_{2n}(x, y) = \frac{(x - x_{2n-2})(y - y_{2n-1})}{\psi_{0,\cdots,2n-2}(x, y) - \psi_{0,\cdots,2n-1}} \equiv \psi_{0,\cdots,2n-1}(x, y).$$

类似地, 若结论对 Ω_{2n+1} 成立

$$f(x, y) \equiv c_0 + \frac{y - y_0|}{|c_1} + \mathop{K}\limits_{i=0}^{2n-2} \frac{(x - x_i)(y - y_{i+1})|}{|c_{i+2}} + \frac{(x - x_{2n-1})(y - y_{2n})|}{|c_{2n+1}(x, y)},$$

则有

$$c_1 + \mathop{K}\limits_{i=0}^{2n-2} \frac{(x - x_i)(y - y_{i+1})|}{|c_{i+2}} + \frac{(x - x_{2n-1})(y - y_{2n})|}{|c_{2n+1}(x, y)}$$

$$= \frac{y - y_0}{f(x, y) - f_0} \equiv \psi_0(x, y)$$

$$\Rightarrow c_2 + \mathop{K}\limits_{i=1}^{2n-2} \frac{(x - x_i)(y - y_{i+1})|}{|c_{i+2}} + \frac{(x - x_{2n-1})(y - y_{2n})|}{|c_{2n+1}(x, y)}$$

$$= \frac{(x-x_0)(y-y_1)}{\psi_0(x,y)-\psi_{0,1}} \equiv \psi_{0,1}(x,y)$$

$$\Rightarrow c_3 + \mathop{K}_{i=2}^{2n-2} \frac{(x-x_i)(y-y_{i+1})|}{|c_{i+2}} + \frac{(x-x_{2n-1})(y-y_{2n})|}{|c_{2n+1}(x,y)}$$

$$= \frac{(x-x_1)(y-y_2)}{\psi_{0,1}(x,y)-\psi_{0,1,2}} \equiv \psi_{0,1,2}(x,y)$$

$$\Rightarrow \cdots$$

$$\Rightarrow c_{2n} + \frac{(x-x_{2n-1})(y-y_{2n})|}{|c_{2n+1}(x,y)}$$

$$= \frac{(x-x_{2n-2})(y-y_{2n-1})}{\psi_{0,\cdots,2n-2}(x,y)-\psi_{0,\cdots,2n-1}} \equiv \psi_{0,\cdots,2n-1}(x,y)$$

$$\Rightarrow c_{2n+1}(x,y) = \frac{(x-x_{2n-1})(y-y_{2n})}{\psi_{0,\cdots,2n-1}(x,y)-\psi_{0,\cdots,2n}} \equiv \psi_{0,\cdots,2n}(x,y).$$

因此, 定理 7.1.1 与定理 7.1.2 得证. □

由上述恒等式, 将 (x_{2n},y_{2n}) 与 (x_{2n+1},y_{2n+1}) 分别替换定理 7.1.1 与定理 7.1.2 中的 (x,y), 便得到二元连分式插值格式.

定理 7.1.3 对插值节点 Ω_{2n+1}, 按 (7.1) 式的二元插值连分式 $r_{2n+1}(x,y)$ 满足

$$r_{2n+1}(x_i,y_i) = f(x_i,y_i) = f_i, \quad i = 0,1,\cdots,2n, \tag{7.16}$$

其中插值系数

$$c_i = \psi[x_0,\cdots,x_i;y_0,\cdots,y_i], \quad i = 0,1,\cdots,2n. \tag{7.17}$$

定理 7.1.4 基于插值节点 Ω_{2n+2}, 按 (7.2) 式定义的二元插值连分式 $r_{2n+2}(x,y)$ 满足插值条件

$$r_{2n+1}(x_i,y_i) = f(x_i,y_i) = f_i, \quad i = 0,1,\cdots,2n+1, \tag{7.18}$$

其中插值系数为

$$c_i = \psi[x_0,\cdots,x_i;y_0,\cdots,y_i], \quad i = 0,1,\cdots,2n+1. \tag{7.19}$$

7.2　二元插值连分式的特征定理

本节将分别推导出二元插值连分式 $r_{2n+1}(x, y)$ 与 $r_{2n+2}(x, y)$ 的三项递推关系式, 利用三项递推关系式可以确定连分式渐近式的分子分母次数. 为方便起见, 先给出一些记号与引理.

按 (7.1) 式定义的二元连分式 $r_{2n+1}(x, y)$ 的分子分母分别记为 $p_{2n+1}(x, y)$, $q_{2n+1}(x, y)$, 它们的次数分别记为 $\deg p_{2n+1}(x, y)$, $\deg q_{2n+1}(x, y)$. 按 (7.2) 式定义的二元连分式 $r_{2n+2}(x, y)$ 的分子分母分别记为 p_{2n+2}, q_{2n+2}, 其次数记为 $\deg p_{2n+2}$, $\deg q_{2n+2}$. 称有理函数 $r_{2n+1}(x, y)$ 为 $(\deg p_{2n+1})/(\deg q_{2n+1})$ 型, 称 $r_{2n+2}(x, y)$ 为 $(\deg p_{2n+2})/(\deg q_{2n+2})$ 型.

另外, 我们记二元张量积型多项式空间为

$$\mathbf{P}_{n,n} = \operatorname{span}\{1, x, \cdots, x^n\} \otimes \{1, y, \cdots, y^n\},$$
$$\mathbf{P}_{n,n+1} = \operatorname{span}\{1, x, \cdots, x^n\} \otimes \{1, y, \cdots, y^{n+1}\}.$$

引理 7.2.1　设一元连分式

$$b_0 + \frac{a_1|}{|b_1|} + \frac{a_2|}{|b_2|} + \cdots = b_0 + \mathop{K}_{i=1}^{\infty} \frac{a_i}{b_i}, \tag{7.20}$$

以及其 n 阶渐近式

$$R_n = b_0 + \mathop{K}_{i=1}^{n} \frac{a_i}{b_i} \equiv \frac{P_n}{Q_n}, \tag{7.21}$$

则成立三项递推关系式

$$P_n = b_n P_{n-1} + a_n P_{n-2}, \quad Q_n = b_n Q_{n-1} + a_n Q_{n-2}, \tag{7.22}$$

其中 $P_{-1} = 1, P_0 = b_0, Q_{-1} = 0, Q_0 = 1, n = 1, 2, \cdots$.

引理 7.2.2　设一元 Thiele 型连分式

$$R_n(x) = b_0(x) + \mathop{K}_{i=1}^{n} \frac{x - x_{i-1}}{b_i} \equiv \frac{P_n(x)}{Q_n(x)}, \tag{7.23}$$

则 $\deg P_n(x) = [(n+1)/2], \deg Q_n(x) = [n/2]$, 即连分式 $R_n(x)$ 为 $[(n+1)/2]/[n/2]$ 型, 其中 $[n/2]$ 表示 $n/2$ 的取整.

直接计算可以分别得到所提二元插值连分式 $r_{2n+1}(x, y)$ 与 $r_{2n+2}(x, y)$ 的三项递推关系式, 显然利用三项递推关系式可以给出计算相应连分式分子分母的递推算法.

定理 7.2.1 设按 (7.1) 式定义的二元连分式

$$r_{2n+1}(x,y) \equiv \frac{p_{2n+1}(x,y)}{q_{2n+1}(x,y)}, \tag{7.24}$$

则成立三项递推关系式为

$$\begin{aligned}
p_{2n+1}(x,y) &= c_{2n}p_{2n}(x,y) + (x-x_{2n-2})(y-y_{2n-1})p_{2n-1}(x,y), \\
q_{2n+1}(x,y) &= c_{2n}q_{2n}(x,y) + (x-x_{2n-2})(y-y_{2n-1})q_{2n-1}(x,y),
\end{aligned} \tag{7.25}$$

其中 $n = 1, 2, \cdots$, 且

$$p_1 = c_0, \quad q_1 = 1, \quad p_2 = c_0c_1 + y - y_0, \quad q_2 = c_1. \tag{7.26}$$

定理 7.2.2 设按 (7.2) 式定义的二元连分式

$$r_{2n+2}(x,y) \equiv \frac{p_{2n+2}(x,y)}{q_{2n+2}(x,y)}, \tag{7.27}$$

则对 $n = 0, 1, 2, \cdots$, 成立三项递推关系式

$$\begin{aligned}
p_{2n+2}(x,y) &= c_{2n+1}p_{2n+1}(x,y) + (x-x_{2n-1})(y-y_{2n})p_{2n}(x,y), \\
q_{2n+2}(x,y) &= c_{2n+1}q_{2n+1}(x,y) + (x-x_{2n-1})(y-y_{2n})q_{2n}(x,y),
\end{aligned} \tag{7.28}$$

其中

$$p_0 = 1, \quad p_1 = c_0, \quad q_0 = 0, \quad q_1 = 1, \quad x - x_{-1} = 1. \tag{7.29}$$

算法 7.2.1 设 $2n+1$ 个插值节点 (x_i, y_i) 及相应的竖坐标 $f_i(i=0,1,\cdots,2n)$.

1. 初始化: 对 $i = 0, 1, \cdots, 2n$, 计算插值系数

$$c_i = \psi[x_0, \cdots, x_i; y_0, \cdots, y_i].$$

2. 递推过程:

$$\begin{aligned}
&\text{for} \quad k = 1, 2, \cdots, n \\
&\quad p_0 = 1; \quad q_0 = 0; \quad p_1 = c_0; \quad q_1 = 1; \\
&\quad p_{2k} = c_{2k-1}p_{2k-1} + (x-x_{2k-3})(y-y_{2k-2})p_{2k-2}; \\
&\quad q_{2k} = c_{2k-1}q_{2k-1} + (x-x_{2k-3})(y-y_{2k-2})q_{2k-2}; \\
&\quad p_{2k+1} = c_{2k}p_{2k} + (x-x_{2k-2})(y-y_{2k-1})p_{2k-1}; \\
&\quad q_{2k+1} = c_{2k}q_{2k} + (x-x_{2k-2})(y-y_{2k-1})q_{2k-1}; \\
&\text{end}
\end{aligned}$$

3. 输出结果:

$$p_{2n+1}, \quad q_{2n+1} \to r_{2n+1}(x,y) = \frac{p_{2n+1}}{q_{2n+1}}.$$

算法 7.2.2　设 $2n+2$ 个插值节点 (x_i, y_i) 及相应的竖坐标 $f_i(i = 0, 1, \cdots, 2n+1)$.

1. 初始化: 对 $i = 0, 1, \cdots, 2n+1$, 计算插值系数

$$c_i = \psi[x_0, \cdots, x_i; y_0, \cdots, y_i].$$

2. 递推过程:

$$
\begin{aligned}
&\text{for} \quad k = 1, 2, \cdots, n \\
&\quad p_1 = c_0; \quad q_1 = 1; \quad p_2 = c_0 c_1 + y - y_0; \quad q_2 = c_1; \\
&\quad p_{2k+1} = c_{2k} p_{2k} + (x - x_{2k-2})(y - y_{2k-1}) p_{2k-1}; \\
&\quad q_{2k+1} = c_{2k} q_{2k} + (x - x_{2k-2})(y - y_{2k-1}) q_{2k-1}; \\
&\quad p_{2k+2} = c_{2k+1} p_{2k+1} + (x - x_{2k-1})(y - y_{2k}) p_{2k}; \\
&\quad q_{2k+2} = c_{2k+1} q_{2k+1} + (x - x_{2k-1})(y - y_{2k}) q_{2k}; \\
&\text{end}
\end{aligned}
$$

3. 输出结果:

$$p_{2n+2}, \quad q_{2n+2} \rightarrow R_{2n+2}(x, y) = \frac{p_{2n+2}}{q_{2n+2}}.$$

利用定理 7.2.1 与定理 7.2.2 中的三项递推关系式及引理 7.2.2, 我们将分别确定分子 $p_{2n+1}(x, y), p_{2n+2}(x, y)$ 与分母 $q_{2n+1}(x, y), q_{2n+2}(x, y)$ 的次数, 即特征定理.

定理 7.2.3　二元连分式 $r_{2n+1}(x, y)$ 是 $(2n)/(2n)$ 型, 且

$$p_{2n+1}(x, y) \in \mathbf{P}_{n,n}, \quad q_{2n+1}(x, y) \in \mathbf{P}_{n,n}, \quad n = 0, 1, 2, \cdots.$$

定理 7.2.4　二元连分式 $r_{2n+2}(x, y)$ 是 $(2n+1)/(2n)$ 型, 且

$$p_{2n+2}(x, y) \in \mathbf{P}_{n,n+1}, q_{2n+2}(x, y) \in \mathbf{P}_{n,n}, \quad n = 0, 1, 2, \cdots.$$

定理 7.2.3 与定理 7.2.4 的证明　我们同时对定理 7.2.3 与定理 7.2.4 采用数学归纳法证明. 对两个插值节点 Ω_2, 直接计算表明二元插值连分式 $r_2(x, y)$ 为 $1/0$ 型, 且

$$p_2(x, y) \in \text{span}\{1\} \otimes \{1, y\} \equiv \mathbf{P}_{0,1}, \quad q_2(x, y) \in \text{span}\{1\} \otimes \{1\} \equiv \mathbf{P}_{0,0}.$$

对三个插值节点 Ω_3, 不难验证二元插值连分式 $r_3(x, y)$ 为 $2/2$ 型, 且

$$p_3(x, y) \in \text{span}\{1, x\} \otimes \{1, y\} \equiv \mathbf{P}_{1,1}, \quad q_3(x, y) \in \text{span}\{1, x\} \otimes \{1, y\} \equiv \mathbf{P}_{1,1}.$$

对四个插值节点 Ω_4, 二元插值连分式 $r_4(x,y)$ 为 3/2 型, 且

$$p_4(x,y) \in \mathrm{span}\{1,x\} \otimes \{1,y,y^2\} \equiv \mathbf{P}_{1,2}, \quad q_4(x,y) \in \mathrm{span}\{1,x\} \otimes \{1,y\} \equiv \mathbf{P}_{1,1}.$$

假设结论对 Ω_{2n-1} 上的二元连分式 $r_{2n-1}(x,y)$ 与 Ω_{2n} 上的二元连分式 $r_{2n}(x,y)$ 成立, 则一方面, 对 Ω_{2n+1} 上的二元插值连分式 $r_{2n+1}(x,y)$, 有

$$\begin{aligned}
\deg p_{2n+1} &= \max\{c_{2n}p_{2n}, (x-x_{2n-2})(y-y_{2n-1})p_{2n-1}\} \\
&= \max\{2n-1, 2n-2+2\} = 2n, \\
\deg q_{2n+1} &= \max\{c_{2n}q_{2n}, (x-x_{2n-2})(y-y_{2n-1})q_{2n-1}\} \\
&= \max\{2n-2, 2n-2+2\} = 2n,
\end{aligned}$$

且

$$\begin{aligned}
p_{2n-1} \in \mathbf{P}_{n-1,n-1}, p_{2n} \in \mathbf{P}_{n-1,n} &\Rightarrow p_{2n+1}(x,y) \in \mathbf{P}_{n,n}, \\
q_{2n-1} \in \mathbf{P}_{n-1,n-1}, q_{2n} \in \mathbf{P}_{n-1,n-1} &\Rightarrow q_{2n+1}(x,y) \in \mathbf{P}_{n,n}.
\end{aligned}$$

另一方面, 对 Ω_{2n+2} 上的二元插值连分式 $r_{2n+2}(x,y)$, 有

$$\begin{aligned}
\deg p_{2n+2} &= \max\{c_{2n+1}p_{2n+1}, (x-x_{2n-2})(y-y_{2n})p_{2n}\} \\
&= \max\{2n, 2n-1+2\} = 2n+1, \\
\deg q_{2n+2} &= \max\{c_{2n+1}q_{2n+1}, (x-x_{2n-1})(y-y_{2n})q_{2n}\} \\
&= \max\{2n, 2n-2+2\} = 2n,
\end{aligned}$$

且

$$\begin{aligned}
p_{2n+1} \in \mathbf{P}_{n,n}, p_{2n} \in \mathbf{P}_{n-1,n} &\Rightarrow p_{2n+2}(x,y) \in \mathbf{P}_{n,n+1}, \\
q_{2n+1} \in \mathbf{P}_{n,n}, q_{2n} \in \mathbf{P}_{n-1,n-1} &\Rightarrow q_{2n+2}(x,y) \in \mathbf{P}_{n,n}.
\end{aligned}$$

故定理 7.2.3 与定理 7.2.4 得证. □

注 7.2.1 为便于说明, 将基于插值节点 Ω_k 的二元插值连分式 $r_k(x,y)$ 的分子分母次数列于表 7.2.

注 7.2.2 考虑基于矩形网格 $\tilde{\Omega}_{2n+1}(x,y) = \{(x_i,y_i), i,j = 0,1,\cdots,2n\}$ 上的二元 Thiele 型插值连分式

$$\tilde{r}_{2n+1}(x,y) \equiv \frac{\tilde{p}_{2n+1}(x,y)}{\tilde{q}_{2n+1}(x,y)}, \tag{7.30}$$

其中当 $i \neq j$ 时, $x_i \neq x_j, y_i \neq y_j$, 利用引理 7.2.2, 有

$$\tilde{p}_{2n+1}(x,y) \in \mathbf{P}_{n+1,n+1}, \quad \tilde{q}_{2n+1}(x,y) \in \mathbf{P}_{n,n}, \quad n = 0,1,2,\cdots.$$

显然,

$$\deg \tilde{p}_{2n+1} > \deg p_{2n+1}. \tag{7.31}$$

注 7.2.3　考虑基于矩形网格 $\tilde{\Omega}_{2n+2}(x,y) = \{(x_i,y_i), i,j = 0,1,\cdots,2n+1\}$ 上的二元 Thiele 型插值连分式

$$\tilde{r}_{2n+2}(x,y) \equiv \frac{\tilde{p}_{2n+2}(x,y)}{\tilde{q}_{2n+2}(x,y)}, \tag{7.32}$$

其中当 $i \neq j$ 时, $x_i \neq x_j, y_i \neq y_j$, 利用引理 7.2.2, 有

$$\tilde{p}_{2n+2}(x,y) \in \mathbf{P}_{n+1,n+1}, \quad \tilde{q}_{2n+2}(x,y) \in \mathbf{P}_{n+1,n+1}, \quad n = 0,1,2,\cdots.$$

显然,

$$\deg \tilde{p}_{2n+2} > \deg p_{2n+2}, \quad \deg \tilde{q}_{2n+2} > \deg q_{2n+2}.$$

表 7.2　二元插值连分式的特征

插值节点Ω_k	r_n 型	p_n 所属空间	q_n 所属空间
Ω_2	1/0	$\mathbf{P}_{0,1}$	$\mathbf{P}_{0,0}$
Ω_3	2/2	$\mathbf{P}_{1,1}$	$\mathbf{P}_{1,1}$
Ω_4	3/2	$\mathbf{P}_{1,2}$	$\mathbf{P}_{1,1}$
Ω_5	4/4	$\mathbf{P}_{2,2}$	$\mathbf{P}_{2,2}$
Ω_6	5/4	$\mathbf{P}_{2,3}$	$\mathbf{P}_{2,2}$
$\vdots$	$\vdots$	$\vdots$	$\vdots$
Ω_{2n-1}	$(2n-2)/(2n-2)$	$\mathbf{P}_{n-1,n-1}$	$\mathbf{P}_{n-1,n-1}$
Ω_{2n}	$(2n-1)/(2n-2)$	$\mathbf{P}_{n-1,n}$	$\mathbf{P}_{n-1,n-1}$
Ω_{2n+1}	$(2n)/(2n)$	$\mathbf{P}_{n,n}$	$\mathbf{P}_{n,n}$
Ω_{2n+2}	$(2n+1)/(2n)$	$\mathbf{P}_{n,n+1}$	$\mathbf{P}_{n,n}$

7.3　二元有理函数插值的计算复杂性

本节将从计算复杂性角度来分析计算所提二元有理插值函数所需要的四则运算总次数, 并与径向基函数插值作比较.

按 (1.61) 式, 我们知道计算插值节点 Ω_{N+1} 上的径向基函数插值所需要的四则运算总次数为 $O(N^3)$.

研究表明, 计算基于相同插值节点 Ω_{N+1} 的所提二元连分式插值 $r_{N+1}(x,y)$ 需要的四则运算总次数将小于采用径向基函数插值方法.

事实上, 首先, 基于相同的插值节点 Ω_{N+1}, 不难算出计算二元非张量积型逆差商 $\psi_{0,\cdots,N}$ 需要 $(5N^2+N)/2$ 次四则运算. 我们可以采用数学归纳法加以证明.

利用定义 7.1、算法 7.1.1 及算法 7.1.2, 计算 $\psi_{0,1}$ 所需的加减法、乘法、除法次数分别为 $2,0,1$. 计算 $\psi_{0,1,2}$ 所需的加减法、乘法、除法次数分别为

$$2 \times 2 + 3, 1, 2 + 1.$$

计算 $\psi_{0,1,2,3}$ 所需的加减法、乘法、除法次数分别为

$$2 \times 3 + 3 \times 2 + 3, \quad 2 + 1, \quad 3 + 2 + 1.$$

计算 $\psi_{0,\cdots,4}$ 所需的加减法、乘法、除法次数分别为

$$2 \times 4 + 3 \times 3 + 3 \times 2 + 3, \quad 3 + 2 + 1, \quad 4 + 3 + 2 + 1.$$

于是归纳得到计算 $\psi_{0,\cdots,N}$ 所需的加减法、乘法、除法次数分别为

$$2N + 3 \sum_{i=1}^{N-1} i = \frac{3}{2} N^2 + \frac{1}{2} N,$$
$$\sum_{i=1}^{N-1} i = \frac{1}{2} N(N-1), \quad \sum_{i=1}^{N} i = \frac{1}{2} N(N+1),$$

其总和为 $(5N^2 + N)/2, N \geqslant 1$.

其次, 在算出诸插值系数 c_i 之后, 利用算法 7.2.1 与算法 7.2.2 递推计算连分式分子分母所需要的计算量分别为 $3(N-1) + 2, 3(N-1) + 1$.

总之, 我们有以下定理.

定理 7.3.1 设插值节点 $\Omega_{N+1} = \{P_0, \cdots, P_N\} \subset \mathbf{R}^2$, 当 N 充分大时, 计算二元插值连分式 $r_{N+1}(x,y)$ 所需要的四则运算总次数为 $O(N^2)$, 这小于计算不含 $p(x,y)$ 与附加条件的径向基函数插值的运算量 $O(N^3)$.

7.4 数 值 算 例

本节将给出若干数值算例来验证所提连分式插值的有效性, 为研究方便, 先给出一些二元插值连分式表达式.

设插值节点组 $\Omega_{i+1} = \{(x_0, y_0), \cdots, (x_i, y_i)\}(i = 2, 3, 4, 5)$, 由 (7.1) 式与 (7.2) 式, 考虑相应的二元插值连分式

$$r_3(x,y) \equiv \frac{p_3(x,y)}{q_3(x,y)} = c_0 + \frac{y - y_0|}{|c_1|} + \frac{(x-x_0)(y-y_1)|}{|c_2|}, \tag{7.33}$$

$$r_4(x,y) \equiv \frac{p_4(x,y)}{q_4(x,y)} = c_0 + \frac{y - y_0|}{|c_1|} + \sum_{i=0}^{1} \frac{(x-x_i)(y-y_{i+1})|}{|c_{i+2}|}, \tag{7.34}$$

$$r_5(x, y) \equiv \frac{p_5(x, y)}{q_5(x, y)} = c_0 + \frac{y - y_0|}{|c_1} + \sum_{i=0}^{2} \frac{(x - x_i)(y - y_{i+1})|}{|c_{i+2}}, \qquad (7.35)$$

$$r_6(x, y) \equiv \frac{p_6(x, y)}{q_6(x, y)} = c_0 + \frac{y - y_0|}{|c_1} + \sum_{i=0}^{3} \frac{(x - x_i)(y - y_{i+1})|}{|c_{i+2}}. \qquad (7.36)$$

算例 7.4.1 设 5 个插值节点组 $\Omega_5 = \{P_0(-0.7, -0.95), P_1(-0.5, -0.4),$ $P_2(-0.3, -0.2), P_3(0.02, -0.1), P_4(0.4, 0.2)\}$, 如图 7.1 所示, 相应的竖坐标 f_i 如表 7.3 所示. 则由算法 7.1.1, 我们算出 5 个插值系数 c_i 如表 7.4 所示. 进一步利用算法 7.2.1, 推导出连分式分子分母, 从而得到二元插值连分式 $r_5(x, y)$, 即 (7.36) 式, 并绘出部分插值曲面如图 7.2 所示, 其中 $(x, y) \in [0, 0.8] \times [0, 1]$.

$$r_5(x, y) = \frac{p_5(x, y)}{q_5(x, y)}, \qquad (7.37)$$

其中

$$\begin{aligned}
p_5(x, y) =\ & 0.820155x^2y^2 + 0.410077x^2y + 0.0328062x^2 + 1.019617xy^2 \\
& + 1.277505xy + 0.143607x + 0.241359y^2 + 0.400903y + 0.070794, \\
q_5(x, y) =\ & x^2y^2 + 0.5x^2y + 0.04x^2 + xy^2 + 1.296616xy + 0.146615x \\
& + 0.21y^2 + 0.391816y + 0.070237, \\
r_5(x, y) =\ & \frac{p_5(x, y)}{q_5(x, y)}.
\end{aligned}$$

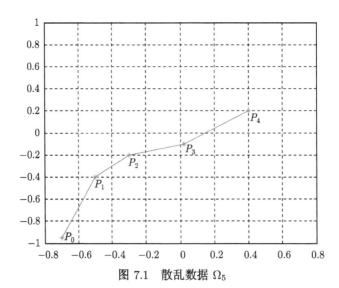

图 7.1 散乱数据 Ω_5

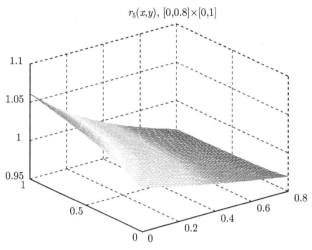

$r_5(x,y)$, $[0,0.8] \times [0,1]$

图 7.2 $r_5(x,y)$ 的部分曲面

表 7.3 算例 7.4.1 插值节点 Ω_5 处的竖坐标

f_0	f_1	f_2	f_3	f_4
0.820155	0.963327	0.992003	0.998334	0.989102

表 7.4 算例 7.4.1 插值系数

c_0	c_1	c_2	c_3	c_4
0.820155	3.841527	0.153022	0.654095	0.046440

算例 7.4.2 情形 I: 考虑 6 个插值节点 $\Omega_6 = \{P_0(-0.9, 0.2), P_1(-0.4, 0.6),$ $P_2(0.2, 0.8), P_3(0.8, 0.4), P_4(0.6, -0.4), P_5(-0.6, -0.8)\}$, 如图 7.3 所示, 相应的竖坐标 f_i 如表 7.5 所示. 则由算法 7.1.2, 算出 6 个插值系数 c_i 如表 7.6 所示. 再利用算法 7.2.2, 推导出连分式分子分母, 得到二元插值连分式 $r_6(x,y)$, 即下式, 并绘出部分插值曲面如图 7.4 所示, 其中 $(x,y) \in [0, 0.6] \times [0, 0.5]$.

$$r_6(x,y) = \frac{p_6(x,y)}{q_6(x,y)}, \tag{7.38}$$

其中

$$\begin{aligned}
p_6(x,y) = &-1.070608x^2y^3 + 1.479935x^2y^2 + 1.285875x^2y - 1.332984x^2 \\
&+ 0.428243xy^3 - 1.988031xy^2 + 0.815889xy + 0.362061x \\
&+ 0.342594y^3 - 1.064639y^2 - 0.261819y + 0.426149,
\end{aligned}$$

$$q_6(x,y) = 0.543162x^2y^2 + 0.667258x^2y - 0.820003x^2 - 1.255957xy^2$$

$$+ 0.768907xy + 0.187726x - 0.617858y^2 - 0.133787y + 0.268032.$$

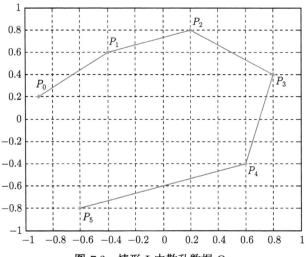

图 7.3 情形 I 中散乱数据 Ω_6

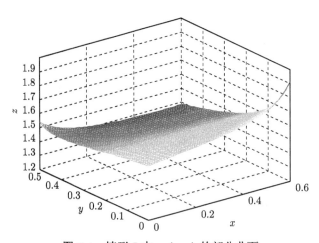

图 7.4 情形 I 中 $r_6(x, y)$ 的部分曲面

表 7.5 算例 7.4.2 插值节点 Ω_6 处的竖坐标

竖坐标	f_0	f_1	f_2	f_3	f_4	f_5
情形I	1.542025	1.159852	1.262645	1.420760	1.220167	1.505850
情形II	1.542025	1.420760	1.505850	1.159852	1.220167	1.262645

表 7.6 算例 7.4.2 插值系数

竖坐标	c_0	c_1	c_2	c_3	c_4	c_5
情形I	1.542025	−1.046645	−0.199825	−0.628256	−0.072205	1.167561
情形II	1.542025	−1.649274	−0.012290	−9.426063	−0.124108	5.168549

情形 II: 我们改变 6 个插值节点的顺序, 即 $\Omega_6 = \{P_0(-0.9, 0.2), P_3(0.8, 0.4),$ $P_5(-0.6, -0.8), P_1(-0.4, 0.6), P_4(0.6, -0.4), P_2(0.2, 0.8)\}$, 如图 7.5 所示, 相应的竖坐标 f_i 随之改变顺序, 如表 7.5 所示. 我们算出新的 6 个插值系数 c_i 如表 7.6 所示. 进一步推导出连分式分子分母, 得到二元插值连分式 $r_6(x, y)$, 即 (7.39) 式, 绘出部分插值曲面如图 7.6 所示, 其中 $(x, y) \in [0, 0.6] \times [0, 0.5]$.

$$r_6(x, y) = \frac{P_6(x, y)}{Q_6(x, y)}, \tag{7.39}$$

其中

$$\begin{aligned}
P_6(x, y) = &-2.418474x^2y^3 + 19.609991x^2y^2 + 26.462694x^2y - 8.127554x^2 \\
&+ 0.967390xy^3 + 16.717916xy^2 + 0.617175xy - 8.924777x \\
&+ 0.773912y^3 - 0.208852y^2 - 9.639675y + 5.420750,
\end{aligned}$$

$$\begin{aligned}
Q_6(x, y) = &14.285413x^2y^2 + 17.286472x^2y - 5.371077x^2 + 9.290202xy^2 \\
&- 0.137543xy - 5.613071x + 0.180415y^2 - 5.862748y + 3.429014.
\end{aligned}$$

注 7.4.1 算例 7.4.2 表明, 即使插值节点集不变, 所提二元插值连分式表达式也会随着插值节点顺序的改变而改变.

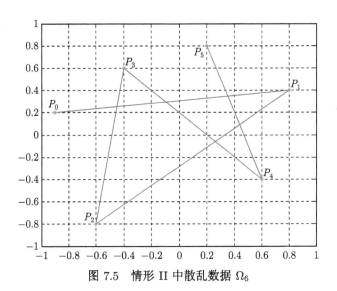

图 7.5 情形 II 中散乱数据 Ω_6

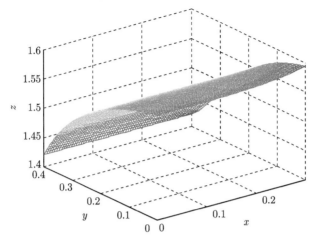

图 7.6　情形 II 中 $R_6(x, y)$ 的部分曲面

第 8 章　金字塔型网格点上的三元分叉连分式插值

本章研究三元分叉连分式的三项递推关系式等重要性质及其在金字塔型网格点的插值方面应用[24]. 首先, 利用一维连分式分子分母的三项递推关系式推导出分叉连分式奇、偶数阶渐近分式的表达式, 还分别计算相邻奇、偶数阶渐近分式之间的差公式, 进而得到其渐近分式的表达式. 接着, 提出三元张量积型偏逆差商算法, 由此构造金字塔型网格点上的三元分叉插值连分式. 然后, 利用分叉连分式的三项递推关系式, 结合一维连分式的特征定理, 确定所构造的连分式插值函数分子分母的次数. 另外, 利用张量积型 Newton 插值公式及其插值余项, 计算所提三元分叉插值连分式的插值余项. 最后, 利用三元偏逆差商与偏倒差商的关系推导偏逆差商极限形式与偏导数的算法公式, 由此进一步研究三元分叉插值连分式的切触插值, 给出偏导数连续的函数在一点处的分叉连分式方法.

8.1　二元连分式插值系数的递推计算

本节研究 Kuchmins'ka 在文献 [25, 26] 中提及的分叉连分式三项递推关系式, 并分别分析其相邻有限奇、偶数阶渐近分式之差, 从而分别得到其有限奇、偶数阶渐近分式表达式.

我们记分叉连分式 (branched continued fraction, BCF) 表示为

$$f = \overset{\infty}{\underset{i=0}{K}} \frac{a_{i,i}}{\Phi_i}, \tag{8.1}$$

其中

$$\Phi_i = b_{i,i} + \overset{\infty}{\underset{j=1}{K}} \frac{a_{i+j,i}}{b_{i+j,i}} + \overset{\infty}{\underset{j=1}{K}} \frac{a_{i,i+j}}{b_{i,i+j}}. \tag{8.2}$$

第 n 阶渐近分式定义为如下有限阶形式

$$f_n = \frac{P_n}{Q_n} = \overset{[(n-1)/2]}{\underset{i=0}{K}} \frac{a_{i,i}}{\Phi_i^{n-1-2i}}, \tag{8.3}$$

$$\Phi_i^n = b_{i,i} + \overset{n}{\underset{j=1}{K}} \frac{a_{i+j,i}}{b_{i+j,i}} + \overset{n}{\underset{j=1}{K}} \frac{a_{i,i+j}}{b_{i,i+j}}, \tag{8.4}$$

其中 P_n, Q_n 分别表示 f_n 的分子分母, 且 $[n/2]$ 表示不超过 $n/2$ 的最大整数.

我们分别考虑 (8.1) 式的有限奇、偶数阶渐近分式. 由 (8.3), (8.4) 式, 当 $n = 2k+1, k = 0, 1, \cdots$ 时, $[(n-1)/2] = k, n-1-2i = 2(k-i)$, 且

$$f_{2k+1} = \frac{P_{2k+1}}{Q_{2k+1}} = \mathop{K}_{i=0}^{k} \frac{a_{i,i}}{\Phi_i^{2(k-i)}}, \tag{8.5}$$

$$\Phi_i^{2(k-i)} = b_{i,i} + \mathop{K}_{j=1}^{2(k-i)} \frac{a_{i+j,i}}{b_{i+j,i}} + \mathop{K}_{j=1}^{2(k-i)} \frac{a_{i,i+j}}{b_{i,i+j}}. \tag{8.6}$$

当 $n = 2k+2, k = 0, 1, \cdots$ 时, $[(n-1)/2] = k, n-1-2i = 2(k-i)+1$, 且

$$f_{2k+2} = \frac{P_{2k+2}}{Q_{2k+2}} = \mathop{K}_{i=0}^{k} \frac{a_{i,i}}{\Phi_i^{2(k-i)+1}}, \tag{8.7}$$

$$\Phi_i^{2(k-i)+1} = b_{i,i} + \mathop{K}_{j=1}^{2(k-i)+1} \frac{a_{i+j,i}}{b_{i+j,i}} + \mathop{K}_{j=1}^{2(k-i)+1} \frac{a_{i,i+j}}{b_{i,i+j}}. \tag{8.8}$$

为推导三项递推关系式, 我们需要定义如下函数. 记

$$f_{2k+1}(x) = \frac{P_{2k+1}(x)}{Q_{2k+1}(x)} = \mathop{K}_{i=0}^{k} \frac{a_{i,i}}{\Phi_i^{2(x-i)}}, \tag{8.9}$$

其中 $x = k, k+1, \cdots; k = 0, 1, \cdots$. 则由 (8.5), (8.6) 式, 易知 $f_{2k+1}(k) = f_{2k+1}$. 类似地, 记

$$f_{2k+3}(x) = \frac{P_{2k+3}(x)}{Q_{2k+3}(x)} = \mathop{K}_{i=0}^{k+1} \frac{a_{i,i}}{\Phi_i^{2(x-i)}}, \quad x = k+1, k+2, \cdots, \tag{8.10}$$

$$f_{2k+5}(x) = \frac{P_{2k+5}(x)}{Q_{2k+5}(x)} = \mathop{K}_{i=0}^{k+2} \frac{a_{i,i}}{\Phi_i^{2(x-i)}}, \quad x = k+2, k+3, \cdots. \tag{8.11}$$

于是利用著名的一维连分式分子分母三项递推关系式, 我们得到 (8.9)—(8.11) 式分子分母三项递推关系式.

定理 8.1.1　设 $P_{-1}(x) = 0, Q_{-1}(x) = 1, x = 0, 1, \cdots$, 则对 $k \geqslant -1, k \in \mathbf{Z}$,

$$P_{2k+5}(x) = \Phi_{k+2}^{2(x-k-2)} P_{2k+3}(x) + a_{k+2,k+2} P_{2k+1}(x), \tag{8.12}$$

$$Q_{2k+5}(x) = \Phi_{k+2}^{2(x-k-2)} Q_{2k+3}(x) + a_{k+2,k+2} Q_{2k+1}(x), \tag{8.13}$$

其中 $x = k+2, k+3, \cdots$.

为了推导 (8.5) 式与 (8.6) 式的两个相邻奇数阶渐近分式间的差公式, 我们利用一维连分式相邻渐近分式的差公式 [4], 得到如下引理.

引理 8.1.1　设 $k \geqslant -1, k \in \mathbf{Z}$, 则

$$\frac{P_{2k+3}(x)}{Q_{2k+3}(x)} - \frac{P_{2k+1}(x)}{Q_{2k+1}(x)} = \frac{(-1)^{k+1} \prod_{i=0}^{k+1} a_{i,i}}{Q_{2k+1}(x) Q_{2k+3}(x)}, \tag{8.14}$$

其中 $x = k+1, k+2, \cdots$.

于是, 按 (8.9), (8.10) 式定义有限奇数阶渐近分式, 我们得到如下定理.

定理 8.1.2 设 $k \geqslant 0, k \in \mathbf{Z}$, 则

$$f_{2k+3}(k+1) - f_{2k+1}(k)$$
$$= \sum_{j=0}^{k} (-1)^j \prod_{i=0}^{j} a_{i,i} \left[\frac{1}{Q_{2j+1}(k+1)Q_{2j-1}(k+1)} \right.$$
$$\left. - \frac{1}{Q_{2j+1}(k)Q_{2j-1}(k)} \right] + \frac{(-1)^{k+1} \prod_{i=0}^{k+1} a_{i,i}}{Q_{2k+1}(k+1)Q_{2k+3}(k+1)}. \tag{8.15}$$

证明 对 $i = 1, 3, \cdots, 2k-1, 2k+1$, 得到一般差公式

$$f_{i+2}(k+1) - f_i(k)$$
$$= [f_{i+2}(k+1) - f_i(k+1)] + [f_i(k+1) - f_i(k)]$$
$$= [f_{i+2}(k+1) - f_i(k+1)] + [f_i(k+1) - f_{i-2}(k)] - [f_i(k) - f_{i-2}(k)].$$

因此, 将上述公式两边分别相加, 并利用引理 8.1.1, 得到

$$f_{2k+3}(k+1) - f_{2k+1}(k)$$
$$= \sum_{j=0}^{k} [f_{2j+3}(k+1) - f_{2j+1}(k+1)] - \sum_{j=0}^{k} [f_{2j+1}(k) - f_{2j-1}(k)] + [f_1(k+1) - f_{-1}(k)],$$

且注意到定理 8.1.1 中

$$P_{-1}(k) = P_{-1}(k+1) = 0, \quad Q_{-1}(k) = Q_{-1}(k+1) = 1,$$

故 (8.15) 式成立. 定理得证. □

推论 8.1.1 设 $k \geqslant 0, k \in \mathbf{Z}$, 分叉连分式 (8.3) 的第 $2k+1$ 阶渐近分式可写为

$$f_{2k+1}(k) = \sum_{j=0}^{k} \frac{(-1)^j \prod_{i=0}^{j} a_{i,i}}{Q_{2j+1}(k)Q_{2j-1}(k)}, \tag{8.16}$$

其中 $Q_{-1}(k) = 1$.

事实上, (8.16) 式可以由引理 8.1.1 或定理 8.1.2 得到. 例如, 由定理 8.1.2,

$$f_{2k+1}(k) = \sum_{j=1}^{k} [f_{2j+1}(j) - f_{2j-1}(j-1)] + f_1(0)$$

$$= \sum_{j=1}^{k} \left\{ \sum_{M=0}^{j-1} (-1)^m \prod_{i=0}^{m} a_{i,i} \left[\frac{1}{Q_{2m+1}(j)Q_{2m-1}(j)} - \frac{1}{Q_{2m+1}(j-1)Q_{2m-1}(j-1)} \right] \right.$$

$$\left. + \frac{(-1)^j \prod\limits_{i=0}^{j} a_{i,i}}{Q_{2j+1}(j)Q_{2j-1}(j)} \right\} + \frac{a_{0,0}}{\Phi_0^0} = \sum_{j=0}^{k} \frac{(-1)^j \prod\limits_{i=0}^{j} a_{i,i}}{Q_{2j+1}(k)Q_{2j-1}(k)},$$

其中 $Q_{-1}(k) = 1, k \geqslant 0, k \in \mathbf{Z}$.

　　类似于奇数阶渐近分式的诸多性质, 我们也得到了偶数阶的相应结论, 包括分子分母的三项递推关系式、两相邻偶数阶渐近分式的差公式等.

　　为方便起见, 利用 (8.7), (8.8) 式, 记

$$f_{2k+2}(x) = \frac{P_{2k+2}(x)}{Q_{2k+2}(x)} = \underset{i=0}{\overset{k}{K}} \frac{a_{i,i}}{\Phi_i^{2(x-i)+1}}, \tag{8.17}$$

其中 $x = k, k+1, \cdots; k \geqslant 0, k \in \mathbf{Z}$.

　　由此得到

$$f_{2k}(x) = \frac{P_{2k}(x)}{Q_{2k}(x)} = \underset{i=0}{\overset{k-1}{K}} \frac{a_{i,i}}{\Phi_i^{2(x-i)+1}}, \quad x = k-1, k, \cdots, \tag{8.18}$$

$$f_{2k+4}(x) = \frac{P_{2k+4}(x)}{Q_{2k+4}(x)} = \underset{i=0}{\overset{k+1}{K}} \frac{a_{i,i}}{\Phi_i^{2(x-i)+1}}, \quad x = k+1, k+2, \cdots. \tag{8.19}$$

　　基于以上定义的函数, 我们有如下类似于奇数阶情形的重要性质.

　　定理 8.1.3　设 $P_0(x) = 0, Q_0(x) = 1, x = 0, 1, \cdots,$ 则对 $k \geqslant 0, k \in \mathbf{Z}$,

$$P_{2k+4}(x) = \Phi_{k+1}^{2(x-k)-1} P_{2k+2}(x) + a_{k+1,k+1} P_{2k}(x), \tag{8.20}$$

$$Q_{2k+4}(x) = \Phi_{k+1}^{2(x-k)-1} Q_{2k+2}(x) + a_{k+1,k+1} Q_{2k}(x), \tag{8.21}$$

其中 $x = k+1, k+2, \cdots$.

　　定理 8.1.4　设 $k \geqslant 0, k \in \mathbf{Z}$, 则

$$f_{2k+4}(k+1) - f_{2k+2}(k)$$

$$= \sum_{j=0}^{k} (-1)^j \prod_{i=0}^{j} a_{i,i} \left[\frac{1}{Q_{2j+2}(k+1)Q_{2j}(k+1)} - \frac{1}{Q_{2j+2}(k)Q_{2j}(k)} \right]$$

$$+ \frac{(-1)^{k+1} \prod\limits_{i=0}^{k+1} a_{i,i}}{Q_{2k+4}(k+1)Q_{2k+2}(k+1)}. \tag{8.22}$$

最后, 利用定理 8.1.4 的结果, 我们得到以下推论.

推论 8.1.2 对 $k \geqslant 0, k \in \mathbf{Z}$, 分叉连分式 (8.3) 的第 $2k+2$ 阶渐近分式可写为

$$f_{2k+2}(k) = \sum_{j=0}^{k} \frac{(-1)^j \prod\limits_{i=0}^{j} a_{i,i}}{Q_{2j+2}(k)Q_{2j}(k)}, \tag{8.23}$$

其中 $Q_0(k) = 1$.

综上分析, 我们可以直接算出 (8.16) 式与 (8.17) 式之差, 即分叉连分式 (8.3) 相邻有限阶渐近分式之差.

8.2 分叉连分式插值函数的构造

本节将分叉连分式 (8.3) 稍加修改后应用于 $\mathbf{R}^3$ 中呈金字塔型分布的数据点插值问题. 因为在实际工程中, 往往需要从地下河网金字塔型网格点上提取信息[27], 从而构造合适的函数去逼近它们. 而且, 我们将给出数值算例.

设 $\mathbf{R}^3$ 中呈金字塔型网格点集为

$$\prod_{x,y,x}^{n} = \{(x_i, y_j, z_k) | i = 1, \cdots, n; j, k = 0, 1, \cdots, 2(n+1-i)\},$$

且 $f(x,y,z)$ 为定义在包含 $\Pi_{x,y,x}^n$ 的空间闭区域 $G \supset (a,b) \times (c,d) \times (c,d)$ 上的三元函数. 我们构造稍加修改后的三元分叉连分式有理函数为

$$R_n(x,y,z) = \mathop{K}\limits_{i=1}^{n} \frac{x - x_{i-1}}{\Phi_{i-1}^{2(n+1-i)}(y,z)}, \quad \forall (x,y,z) \in G, \tag{8.24}$$

其中诸 $(x_i, y_j, z_k) \in \Pi_{x,y,x}^n$.

而且对 $i = 1, \cdots, n$, 定义 (8.24) 式中

$$\begin{aligned}
\Phi_{i-1}^{2(n+1-i)}(y,z) &= b_{i-1,i-1}(z) + \mathop{K}\limits_{j=1}^{2(n+1-i)} \frac{y - y_{j-1}}{b_{i-1,i-1+j}(z)} + c_{i-1,i-1}(y) \\
&\quad + \mathop{K}\limits_{k=1}^{2(n+1-i)} \frac{z - z_{k-1}}{c_{i-1,i-1+k}(y)} \\
&\triangleq \Phi_{i-1,b}^{2(n+1-i)}(y,z) + \Phi_{i-1,b}^{2(n+1-i)}(y,z).
\end{aligned} \tag{8.25}$$

对 $j, k = 0, 1, \cdots, 2(n+1-i)$, 定义 (8.25) 式中

$$b_{i-1,i-1+j}(z) = b_{i-1,i-1+j}^0 + \mathop{K}\limits_{k=1}^{2(n+1-i)} \frac{z - z_{k-1}}{b_{i-1,i-1+j}^k}, \tag{8.26}$$

$$c_{i-1,i-1+k}(y) = c_{i-1,i-1+k}^0 + \overset{2(n+1-i)}{\underset{j=1}{K}} \frac{y-y_{j-1}}{c_{i-1,i-1+k}^j}. \tag{8.27}$$

为了将分叉连分式 (8.24) 应用于有理插值, 需要构造如下的三元偏逆差商算法. 我们约定: 简记形如 $\varphi_c[x_0,\cdots,x_i;z_0,\cdots,z_k;y_0,\cdots,y_j]$ 表示 $\varphi_c[x_0,\cdots,x_{i-1},x_i;z_0,\cdots,z_{k-1},z_k;y_0,\cdots,y_{j-1},y_j]$, 只有当变量下标不是逐一递增时, 我们才特地写出相应变量.

算法 8.2.1　对诸 $(x_i,y_j,z_k) \in \Pi_{x,y,x}^n$, 有

$$\varphi[x_i;y_j;z_k] = f(x_i,y_j,z_k), \quad \varphi[x_0;y_j;z_k] = 0, \tag{8.28}$$

$$\varphi[x_0,\cdots,x_i;y_j;z_k] = \frac{x_i - x_{i-1}}{\varphi[x_0,\cdots,x_{i-2},x_i;y_j;z_k] - \varphi[x_0,\cdots,x_{i-1};y_j;z_k]}. \tag{8.29}$$

$$\varphi_b[x_0,\cdots,x_i;y_j;z_k] = \frac{y_j}{y_j+z_k}\varphi[x_0,\cdots,x_i;y_j;z_k]. \tag{8.30}$$

$$\varphi_b[x_0,\cdots,x_i;y_0,\cdots,y_j;z_k]$$
$$= \frac{y_j - y_{j-1}}{\varphi_b[x_0,\cdots,x_i;y_0,\cdots,y_{j-2},y_j;z_k] - \varphi_b[x_0,\cdots,x_i;y_0,\cdots,y_{j-1};z_k]}. \tag{8.31}$$

$$\varphi_b[x_0,\cdots,x_i;y_0,\cdots,y_j;z_0,\cdots,z_k]$$
$$= \frac{z_k - z_{k-1}}{\varphi_b[x_0,\cdots,x_i;y_0,\cdots,y_j;z_0,\cdots,z_{k-2},z_k] - \varphi_b[x_0,\cdots,x_i;y_0,\cdots,y_j;z_0,\cdots,z_{k-1}]}. \tag{8.32}$$

$$\varphi_c[x_0,\cdots,x_i;z_k;y_j] = \frac{z_k}{y_j+z_k}\varphi[x_0,\cdots,x_i;y_j;z_k]. \tag{8.33}$$

$$\varphi_c[x_0,\cdots,x_i;z_0,\cdots,z_k;y_j]$$
$$= \frac{z_k - z_{k-1}}{\varphi_c[x_0,\cdots,x_i;z_0,\cdots,z_{k-2},z_k;y_j] - \varphi_c[x_0,\cdots,x_i;z_0,\cdots,z_{k-1};y_j]}. \tag{8.34}$$

$$\varphi_c[x_0,\cdots,x_i;z_0,\cdots,z_k;y_0,\cdots,y_j]$$
$$= \frac{y_j - y_{j-1}}{\varphi_c[x_0,\cdots,x_i;z_0,\cdots,z_k;y_0,\cdots,y_{j-2},y_j] - \varphi_c[x_0,\cdots,x_i;z_0,\cdots,z_k;y_0,\cdots,y_{j-1}]}. \tag{8.35}$$

利用上述三元偏逆差商算法可以证明下述定理.

定理 8.2.1　设 $i=1,\cdots,n; j,k=0,1,\cdots,2(n+1-i)$,

$$b_{i-1,i-1+j}^k = \varphi_b[x_0,\cdots,x_i;y_0,\cdots,y_j;z_0,\cdots,z_k], \tag{8.36}$$

$$c_{i-1,i-1+k}^{j} = \varphi_c[x_0, \cdots, x_i; z_0, \cdots, z_k; y_0, \cdots, y_j], \tag{8.37}$$

则按 (8.24)—(8.27) 式定义的三元分叉连分式满足插值条件

$$R_n(x_i, y_j, z_k) = f(x_i, y_j, z_k). \tag{8.38}$$

证明 由 (8.25), (8.26), (8.31), (8.32) 及 (8.36) 式, 对 $i = 1, \cdots, n; j, k = 0, 1, \cdots, 2(n+1-i)$, 得到

$$b_{i-1,i-1+j}(z_k)$$
$$= b_{i-1,i-1+j}^{0} + \mathop{K}\limits_{m=1}^{k} \frac{z_k - z_{m-1}}{b_{i-1,i-1+j}^{m}}$$
$$= \varphi_b[x_0, \cdots, x_i; y_0, \cdots, y_j; z_0] + \cfrac{z_k - z_0|}{|\varphi_b[x_0, \cdots, x_i; y_0, \cdots, y_j; z_0, z_1]} + \cdots$$
$$+ \cfrac{z_k - z_{k-2}|}{|\varphi_b[x_0, \cdots, x_i; y_0, \cdots, y_j; z_0, \cdots, z_{k-1}]}$$
$$+ \cfrac{z_k - z_{k-1}}{\cfrac{z_k - z_{k-1}}{\varphi_b[x_0, \cdots, x_i; y_0, \cdots, y_j; z_0, \cdots, z_{k-2}, z_k] - \varphi_b[x_0, \cdots, x_i; y_0, \cdots, y_j; z_0, \cdots, z_{k-1}]}}$$
$$= \varphi_b[x_0, \cdots, x_i; y_0, \cdots, y_j; z_0] + \cfrac{z_k - z_0|}{|\varphi_b[x_0, \cdots, x_i; y_0, \cdots, y_j; z_0, z_1]} + \cdots$$
$$+ \cfrac{z_k - z_{k-2}|}{|\varphi_b[x_0, \cdots, x_i; y_0, \cdots, y_j; z_0, \cdots, z_{k-2}, z_k]}$$
$$= \varphi_b[x_0, \cdots, x_i; y_0, \cdots, y_j; z_0] + \cfrac{z_k - z_0}{\varphi_b[x_0, \cdots, x_i; y_0, \cdots, y_j; z_0, z_k]}$$
$$= \varphi_b[x_0, \cdots, x_i; y_0, \cdots, y_j; z_k],$$

从而

$$\Phi_{i-1,b}^{2(n+1-i)}(y_j, z_k) = b_{i-1,i-1}(z_k) + \mathop{K}\limits_{m=1}^{j} \frac{y_j - y_{m-1}}{b_{i-1,i-1+m}(z_k)}$$

$$= \varphi_b[x_0, \cdots, x_i; y_0; z_k] + \cfrac{y_j - y_0|}{|\varphi_b[x_0, \cdots, x_i; y_0, y_1; z_k]} + \cdots$$

$$+ \cfrac{y_j - y_{j-2}|}{|\varphi_b[x_0, \cdots, x_i; y_0, \cdots, y_{j-1}; z_k]}$$

$$+ \cfrac{y_j - y_{j-1}}{\cfrac{y_j - y_{j-1}}{\varphi_b[x_0, \cdots, x_i; y_0, \cdots, y_{j-2}, y_j; z_k] - \varphi_b[x_0, \cdots, x_i; y_0, \cdots, y_{j-1}; z_k]}}$$

$$= \varphi_b[x_0, \cdots, x_i; y_0; z_k] + \cfrac{y_j - y_0|}{|\varphi_b[x_0, \cdots, x_i; y_0, y_1; z_k]} + \cdots$$

$$+ \cfrac{y_j - y_{j-2}|}{|\varphi_b[x_0, \cdots, x_i; y_0, \cdots, y_{j-2}, y_j; z_k]}$$

$$= \varphi_b[x_0, \cdots, x_i; y_0; z_k] + \cfrac{y_j - y_0}{\varphi_b[x_0, \cdots, x_i; y_0, y_j; z_k]}$$

$$= \varphi_b[x_0, \cdots, x_i; y_j; z_k].$$

类似地, 我们利用 (8.25), (8.27), (8.34)—(8.36) 式计算得到

$$c_{i-1,i-1+k}(y_j) = \varphi_c[x_0, \cdots, x_i; z_0, \cdots, z_k; y_j],$$

从而

$$\Phi_{i-1,c}^{2(n+1-i)}(y_j, z_k) = \varphi_c[x_0, \cdots, x_i; z_k; y_j].$$

于是, 将上式相加, 并利用 (8.30), (8.33) 式, 得到

$$\Phi_{i-1}^{2(n+1-i)}(y_j, z_k) = \Phi_{i-1,b}^{2(n+1-i)}(y_j, z_k) + \Phi_{i-1,c}^{2(n+1-i)}(y_j, z_k)$$

$$= \varphi[x_0, \cdots, x_i; y_j; z_k].$$

因此, 对 $i = 1, \cdots, n; j, k = 0, 1, \cdots, 2(n+1-i)$, 由 (8.24), (8.28) 及 (8.29) 式, 计算得到

$$R_n(x_i, y_j, z_k)$$

$$= \cfrac{x_i - x_0|}{|\varphi[x_0, x_1; y_j; z_k]} + \cdots + \cfrac{x_i - x_{i-1}|}{|\varphi[x_0, \cdots, x_i; y_j; z_k]}$$

$$= \cfrac{x_i - x_0|}{|\varphi[x_0, x_1; y_j; z_k]} + \cdots + \cfrac{x_i - x_{i-2}|}{|\varphi[x_0, \cdots, x_{i-1}; y_j; z_k]}$$

$$+ \cfrac{x_i - x_{i-1}}{\cfrac{x_i - x_{i-1}}{\varphi_b[x_0, \cdots, x_{i-2}, x_i; y_j; z_k] - \varphi_b[x_0, \cdots, x_{i-1}; y_j; z_k]}}$$

$$= \cfrac{x_i - x_0|}{|\varphi[x_0, x_1; y_j; z_k]} + \cdots + \cfrac{x_i - x_{i-2}|}{|\varphi[x_0, \cdots, x_{i-2}, x_i; y_j; z_k]}$$

$$= \cfrac{x_i - x_0}{\varphi[x_0, x_i; y_j; z_k]}$$

$$= \varphi[x_i; y_j; z_k] - \varphi[x_0; y_j; z_k]$$

$$= \varphi[x_i; y_j; z_k] = f(x_i; y_j; z_k). \qquad \Box$$

算例 8.2.1　设 $n = 2$, 则 $\Pi_{x,y,x}^2 = \{(x_i, y_j, z_k) | i = 1, 2; j, k = 0, 1, \cdots, 2(3-i)\}$, 对 $i = 1, 2$, 我们分别给出诸函数值 $f(x_i, y_j, z_k)$. 如表 8.1、表 8.2 所示.

表 8.1 $x_1 = 1$ 时的函数初值

	$z_0 = 1/3$	$z_1 = 2/3$	$z_2 = 1$	$z_3 = 4/3$	$z_4 = 5/3$
$y_0 = 1/2$	-1	$-2/3$	$1/2$	1	$-1/3$
$y_1 = 1$	$-1/2$	$2/3$	$3/2$	$-3/2$	-1
$y_2 = 3/2$	$1/2$	$1/6$	1	$4/3$	$-4/3$
$y_3 = 2$	2	-1	$-1/2$	-2	$-2/3$
$y_4 = 5/2$	3	$-1/3$	$4/3$	-3	1

表 8.2 $x_2 = 2$ 时的函数初值

	$z_0 = 1/3$	$z_1 = 2/3$	$z_2 = 1$
$y_0 = 1/2$	2	-1	$2/3$
$y_1 = 1$	$1/2$	$3/2$	1
$y_2 = 3/2$	$1/3$	$-2/3$	$1/2$

我们试图构造三元分叉连分式插值函数, 使之满足插值条件

$$R_2(x_i, y_j, z_k) = f(x_i, y_j, z_k).$$

于是由 (8.24), (8.27), (8.36) 及 (8.37) 式, 写出此时具体表达式

$$R_2(x, y, z) = \overset{2}{\underset{i=1}{K}} \frac{x - x_{i-1}}{\Phi_{i-1}^{2(3-i)}(y, z)}, \quad \forall (x, y, z) \in G, \tag{8.39}$$

其中诸 $(x_i, y_j, z_k) \in \Pi_{x,y,x}^2 \subset G$.

(1) 当 $i = 1$ 时,

$$\Phi_0^4(y, z) = b_{0,0}(z) + \overset{4}{\underset{j=1}{K}} \frac{y - y_{j-1}}{b_{0,j}(z)} + c_{0,0}(y) + \overset{4}{\underset{k=1}{K}} \frac{y - z_{k-1}}{c_{0,k}(y)}$$
$$= \Phi_{0,b}^4(y, z) + \Phi_{0,c}^4(y, z), \tag{8.40}$$

且对 $j, k = 0, 1, 2, 3, 4$, 有

$$b_{0,j}(z) = b_{0,j}^0 + \overset{4}{\underset{k=1}{K}} \frac{z - z_{k-1}}{b_{0,j}^k}, \tag{8.41}$$

$$c_{0,k}(y) = c_{0,k}^0 + \overset{4}{\underset{j=1}{K}} \frac{y - y_{j-1}}{c_{0,k}^j}, \tag{8.42}$$

其中如表 8.3、表 8.4 所示

$$b_{0,j}^k = \varphi_b[x_0, x_1; y_0, \cdots, y_j; z_0, \cdots, z_k], \tag{8.43}$$

$$c_{0,k}^j = \varphi_c[x_0, x_1; z_0, \cdots, z_k; y_0, \cdots, y_j]. \tag{8.44}$$

(2) 当 $i = 2$ 时,

$$
\begin{aligned}
\Phi_1^2(y,z) &= b_{1,1}(z) + \overset{2}{\underset{j=1}{K}}\,\frac{y - y_{j-1}}{b_{1,j}(z)} + c_{1,1}(y) + \overset{2}{\underset{k=1}{K}}\,\frac{y - z_{k-1}}{c_{1,k}(y)} \\
&= \Phi_{1,b}^2(y,z) + \Phi_{1,c}^2(y,z),
\end{aligned}
\tag{8.45}
$$

且对 $j, k = 0, 1, 2$, 有

$$
b_{1,j}(z) = b_{1,j}^0 + \overset{2}{\underset{k=1}{K}}\,\frac{z - z_{k-1}}{b_{1,j}^k},
\tag{8.46}
$$

$$
c_{1,k}(y) = c_{1,k}^0 + \overset{2}{\underset{j=1}{K}}\,\frac{y - y_{j-1}}{c_{1,k}^j},
\tag{8.47}
$$

其中如表 8.5、表 8.6 所示

$$
b_{1,j}^k = \varphi_b[x_0, x_1, x_2; y_0, \cdots, y_j; z_0, \cdots, z_k],
\tag{8.48}
$$

$$
c_{1,k}^j = \varphi_c[x_0, x_1, x_2; z_0, \cdots, z_k; y_0, \cdots, y_j].
\tag{8.49}
$$

故由算法 8.2.1, 不难递推地计算出相应的插值系数如表 8.3—表 8.6 所示, 进而将诸插值系数代入 (8.40)—(8.42) 式, 便得到如 (8.39) 式定义的三元分叉连分式插值函数 $R_2(x, y, z)$.

表 8.3　诸 $b_{0,j}(z)$ 的插值系数

k	$b_{0,0}^k$	$b_{0,1}^k$	$b_{0,2}^k$	$b_{0,3}^k$	$b_{0,4}^k$
0	-0.6000	-0.5556	0.4986	-238.444	0.0019
1	-7.7778	0.3789	-0.0691	0.0014	0.1229
2	0.0401	-0.3073	-0.2836	239.0572	-0.0183
3	-119.6132	1.6109	2.5375	-0.0028	-2.6824
4	0.0029	-0.2399	-0.2399	-61.1783	0.0619

表 8.4　诸 $c_{0,k}(z)$ 的插值系数

j	$c_{0,0}^j$	$c_{0,1}^j$	$c_{0,2}^j$	$c_{0,3}^j$	$c_{0,4}^j$
0	-0.4000	-0.7292	0.2993	2.9448	-0.1140
1	-5.0000	0.4844	1.3461	-0.1424	-0.5173
2	0.0792	0.8868	-0.1019	6.2562	0.0663
3	-27.5723	-0.5101	-0.7649	-0.0650	0.2928
4	0.0075	-0.6257	0.0027	-13.4520	0.0077

表 8.5　诸 $b_{1,j}(z)$ 的插值系数

k	$b_{1,0}^k$	$b_{1,1}^k$	$b_{1,2}^k$
0	0.3000	-2.8571	-0.0656
1	-0.2881	0.1246	0.8187
2	0.0164	-4.1800	0.0210

表 8.6 诸 $c_{1,k}(y)$ 的插值系数

j	$c_{1,0}^j$	$c_{1,1}^j$	$c_{1,2}^j$
0	0.2000	-0.2482	0.1988
1	-3.1579	4.4759	-11.6892
2	-0.1509	-0.1057	0.0859

8.3 三元分叉插值连分式的特征定理

本节利用分叉连分式奇数阶渐近分式三项递推关系式来研究三元分叉连分式插值函数 (8.24) 的分子分母次数, 即特征定理. 为此, 需要如下一些记号与说明.

将 $\deg_x P(x,y,z), \deg_y P(x,y,z), \deg_z P(x,y,z)$ 分别表示多项式 $P(x,y,z)$ 关于 x,y,z 的次数, 称有理函数 $R(x,y,z) = P(x,y,z)/Q(x,y,z)$ 为分别关于 x,y,z 的 $(\deg_x P)/(\deg_x Q)$ 型、$(\deg_y P)/(\deg_y Q)$ 型、$(\deg_z P)/(\deg_z Q)$ 型, 其中 P,Q 为三元多项式. 还需要写出按 (8.24)—(8.27) 式定义的连分式插值函数在 $n+1$ 时的表达式

$$R_{n+1}(x,y,z) = \mathop{K}_{i=1}^{n+1} \frac{x - x_{i-1}}{\Phi_{i-1}^{2(n+2-i)}(y,z)}, \quad \forall (x,y,z) \in G, \tag{8.50}$$

其中 $(x_i, y_j, z_k) \in \Pi_{x,y,z}^{n+1} \subset G$. 且对 $i = 1, 2, \cdots, n+1$, (8.50) 式中定义

$$
\begin{aligned}
&\Phi_{i-1}^{2(n+2-i)}(y,z) \\
&= b_{i-1,i-1,n+1}(z) + \mathop{K}_{j=1}^{2(n+2-i)} \frac{y - y_{j-1}}{b_{i-1,i-1+j,n+1}(z)} + c_{i-1,i-1,n+1}(y) \\
&\quad + \mathop{K}_{k=1}^{2(n+2-i)} \frac{z - z_{k-1}}{c_{i-1,i-1+k,n+1}(y)} \\
&\equiv \Phi_{i-1,b}^{2(n+2-i)}(y,z) + \Phi_{i-1,c}^{2(n+2-i)}(y,z).
\end{aligned}
\tag{8.51}
$$

进而对 $j,k = 0,1,\cdots,2(n+2-i)$, (8.51) 式中定义

$$b_{i-1,i-1+j,n+1}(z) = b_{i-1,i-1+j}^0 + \mathop{K}_{k=1}^{2(n+2-i)} \frac{z - z_{k-1}}{b_{i-1,i-1+j}^k}, \tag{8.52}$$

$$c_{i-1,i-1+k,n+1}(y) = c_{i-1,i-1+k}^0 + \mathop{K}_{j=1}^{2(n+2-i)} \frac{y - y_{j-1}}{c_{i-1,i-1+k}^j}. \tag{8.53}$$

由 (8.52)—(8.54) 式, 易知当下标从 n 变为 $n+1$ 时, 分叉连分式的渐近分式分子分母变化很大, 故分叉连分式特征定理的推导将比一维连分式情形复杂.

引理 8.3.1 对 $i = 1, \cdots, n; j,k = 0, 1, \cdots, 2(n+1-i)$, 设分别按 (8.26) 式与 (8.27) 式定义诸连分式 $b_{i-1,i-1+j}(z), c_{i-1,i-1+k}(y)$, 则

(1) 函数 $b_{i-1,i-1+j}(z)$ 是关于 z 的 $(n+1-i)/(n+1-i)$ 型;

(2) 函数 $c_{i-1,i-1+k}(y)$ 是关于 y 的 $(n+1-i)/(n+1-i)$ 型.

证明　由引理 7.2.2, $b_{i-1,i-1+j}(z)$ 是关于 z 的 $[(2(n-i)+2+1)/2]/[(2(n-i)+2)/2]$ 型, 即 $(n+1-i)/(n+1-i)$ 型. 同理可以证明结论 (2). 　　　□

引理 8.3.2　对 $i = 1, \cdots, n$, 设

$$\Phi_{i-1,b}^{2(n+1-i)}(y,z) = \frac{P_{i-1,b}^{2(n+1-i)}(y,z)}{Q_{i-1,b}^{2(n+1-i)}(y,z)},$$

则: (1) $\deg_y P_{i-1,b}^{2(n+1-i)}(y,z) = n+1-i = \deg_y Q_{i-1,b}^{2(n+1-i)}(y,z);$

(2) $\deg_z P_{i-1,b}^{2(n+1-i)}(y,z) = (n+1-i)(2(n-i)+3) = \deg_z Q_{i-1,b}^{2(n+1-i)}(y,z).$

证明　(1) 由引理 7.2.2, 对 $i = 1, \cdots, n$, 有

$$\deg_y P_{i-1,b}^{2(n+1-i)}(y,z) = [(2(n-i)+2+1)/2] = n+1-i,$$

$$\deg_y Q_{i-1,b}^{2(n+1-i)}(y,z) = [(2(n-i)+2)/2] = n+1-i.$$

(2) 采用数学归纳法. 显然结论对 $n = 1$ 成立. 假设结论对 $n \leqslant k$ 成立, 则当 $n = k+1; i = 1, \cdots, k+1$ 时, 将按 (8.51) 式定义的 $\Phi_{i-1,b}^{2(n+1-i)}(y,z)$ 中的 n 换成 k, 且我们记

$$\Phi_{i-1,b}^{2(n+2-i)}(y,z) = \frac{P_{i-1,b}^{2(n+2-i)}(y,z)}{Q_{i-1,b}^{2(n+2-i)}(y,z)}, \tag{8.54}$$

$$\Phi_{i-1,b,k+1}^{2(k-i)+3}(y,z) = \frac{P_{i-1,b,k+1}^{2(k-i)+3}(y,z)}{Q_{i-1,b,k+1}^{2(k-i)+3}(y,z)} = b_{i-1.i-1,k+1}(z) + \overset{2(k-i)+3}{\underset{j=1}{\mathrm{K}}} \frac{y-y_{j-1}}{b_{i-1.i-1+j,k+1}(z)}, \tag{8.55}$$

$$\Phi_{i-1,b,k+1}^{2(k+1-i)}(y,z) = \frac{P_{i-1,b,k+1}^{2(k+1-i)}(y,z)}{Q_{i-1,b,k+1}^{2(k+1-i)}(y,z)} = b_{i-1.i-1,k+1}(z) + \overset{2(k+1-i)}{\underset{j=1}{\mathrm{K}}} \frac{y-y_{j-1}}{b_{i-1.i-1+j,k+1}(z)}. \tag{8.56}$$

更一般地, 记

$$\frac{P_{i-1,b,\tau}^{2(k+1-i)}(y,z)}{Q_{i-1,b,\tau}^{2(k+1-i)}(y,z)} = b_{i-1.i-1,\tau}(z) + \overset{2(k+1-i)}{\underset{j=1}{\mathrm{K}}} \frac{y-y_{j-1}}{b_{i-1.i-1+j,\tau}(z)}, \tag{8.57}$$

其中 $\tau = k, k+1, \cdots$.

由 (8.57) 式得到

$$\begin{cases} P_{i-1,b,k}^{2(k+1-i)}(y,z) = P_{i-1,b}^{2(k+1-i)}(y,z), & Q_{i-1,b,k}^{2(k+1-i)}(y,z) = Q_{i-1,b}^{2(k+1-i)}(y,z), \\ P_{i-1,b,k+1}^{2(k+2-i)}(y,z) = P_{i-1,b}^{2(k+2-i)}(y,z), & Q_{i-1,b,k+1}^{2(k+2-i)}(y,z) = Q_{i-1,b}^{2(k+2-i)}(y,z). \end{cases} \tag{8.58}$$

因此, 由 (8.54)—(8.56) 式及 (8.58) 式, 两次利用一维连分式分子分母三项递推关系式, 我们得到

$$P_{i-1,b,k+1}^{2(k-i)+3}(y,z) = b_{i-1,i+2(k-i)+2,k+1}(z)P_{i-1,b,k+1}^{2(k+1-i)}(y,z) + (y-y_{2(k-i)+2})P_{i-1,b,k+1}^{2(k-i)+1}(y,z), \tag{8.59}$$

$$Q_{i-1,b,k+1}^{2(k-i)+3}(y,z) = b_{i-1,i+2(k-i)+2,k+1}(z)Q_{i-1,b,k+1}^{2(k+1-i)}(y,z) + (y-y_{2(k-i)+2})Q_{i-1,b,k+1}^{2(k-i)+1}(y,z), \tag{8.60}$$

$$P_{i-1,b}^{2(k+2-i)}(y,z) = b_{i-1,i+2(k-i)+3,k+1}(z)P_{i-1,b,k+1}^{2(k-i)+3}(y,z) + (y-y_{2(k-i)+3})P_{i-1,b,k+1}^{2(k+1-i)}(y,z), \tag{8.61}$$

$$Q_{i-1,b}^{2(k+2-i)}(y,z) = b_{i-1,i+2(k-i)+3,k+1}(z)Q_{i-1,b,k+1}^{2(k-i)+3}(y,z) + (y-y_{2(k-i)+3})Q_{i-1,b,k+1}^{2(k+1-i)}(y,z). \tag{8.62}$$

除了 (8.59)—(8.62) 式, 可利用引理 8.3.1 推知, 对 $j = 0, 1, \cdots, 2(k+2-i)$, 诸 $b_{i-1,i-1+j,k+1}(z)$ 为 $(k+2-i)/(k+2-i)$ 型. 于是由对 $n = k$ 归纳假设结论成立, 我们得到当 $n = k+1$ 时,

$$\begin{aligned} &\deg_z P_{i-1,b,k+1}^{2(k-i)+3}(y,z) \\ &= \max\{(k+2-i) + (k+2-i)(2(k-i)+3), (k+2-i)(2(k-i)+1)\} \\ &= (k+2-i) + (k+2-i)(2(k-i)+3) \\ &= (k+2-i)(2(k-i)+4), \end{aligned}$$

于是

$$\begin{aligned} &\deg_z P_{i-1,b}^{2(k+2-i)}(y,z) \\ &= \max\{(k+2-i) + (k+2-i)(2(k+2-i)), (k+2-i)(2(k-i)+3)\} \\ &= (k+2-i) + (k+2-i)(2(k-i)+4) \\ &= (k+2-i)(2(k+1-i)+3). \end{aligned}$$

同理可证

$$\deg_z Q_{i-1,b}^{2(k+2-i)}(y,z) = (k+2-i)(2(k+1-i)+3).$$

于是引理得证. □

同理可证, 我们有以下引理.

引理 8.3.3 对 $i = 1, \cdots, n$, 设

$$\Phi_{i-1,c}^{2(n+1-i)}(y,z) = \frac{P_{i-1,c}^{2(n+1-i)}(y,z)}{Q_{i-1,c}^{2(n+1-i)}(y,z)},$$

则: (1) $\deg_y P_{i-1,c}^{2(n+1-i)}(y,z) = (n+1-i)(2(n-i)+3) = \deg_y Q_{i-1,c}^{2(n+1-i)}(y,z)$;

(2) $\deg_z P_{i-1,c}^{2(n+1-i)}(y,z) = n+1-i = \deg_z Q_{i-1,c}^{2(n+1-i)}(y,z)$.

对 $i=1,\cdots,n$, 设

$$\Phi_{i-1}^{2(n+1-i)}(y,z) = \Phi_{i-1,b}^{2(n+1-i)}(y,z) + \Phi_{i-1,c}^{2(n+1-i)}(y,z),$$

则由引理 8.3.2 与引理 8.3.3, 显然得到以下引理.

引理 8.3.4 对 $i=1,\cdots,n$, 设

$$\Phi_{i-1}^{2(n+1-i)}(y,z) = \frac{P_{i-1}^{2(n+1-i)}(y,z)}{Q_{i-1}^{2(n+1-i)}(y,z)},$$

则

$$\deg_y P_{i-1}^{2(n+1-i)}(y,z) = \deg_y Q_{i-1}^{2(n+1-i)}(y,z) = \deg_z P_{i-1}^{2(n+1-i)}(y,z)$$
$$= \deg_z Q_{i-1}^{2(n+1-i)}(y,z) = 2(n+1-i)(n+2-i).$$

注 8.3.1 对 $i=1,\cdots,n$, 诸 $\Phi_{i-1}^{2(n+1-i)}(y,z)$ 关于 y,z 的分子分母次数如表 8.7 所示.

表 8.7 $\Phi_{i-1}^{2(n+1-i)}(y,z)$ 关于 y,z 的分子分母次数

i	型	i	型
1	$(2\times1\times2)/(2\times1\times2)$	$n-1$	$(2(n-1)n)/(2(n-1)n)$
2	$(2\times2\times3)/(2\times2\times3)$	n	$(2n(n+1))/(2n(n+1))$
$\vdots$	$\vdots$		

定理 8.3.1 对 $n=1,2,\cdots$, 设 $R_n(x,y,z) = P_n(x,y,z)/Q_n(x,y,z)$ 按 (2.1) 式定义, 其中 $P_n(x,y,z), Q_n(x,y,z)$ 为定义在 G 上的三元多项式, 且

$$\Phi_{i-1}^{2(n+1-i)}(y,z) = \frac{P_{i-1}^{2(n+1-i)}(y,z)}{Q_{i-1}^{2(n+1-i)}(y,z)},$$

则: (1) 有理函数 $R_n(x,y,z)$ 是关于 x 的 $[(n+1)/2]/[n/2]$ 型, 其中形如 $[n/2]$ 表示 $n/2$ 的取整;

(2) $R_n(x,y,z)$ 是分别关于 y,z 的 $(2n(n+1)(n+2)/3)/(2n(n+1)(n+2)/3)$ 型.

证明 (1) 由引理 8.3.2, 对 $n=1,2,\cdots$, 易知有理函数 $R_n(x,y,z)$ 是关于 x 的 $[(n+1)/2]/[n/2]$ 型.

(2) 我们对 n 采用数学归纳法. 当 $n=1$ 时,

$$R_1(x,y,z) = \frac{x-x_0}{\Phi_0^2(y,z)}$$

是分别关于 y, z 的 $(2 \times 1 \times 2)/(2 \times 1 \times 2)$ 型, 故结论对 $n = 1$ 成立. 假设结论对 $n \leqslant k$ 成立, 则当 $n = k + 1$ 时,

$$R_{k+1}(x, y, z) = \mathop{K}_{i=1}^{k+1} \frac{x - x_{i-1}}{\Phi_{i-1}^{2(k+2-i)}(y, z)} = \frac{P_{k+1}(x, y, z)}{Q_{k+1}(x, y, z)}, \tag{8.63}$$

其中函数 $\Phi_{i-1}^{2(k+2-i)}(y, z)$ 按 (8.51) 式定义将 k 代替 n. 为计算方便, 我们简记

$$\frac{P_{k,\tau}(x, y, z)}{Q_{k,\tau}(x, y, z)} = \mathop{K}_{i=1}^{k} \frac{x - x_{i-1}}{\Phi_{i-1}^{2(\tau+1-i)}(y, z)}, \tag{8.64}$$

其中 $\tau = k, k+1, \cdots$.

由 (8.64) 式不难得到, 对 $k = 1, 2, \cdots$,

$$P_{k,k}(x, y, z) = P_k(x, y, z), \quad Q_{k,k}(x, y, z) = Q_k(x, y, z).$$

于是利用定理 8.1.3 中分叉连分式三项递推关系式, 我们重写

$$P_{k+1}(x, y, z) = \Phi_k^2(y, z) P_{k,k+1}(x, y, z) + (x - x_k) P_{k-1,k+1}(x, y, z), \tag{8.65}$$

$$Q_{k+1}(x, y, z) = \Phi_k^2(y, z) Q_{k,k+1}(x, y, z) + (x - x_k) Q_{k-1,k+1}(x, y, z). \tag{8.66}$$

故由假设, 当 $n = k$ 时, $R_k(x, y, z)$ 为 $(2k(k+1)(k+2)/3)/(2k(k+1)(k+2)/3)$ 型, 即由表 8.7, $R_k(x, y, z)$ 为分别关于 y, z 的 $\left(\sum_{i=1}^{k} 2i(i+1) \right) \bigg/ \left(\sum_{i=1}^{k} 2i(i+1) \right)$ 型, 故有

$$\begin{aligned}
\deg_y P_{k+1} &= \max \left\{ 2 \times 1 \times 2 + \sum_{i=2}^{k+1} 2i(i+1), \sum_{i=3}^{k+1} 2i(i+1) \right\} \\
&= 2 \times 1 \times 2 + \sum_{i=2}^{k+1} 2i(i+1) \\
&= \sum_{i=1}^{k+1} 2i(i+1) = \frac{2(k+1)(k+2)(k+3)}{3}.
\end{aligned}$$

同理可证, 次数 $\deg_y Q_{k+1}, \deg_z P_{k+1}, \deg_z Q_{k+1}$ 分别等于上述结果. 故由归纳假设知, 结论对 $n = k + 1$ 成立. 定理得证. $\qquad\square$

8.4 三元分叉连分式插值函数的插值余项

本节利用张量积形式的 Newton 插值公式及其插值余项来研究插值于金字塔型网格点的三元分叉连分式函数 (5.1) 式的误差估计.

定理 8.4.1 设 $f(x,y,z)$ 为定义在 $G \supset (a,b) \times (c,d) \times (c,d) \supset \Pi^n_{x,y,z}$ 上 $4n+2$ 阶偏导数连续的三元函数, 且所有三元偏逆差商由算法 8.2.1 给出, 则对每个 $(x,y,z) \in G$, 存在 $(\xi_i, \eta_{j,i}, \zeta_i) \in G, (\alpha_i, \beta_i) \in (c,d) \times (c,d), \lambda \in (a,b)$, 使得

$$
\begin{aligned}
&f(x,y,z) - R_n(x,y,z) \\
&= \frac{1}{Q_n} \left\{ \sum_{i=1}^{n} \sum_{j=0}^{2(n+1-i)} \frac{\omega_i(x)\varpi_j(y)\omega^*_{2(n-i)+3}(z)}{i!j!(2(n-i)+3)!} \frac{\partial^{2n+3-i+j} E_n(\xi_i, \eta_{j,i}, \zeta_i)}{\partial x^i \partial y^j \partial z^{2(n-i)+3}} \right. \\
&\left. + \sum_{i=1}^{n} \frac{\omega_i(x)\varpi_{2(n-i)+3}(y)}{i!(2(n-i)+3)!} \frac{\partial^{2n+3-i+j} E_n(\alpha_i, \beta_j, z)}{\partial x^i \partial y^{2(n-i)+3}} + \frac{\omega_{n+1}(x)}{(n+1)!} \frac{\partial^{n+1} E_n(\lambda, y, z)}{\partial x^{n+1}} \right\},
\end{aligned}
$$
(8.67)

其中 $R_n(x,y,z) = P_n(x,y,z)/Q_n(x,y,z), E_n(x,y,z) = f(x,y,z)Q_n(x,y,z) - P_n(x,y,z)$, 且对 $i = 1, \cdots, n; j, k = 0, 1, \cdots, 2(n+1-i)$,

$$\omega_i(x) = \prod_{l=1}^{i}(x - x_{l-1}),$$
(8.68)

$$\varpi_j(y) = \prod_{l=1}^{j}(y - y_{l-1}),$$
(8.69)

$$\omega^*_k(z) = \prod_{l=1}^{k}(z - z_{l-1}),$$
(8.70)

$\xi_i \in I[x_0, \cdots, x_i], \eta_{j,i} \in I[y_0, \cdots, y_j], \zeta_i \in I[z_0, \cdots, z_{2(n-i)+2}, z], \alpha_i \in I[x_0, \cdots, x_i], \beta_i \in I[y_0, \cdots, y_{2(n-i)+2}, y], \lambda \in I[x_0, \cdots, x_n, x]$, 且 $I[x_0, \cdots, x_i]$ 为包含 $x_0, \cdots, x_i$ 的最小区间等.

证明 记

$$E_n(x,y,z) = Q_n(x,y,z)f(x,y,z) - P_n(x,y,z), \quad (x,y,z) \in G.$$

则由定理 8.2.1, 对 $i = 1, \cdots, n; j, k = 0, 1, \cdots, 2(n+1-i), (x_i, y_j, z_k) \in \Pi^n_{x,y,z}$, 有

$$E_n(x_i, y_j, z_k) = 0.$$

因此张量积形式的 Newton 插值多项式的诸系数即差商,

$$E_n[x_0,\cdots x_i; y_0,\cdots, y_j; z_0,\cdots, z_k] = 0.$$

进而我们得到插值余项

$$
\begin{aligned}
&E_n(x,y,z)\\
&= \sum_{i=1}^{n} \omega_i(x) E_n[x_0,\cdots,x_i; y; z] + \omega_{n+1}(x) E_n[x_0,\cdots,x_n,x; y; z]\\
&= \sum_{i=1}^{n} \omega_i(x) \left\{ \sum_{j=0}^{2(n+1-i)} \varpi_j(y) E_n[x_0,\cdots,x_i; y_0,\cdots,y_j; z] \right.\\
&\quad \left. + \varpi_{2(n-i)+3}(y) E_n[x_0,\cdots,x_i; y_0,\cdots,y_{2(n+1)-i}, y; z] \right\}\\
&\quad + \omega_{n+1}(x) E_n[x_0,\cdots,x_n,x; y; z]\\
&= \sum_{i=1}^{n} \omega_i(x) \left\{ \sum_{j=0}^{2(n+1-i)} \varpi_j(y) \left(\sum_{k=0}^{2(n+1-i)} E_n[x_0,\cdots,x_i; y_0,\cdots,y_j; z_0,\cdots,z_k] \omega_k^*(z) \right.\right.\\
&\quad \left. + \omega_{2(n-i)+3}^*(z) E_n[x_0,\cdots,x_i; y_0,\cdots,y_j; z_0,\cdots,z_{2(n+1-i)}, z] \right)\\
&\quad \left. + \varpi_{2(n-i)+3}(y) E_n[x_0,\cdots,x_i; y_0,\cdots,y_{2(n+1-i)}, y; z] \right\}\\
&\quad + \omega_{n+1}(x) E_n[x_0,\cdots,x_n,x; y; z]\\
&= \sum_{i=1}^{n} \sum_{j=0}^{2(n+1-i)} \sum_{k=0}^{2(n+1-i)} \omega_i(x) \varpi_j(y) \omega_k^*(z) E_n[x_0,\cdots,x_i; y_0,\cdots,y_j; z_0,\cdots,z_k]\\
&\quad + \sum_{i=1}^{n} \sum_{j=0}^{2(n+1-i)} \omega_i(x) \varpi_j(y) \omega_{2(n-i)+3}^*(z) E_n[x_0,\cdots,x_i; y_0,\cdots,y_j; z_0,\cdots,z_{2(n+1-i)}, z]\\
&\quad + \sum_{i=1}^{n} \omega_i(x) \varpi_{2(n-i)+3}(y) E_n[x_0,\cdots,x_i; y_0,\cdots,y_{2(n+1-i)}, y; z]\\
&\quad + \omega_{n+1}(x) E_n[x_0,\cdots,x_n,x; y; z]\\
&= \sum_{i=1}^{n} \sum_{j=0}^{2(n+1-i)} \frac{\omega_i(x) \varpi_j(y) \omega_{2(n-i)+3}^*(z)}{i! j! (2(n-i)+3)!} \frac{\partial^{2n+3-i+j} E_n(\xi_i, \eta_{j,i}, \zeta_i)}{\partial x^i \partial y^j \partial z^{2(n-i)+3}}\\
&\quad + \sum_{i=1}^{n} \frac{\omega_i(x) \varpi_{2(n-i)+3}(y)}{i! (2(n-i)+3)!} \frac{\partial^{2n+3-i} E_n(\alpha_i, \beta_j, z)}{\partial x^i \partial y^{2(n-i)+3}} + \frac{\omega_{n+1}(x)}{(n+1)!} \frac{\partial^{n+1} E_n(\lambda, y, z)}{\partial x^{n+1}},
\end{aligned}
$$

其中对 $i = 1,\cdots, n; j, k = 0, 1,\cdots, 2(n+1-i), \omega_i(x), \varpi_j(y), \omega_k^*(z)$ 按 (8.68)—(8.70) 式定义, 且 $\xi_i \in I[x_0,\cdots,x_i], \eta_{j,i} \in I[y_0,\cdots,y_j], \zeta_i \in I[z_0,\cdots,z_{2(n-i)+2}, z], \alpha_i \in I[x_0,\cdots,x_i], \beta_i \in I[y_0,\cdots,y_{2(n-i)+2}, y], \lambda \in I[x_0,\cdots,x_n, x].$

故由

$$f(x,y,z) - R_n(x,y,z) = \frac{E_n(x,y,z)}{Q_n(x,y,z)},$$

定理得证.　　　　　　　　　　　　　　　　　　　　　　　　　□

8.5　三元分叉连分式的切触插值

本节研究按 (8.24)—(8.27) 式定义的三元分叉连分式的极限形式, 即切触插值. 利用偏倒差商与偏倒导数概念 [3], 我们推导出偏逆差商与偏倒导数之间的关系, 并不加证明地以算法形式给出.

定义 8.5.1　对诸 $(x_i,y_j,z_k) \in \Pi^n_{x,y,z}$,

$$\rho[x_i; y_j; z_k] = f(x_i,y_j,z_k), \quad \rho[x_0; y_j; z_k] = 0. \tag{8.71}$$

$$\begin{aligned}&\rho[x_0,\cdots,x_i; y_j; z_k]\\&= \rho[x_0,\cdots,x_{i-2}; y_j; z_k] + \frac{x_i - x_{i-1}}{\rho[x_0,\cdots,x_{i-2},x_i; y_j; z_k] - \rho[x_0,\cdots,x_{i-1}; y_j; z_k]}.\end{aligned}\tag{8.72}$$

$$\rho_b[x_0,\cdots,x_i; y_j; z_k] = \frac{y_j}{y_j + z_k}\rho[x_0,\cdots,x_i; y_j; z_k]. \tag{8.73}$$

$$\begin{aligned}&\rho_b[x_0,\cdots,x_i; y_0,\cdots,y_j; z_k]\\&= \rho_b[x_0,\cdots,x_i; y_0,\cdots,y_{j-2}; z_k]\\&\quad + \frac{y_j - y_{j-1}}{\rho_b[x_0,\cdots,x_i; y_0,\cdots,y_{j-2},y_j; z_k] - \rho_b[x_0,\cdots,x_i; y_0,\cdots,y_{j-1}; z_k]}.\end{aligned}\tag{8.74}$$

$$\begin{aligned}&\rho_b[x_0,\cdots,x_i; y_0,\cdots,y_j; z_0,\cdots,z_k]\\&= \rho_b[x_0,\cdots,x_i; y_0,\cdots,y_j; z_0,\cdots,z_{k-2}]\\&\quad + \frac{z_k - z_{k-1}}{\rho_b[x_0,\cdots,x_i; y_0,\cdots,y_j; z_0,\cdots,z_{k-2},z_k] - \rho_b[x_0,\cdots,x_i; y_0,\cdots,y_j; z_0,\cdots,z_{k-1}]}.\end{aligned}\tag{8.75}$$

$$\rho_c[x_0,\cdots,x_i; z_k; y_j] = \frac{z_k}{y_j + z_k}\rho[x_0,\cdots,x_i; y_j; z_k]. \tag{8.76}$$

$$\begin{aligned}&\rho_c[x_0,\cdots,x_i; z_0,\cdots,z_k; y_j]\\&= \rho_c[x_0,\cdots,x_i; z_0,\cdots,z_{k-2}; y_j]\\&\quad + \frac{z_k - z_{k-1}}{\rho_c[x_0,\cdots,x_i; z_0,\cdots,z_{k-2},z_k; y_j] - \rho_c[x_0,\cdots,x_i; z_0,\cdots,z_{k-1}; y_j]}.\end{aligned}\tag{8.77}$$

$$\rho_c[x_0, \cdots, x_i; z_0, \cdots, z_k; y_0, \cdots, y_j]$$

$$= \rho_c[x_0, \cdots, x_i; z_0, \cdots, z_k; y_0, \cdots, y_{j-2}]$$

$$+ \frac{y_j - y_{j-1}}{\rho_c[x_0, \cdots, x_i; z_0, \cdots, z_k; y_0, \cdots, y_{j-2}, y_j] - \rho_c[x_0, \cdots, x_i; z_0, \cdots, z_k; y_0, \cdots, y_{j-1}]}.$$

$$(8.78)$$

上述诸 ρ, ρ_b, ρ_c 称为网格 $\Pi_{x,y,z}^n$ 上的三元偏倒差商.

算法 8.2.1 中构造的三元偏逆差商与上述三元偏倒差商之间存在如下关系.

性质 8.5.1 对诸 $(x_i, y_j, z_k) \in \Pi_{x,y,z}^n$,

$$\varphi[x_0, \cdots, x_i; y_j; z_k] = \rho[x_0, \cdots, x_i; y_j; z_k] - \rho[x_0, \cdots, x_{i-2}; y_j; z_k]. \qquad (8.79)$$

$$\varphi_b[x_0, \cdots, x_i; y_0, \cdots, y_j; z_k]$$
$$= \rho_b[x_0, \cdots, x_i; y_0, \cdots, y_j; z_k] - \rho_b[x_0, \cdots, x_i; y_0, \cdots, y_{j-2}; z_k]. \qquad (8.80)$$

$$\varphi_b[x_0, \cdots, x_i; y_0, \cdots, y_j; z_0, \cdots, z_k]$$
$$= \rho_b[x_0, \cdots, x_i; y_0, \cdots, y_j; z_0, \cdots, z_k] - \rho_b[x_0, \cdots, x_i; y_0, \cdots, y_j; z_0, \cdots, z_{k-2}]. \quad (8.81)$$

$$\varphi_c[x_0, \cdots, x_i; z_0, \cdots, z_k; y_j]$$
$$= \rho_c[x_0, \cdots, x_i; z_0, \cdots, z_k; y_j] - \rho_c[x_0, \cdots, x_i; z_0, \cdots, z_{k-2}; y_j]. \qquad (8.82)$$

$$\varphi_c[x_0, \cdots, x_i; z_0, \cdots, z_k; y_0, \cdots, y_j]$$
$$= \rho_c[x_0, \cdots, x_i; z_0, \cdots, z_k; y_0, \cdots, y_j] - \rho_c[x_0, \cdots, x_i; z_0, \cdots, z_k; y_0, \cdots, y_{j-2}]. \quad (8.83)$$

其中约定偏倒差商与偏逆差商都存在, 且当下标为负时的偏倒差商定义为 0.

定义 8.5.2 对诸 $(x_i, y_j, z_k) \in \Pi_{x,y,z}^n \subset G, (u, v, w) \in G$, 若极限

$$\lim_{z_k \to w} \lim_{y_j \to v} \lim_{x_1, \cdots, x_i \to u} \rho[x_0, \cdots, x_i, y_j, z_k]$$

存在且有限, 则称之为三元函数 $f(x, y, z)$ 于点 (u, v, w) 处的 $(i - 1, 0, 0)$ 阶偏倒导数, 并记

$$R_z^0 R_y^0 R_x^{i-1} f(u, v, w) = \lim_{z_k \to w} \lim_{y_j \to v} \lim_{x_1, \cdots, x_i \to u} \rho[x_0, \cdots, x_i; y_j; z_k].$$

类似地, 若相应的极限存在, 我们定义三元函数 $f_b(x, y, z)$ 于点 (u, v, w) 处的 $(i - 1, j, k)$ 阶偏倒导数为

$$R_z^k R_y^j R_x^{i-1} f(u, v, w) = \lim_{z_0, \cdots, z_k \to w} \lim_{y_0, \cdots, y_j \to v} \lim_{x_1, \cdots, x_i \to u} \rho[x_0, \cdots, x_i; y_0, \cdots, y_j; z_0, \cdots, z_k],$$

且定义三元函数 $f_c(x,y,z)$ 于点 (u,v,w) 处的 $(i-1,k,j)$ 阶偏倒导数为

$$R_y^j R_z^k R_x^{i-1} f(u,v,w) = \lim_{y_0,\cdots,y_j \to v} \lim_{z_0,\cdots,z_k \to w} \lim_{x_1,\cdots,x_i \to u} \rho[x_0,\cdots,x_i; z_0,\cdots,z_k; y_0,\cdots,y_j],$$

由性质 8.5.1, 若按定义 8.5.2 给出的偏倒差商极限存在, 则算法 8.2.1 构造的偏逆差商极限存在. 于是我们定义

$$\varphi^{i-1,0,0}(u,v,w) = \lim_{z_k \to w} \lim_{y_j \to v} \lim_{x_1,\cdots,x_i \to u} \varphi[x_0,\cdots,x_i; y_j; z_k],$$

$$\varphi_b^{i-1,j,k}(u,v,w) = \lim_{z_0,\cdots,z_k \to w} \lim_{y_0,\cdots,y_j \to v} \lim_{x_1,\cdots,x_i \to u} \varphi_b[x_0,\cdots,x_i; y_0,\cdots,y_j; z_0,\cdots,z_k],$$

$$\varphi_c^{i-1,k,j}(u,w,v) = \lim_{y_0,\cdots,y_j \to v} \lim_{z_0,\cdots,z_k \to w} \lim_{x_1,\cdots,x_i \to u} \varphi_c[x_0,\cdots,x_i; z_0,\cdots,z_k; y_0,\cdots,y_j].$$

故由假设函数 $f(x,y,z)$ 任意阶偏导数存在, 由算法 5.1, 构造如下算法.

算法 8.5.1

步骤 1　对 $i = 3,4,\cdots,n-1$, 有

$$\varphi^{0,0,0}(u,v,w) = \varphi[x_0,u;v;w] = \frac{u-x_0}{\varphi[u;v;w] - \varphi[x_0;v;w]} = \frac{u-x_0}{f(u,v,w)},$$

$$\varphi^{1,0,0}(u,v,w) = \frac{1}{\dfrac{\partial \varphi^{0,0,0}(u,v,w)}{\partial x}},$$

$$\varphi^{2,0,0}(u,v,w) = \frac{2}{\dfrac{\partial}{\partial x} R_x^1 \varphi^{0,0,0}(u,v,w)} = \frac{2}{\dfrac{\partial}{\partial x}\left(1 \Big/ \dfrac{\partial \varphi^{0,0,0}(u,v,w)}{\partial x}\right)},$$

$$\cdots\cdots$$

$$\varphi^{i,0,0}(u,v,w) = \frac{i}{\dfrac{\partial}{\partial x} R_x^{i-1} \varphi^{0,0,0}(u,v,w)} = \frac{i}{\dfrac{\partial}{\partial x}[R_x^{i-3}\varphi^{0,0,0}(u,v,w) + \varphi^{i-1,0,0}(u,v,w)]}.$$

$$\varphi_b^{0,0,0}(u,v,w) = \frac{v}{v+w}\varphi^{0,0,0}(u,v,w),$$

$$\varphi_b^{1,0,0}(u,v,w) = \frac{v}{v+w}\frac{1}{\dfrac{\partial \varphi^{0,0,0}(u,v,w)}{\partial x}},$$

$$\varphi_b^{2,0,0}(u,v,w) = \frac{v}{v+w}\frac{2}{\dfrac{\partial}{\partial x}\left(1 \Big/ \dfrac{\partial \varphi^{0,0,0}(u,v,w)}{\partial x}\right)},$$

$$\cdots\cdots$$

$$\varphi_b^{i,0,0}(u,v,w) = \frac{v}{v+w}\cfrac{i}{\dfrac{\partial}{\partial x}[R_x^{i-3}\varphi^{0,0,0}(u,v,w) + \varphi^{i-1,0,0}(u,v,w)]}.$$

$$\varphi_c^{0,0,0}(u,w,v) = \frac{w}{v+w}\varphi^{0,0,0}(u,v,w),$$

$$\varphi_c^{1,0,0}(u,w,v) = \frac{w}{v+w}\cfrac{1}{\dfrac{\partial\varphi^{0,0,0}(u,v,w)}{\partial x}},$$

$$\varphi_b^{2,0,0}(u,w,v) = \frac{w}{v+w}\cfrac{2}{\dfrac{\partial}{\partial x}\left(1\left/\dfrac{\partial\varphi^{0,0,0}(u,v,w)}{\partial x}\right.\right)},$$

$$\cdots\cdots$$

$$\varphi_b^{i,0,0}(u,w,v) = \frac{w}{v+w}\cfrac{i}{\dfrac{\partial}{\partial x}[R_x^{i-3}\varphi^{0,0,0}(u,v,w) + \varphi^{i-1,0,0}(u,v,w)]}.$$

步骤 2 对 $i=1,2,\cdots,n; j=3,4,\cdots,2(n+1-i)$, 有

$$\varphi_b^{i-1,1,0}(u,v,w) = \cfrac{1}{\dfrac{\partial}{\partial y}\varphi_b^{i-1,0,0}(u,v,w)},$$

$$\varphi_b^{i-1,2,0}(u,v,w) = \cfrac{2}{\dfrac{\partial}{\partial y}R_y^1\varphi_b^{i-1,0,0}(u,v,w)},$$

$$\cdots\cdots$$

$$\varphi_b^{i-1,j,0}(u,v,w) = \cfrac{j}{\dfrac{\partial}{\partial y}[R_y^{j-3}\varphi_b^{i-1,0,0}(u,v,w) + \varphi_b^{i-1,j-1,0}(u,v,w)]}.$$

对 $i=1,2,\cdots,n; j=0,1,\cdots,2(n+1-i); k=3,4,\cdots,2(n+1-i)$, 有

$$\varphi_b^{i-1,j,1}(u,v,w) = \cfrac{1}{\dfrac{\partial}{\partial z}\varphi_b^{i-1,j,0}(u,v,w)},$$

$$\varphi_b^{i-1,j,2}(u,v,w) = \cfrac{2}{\dfrac{\partial}{\partial z}R_z^1 R_y^j\varphi_b^{i-1,0,0}(u,v,w)},$$

$$\cdots\cdots$$

$$\varphi_b^{i-1,j,k}(u,v,w) = \cfrac{k}{\dfrac{\partial}{\partial z}[R_z^{k-3}R_y^j\varphi_b^{i-1,0,0}(u,v,w) + \varphi_b^{i-1,j,k-1}(u,v,w)]}.$$

步骤 3　对 $i = 1, 2, \cdots, n; k = 3, 4, \cdots, 2(n+1-i)$，有

$$\varphi_c^{i-1,1,0}(u,w,v) = \cfrac{1}{\cfrac{\partial}{\partial z}\varphi_c^{i-1,0,0}(u,w,v)},$$

$$\varphi_c^{i-1,2,0}(u,w,v) = \cfrac{2}{\cfrac{\partial}{\partial z}R_z^1\varphi_c^{i-1,0,0}(u,w,v)},$$

$$\cdots\cdots$$

$$\varphi_c^{i-1,k,0}(u,w,v) = \cfrac{k}{\cfrac{\partial}{\partial z}[R_z^{k-3}\varphi_c^{i-1,0,0}(u,w,v) + \varphi_c^{i-1,k-1,0}(u,w,v)]}.$$

对 $i = 1, 2, \cdots, n; k = 0, 1, \cdots, 2(n+1-i); j = 3, 4, \cdots, 2(n+1-i)$，有

$$\varphi_c^{i-1,k,1}(u,w,v) = \cfrac{1}{\cfrac{\partial}{\partial y}\varphi_c^{i-1,k,0}(u,w,v)},$$

$$\varphi_c^{i-1,k,2}(u,w,v) = \cfrac{2}{\cfrac{\partial}{\partial y}R_y^1 R_z^k\varphi_c^{i-1,0,0}(u,w,v)},$$

$$\cdots\cdots$$

$$\varphi_c^{i-1,k,j}(u,w,v) = \cfrac{j}{\cfrac{\partial}{\partial y}[R_y^{j-3}R_z^k\varphi_c^{i-1,0,0}(u,w,v) + \varphi_c^{i-1,k,j-1}(u,w,v)]}.$$

由此我们得到三元分叉连分式 (8.24)—(8.27) 的切触插值公式

$$R_n^*(x,y,z) = \cfrac{x - x_0|}{|\Phi_0^{*2n}(y,z)} + \mathop{K}_{i=2}^{n} \cfrac{x - u}{\Phi_{i-1}^{*2(n+1-i)}(y,z)}, \quad \forall (u,v,w) \in G, \tag{8.84}$$

其中对 $i = 1, 2, \cdots, n; j, k = 0, 1, \cdots, 2(n+1-i)$，

$$\Phi_{i-1}^{*2(n+1-i)}(y,z) = b_{i-1,i-1}^*(z) + \mathop{K}_{j=1}^{2(n+1-i)} \cfrac{y - v}{b_{i-1,i-1+j}^*(z)} + c_{i-1,i-1}^*(y)$$

$$+ \mathop{K}_{k=1}^{2(n+1-i)} \cfrac{z - w}{c_{i-1,i-1+k}^*(y)}$$

$$\equiv \Phi_{i-1,b}^{*2(n+1-i)}(y,z) + \Phi_{i-1,c}^{*2(n+1-i)}(y,z), \tag{8.85}$$

$$b_{i-1,i-1+j}^*(z) = b_{i-1,i-1+j}^{*0} + \mathop{K}_{k=1}^{2(n+1-i)} \cfrac{z - w}{b_{i-1,i-1+j}^{*k}}, \tag{8.86}$$

$$c_{i-1,i-1+k}^*(y) = c_{i-1,i-1+k}^{*0} + \mathop{K}_{j=1}^{2(n+1-i)} \cfrac{y - v}{c_{i-1,i-1+k}^{*j}}, \tag{8.87}$$

$$b_{i-1,i-1+j}^{*k} = \varphi_b^{i-1,j,k}[x_0, u; v; w] = \frac{u - x_0}{\varphi_b^{i-1,j,k}(u, v, w)}, \tag{8.88}$$

$$c_{i-1,i-1+k}^{*j} = \varphi_c^{i-1,k,j}[x_0, u; w; v] = \frac{u - x_0}{\varphi_c^{i-1,k,j}(u, w, v)}. \tag{8.89}$$

注 8.5.1 设三元函数 $f(x, y, z)$ 于点 (u, v, w) 某邻域内任意阶偏导数连续, 且诸偏倒差商与偏逆差商都存在, 则由定理 8.4.1, 有

$$f(x, y, z) - R_n^*(x, y, z) = \sum_{i,j,k=0}^{\infty} (x - x_0)(x - u)^i (y - v)^j (z - w)^k. \tag{8.90}$$

参 考 文 献

[1] 王仁宏, 李崇君, 朱春钢. 计算几何教程. 北京: 科学出版社, 2008.

[2] 王仁宏. 数值逼近. 2 版. 北京: 高等教育出版社, 2012.

[3] Wang R H. Multivariate Spline Functions and Their Applications. Beijing, New York, Dordrecht, Boston, London: Science Press/Kluwer Academic Publishers, 2001.

[4] 檀结庆, 等. 连分式理论及其应用. 北京: 科学出版社, 2007.

[5] Wall H S. The Analytic Theory of Continued Fractions. Nostrand: Princeton, 1948.

[6] Jones W, Thron W. Continued Fractions: Analytic Theory and Applications. Encyclopedia of Mathematics and Its Applications. Addison-Wesley, reading, 1980.

[7] Lorentzen L, Waadeland H. Continued Fractions with Applications. B. V.: Elsevier Science Publishers, 1992.

[8] 王仁宏, 朱功勤. 有理函数逼近及其应用. 北京: 科学出版社, 2004.

[9] 徐献瑜, 李家楷, 徐国良. Padé逼近概论. 上海: 上海科学技术出版社, 1990.

[10] Brezinski C. History of Continued Fractions and Padé Approximants. Heidelberg: Springer, 1986.

[11] Cuyt A, Wuytack L. Nonlinear Methods in Numerical Analysis. Amsterdam: North Holland, 1987.

[12] Stoer J, Bulirsch P. Introduction to Numerical Analysis. 2nd ed. Berlin: Springer, 1992.

[13] 吴宗敏. 散乱数据拟合的模型、方法和理论. 北京: 科学出版社, 2006.

[14] Buhmann M D. Radial Basis Functions. Cambridge: Cambridge University Press, 2003.

[15] Wendland H. Scattered Data Approximation. Cambridge: Cambridge University Press, 2005.

[16] Sauer T. Numerical Analysis. 2nd ed. Beijing: China Machine Press, 2012.

[17] Salzer H E. Some new divided difference algorithm for two variables//Langer R E, ed. On Numerical Approximation, Madison: University of Wisconsin Press, 1959.

[18] Wang R H, Qian J. Bivariate polynomial and continued fraction interpolation over ortho-triples. Applied Mathematics and Computation, 2011, 217: 7620-7635.

[19] Qian J, Wang F, Lai Y S, Guo Q J. On further study of bivariate polynomia interpolation over ortho-tiples. Numer. Math. Theor. Meth. Appl., 2018, 11(2): 247-271.

[20] Qian J, Zheng S J, Wang F, Fu Z J. Bivariate polynomial interpolation over nonrectangular meshes. Numer. Math. Theor. Meth. Appl., 2016, 9(4): 549-578.

[21] Qian J, Wang F, Zhu C G. Scattered data interpolation based upon bivariate recursive polynomials. J. Comput. Appl. Math., 2018, 329: 223-243.

[22] Qian J, Wang F, Fu Z J, Wu Y B. Recursive schemes for scattered data interpolation via bivariate continued fractions. J. Math. Res. Appl., 2016, 36(5): 583-607.

[23] 钱江, 王凡, 郭庆杰. 二元非张量积型连分式插值. 计算机科学, 2018, 45(3): 83-91.

[24] Wang R H, Qian J. On branched continued fractions rational interpolation over pyramid-typed grids. Numer. Algor., 2010, 54: 47-72.

[25] Kuchmins'ka K. Some properties of two-dimensional continued fractions. J. Comput. Appl. Math., 1999, 105: 347-353.

[26] Kuchmins' ka K. On sufficient conditions for convergence of two-dimensional continued fractions. Acta. Appl. Math., 2000, 61: 175-183.

[27] Rieger W. Hydrological terrain features derived from a pyramid raster structure. Proceedings of the Vienna Conference, Application of Geographic Information Systems in Hydrology and Water Resources. International Association of Hydrological Sciences, 1993: 201-210.

《信息与计算科学丛书》已出版书目